U0395024

碳 管 理

从零通往碳中和

汪 军 著

电子工业出版社

Publishing House of Electronics Industry

北京·BEIJING

内 容 简 介

在我国提出"双碳"目标后，地方政府及企业核算、管理及降低碳排放将成为一项常态化的工作。为此，一个新兴的行业——碳管理行业应运而生。根据有关机构的推测，为了实现我国的"双碳"目标，未来碳管理人才需求量将达数百万人，而当前的实际从业者不足万人，存在非常大的人才缺口。

本书从如何成为一名合格的碳排放管理员出发，详细介绍碳核算、碳排放管理、碳市场及碳资产开发等碳管理相关知识和技能，旨在帮助希望从事碳管理职业的人快速掌握相关知识。同时通过不同阶段碳管理从业者真实的心路历程，来介绍当前碳管理这个行业的真实情况，以帮助读者更加全面地了解碳管理这个行业，为自己未来的职业发展提供参考。

图书在版编目（CIP）数据

碳管理：从零通往碳中和 / 汪军著 . —北京：电子工业出版社，2022.11
ISBN 978-7-121-44518-7

Ⅰ.①碳… Ⅱ.①汪… Ⅲ.①二氧化碳—节能减排—指南 Ⅳ.①X511-62

中国版本图书馆 CIP 数据核字（2022）第 208902 号

责任编辑：雷洪勤　　　　文字编辑：王天一
印　　刷：北京盛通数码印刷有限公司
装　　订：北京盛通数码印刷有限公司
出版发行：电子工业出版社
　　　　　北京市海淀区万寿路 173 信箱　　　　邮编：100036
开　　本：720×1000　　1/16　　印张：19.25　　字数：308 千字
版　　次：2022 年 11 月第 1 版
印　　次：2025 年 4 月第 7 次印刷
定　　价：79.80 元

"双碳"人才是实现碳达峰、碳中和的重要基石

　　碳中和已经成为全球最为关注的议题之一。截至2021年年底，已有130多个国家、116个地区、234个城市以及683家企业提出了碳中和目标。据统计，全球88%的排放、90%的GDP以及85%的人口被"净零排放目标"所覆盖。

　　碳中和议题之所以在全球范围内引起广泛关注，主要是因为气候变化已对全球各地区可持续发展产生了重大不利影响；一系列天气气候的极端变化，对经济发展造成了巨大冲击。据我国应急管理部统计，极端天气造成的经济损失居我国自然灾害之首。去年十大自然灾害除了两个地震，其余八个全部与极端天气造成的灾害直接关联。

　　我国于2020年9月正式提出碳达峰、碳中和目标，并在之后连续发文建立了支撑"双碳"目标的"1+N"政策体系，标志我国全面进入绿色低碳高质量发展的新阶段。我国国家领导人曾在多个场合表示，碳中和不是别人让我们做，而是我们自己必须要做。因为"双碳"工作是破解资源环境约束突出问题、实现可持续发展的迫切需要，是顺应技术进步趋势、推动经济结构转型升级的迫切需要，是满足人民群众日益增长的优美生态环境需求、促进人与自然和谐共生的迫切需要，是主动担当大国责任、推动构建人类命运共同体的迫切需要。如果说过去40年对中国发展影响深远的四个字是"改革开放"，那么未来40年对中国发展影响深远的四个字可能就是"双碳行动"。其对于我国未来发展的重要性由此可见一斑。

　　"双碳"目标对我国未来几十年的发展如此重要，但要实现起来，我们依然面临诸多挑战，包括关键核心技术的创新、新能源产业供应链中关键材料的制约，以及气候与环境协同治理综合决策支撑，解决这样的问题最重要的是人才。包括技术与治理体系的完善、研发、创新等，需要大量的人才，而且是自然科学、工程科学、社会科学复合型的人才，所以"双碳"人才是实现碳达峰、碳中和的重要基石。

　　碳中和涉及诸多交叉学科，相关人才需要具有跨领域的知识。总体来说，"双碳"人才可分为技术类人才和管理类人才两大类。技术类人才主要指为实现碳中和而需要的各类减碳技术人才，如风力发电、光伏发电、储能、CCUS（碳捕集、利用与封存技术）等行业的技术性人才；管理类人才是指从事碳排放核算、碳资产开发及管理、碳交易、碳金融活动的人才。对于技术类人才，现有高校相关学科、专业已经有一定人才培养基础。而对于碳管理类人才，目前我国并无成体系的人才培养机制，既有的人才数量极少，人才缺口巨大。

　　碳管理这个职业之前是非常小众的职业，直到我国提出"双碳"目标后，这个职业才越来越受到各方关注。2021年3月，人力资源和社会保障部增列碳排放管理员作为国家职业分类大典第四大类新职业，从此碳管理成为一个正式的职业。2021年10月，发布的《中共中央　国务院关于完整准确全面贯彻新发展理念　做好碳达峰碳中和工作的意见》中，明确了要建设碳达峰、碳中和人才体系，鼓励高等学校增设碳达峰、碳中和相关学科专业。2022年4月，教育部印发了《加强碳达峰碳中和高等教育人才培养体系建设工作方案》，特别强调了要"加快碳金融和碳交易教学资源建设，鼓励相关院校加快建设碳金融、碳管理和碳市场等紧缺教学资源，在共建共管共享优质资源基础上，充分发展现有专业人才培养体系作用，完善课程体系、强化专业实践、深化产学协同，加快培养专门人才。"在这个背景下，一批高校正在积极推动双碳相关学科的建设，碳管理人才培养体系正逐步建立起来。

　　对于碳管理这一全新领域的人才培养，合格的教职人员、完善的课程体系和通俗易懂的教材是当前急需解决的问题。汪军先生所著的这本《碳管理：从零通往碳中和》正好契合了当前对碳管理人才的紧迫需求。在该书中，他结合自己丰富的碳管理从业经验，将碳管理涉及的知识进行了详细分类。并用通俗的语言对每一类业务的实施目的、实施步骤、实施过程中的重难点等进行了详细介绍。除此之外，该书的最后一章还通过介绍大量碳管理人员的真实从业经历，为计划从事碳管理这一职业的新人描绘了一个更具象化的职业场景，帮助新人更快熟悉这一行业。本书对于碳管理相关课程设计及教师培养，也有一定参考作用。无论对于正在从事碳管理行业的人，还是计划进入碳管理行业，或对这一行业感兴趣的人，这都是一本非常值得一读的书。

贺克斌

中国工程院院士

清华大学碳中和研究院院长

清华大学环境学院教授

碳汇究竟是什么？不妨看看这本书

在我国提出"双碳"目标以后，"碳汇"一词迅速成为一个时髦的词。无论是政府官员还是普通群众，无论是行业新人还是资深专家，对于"碳汇"是什么，都能说出一二。但他们的理解是否完整、准确，就得打一个大大的问号了。

因为我从事的职业与林业碳汇息息相关，所以在我国提出"双碳"目标以后，前来寻求合作的单位和个人络绎不绝。其中部分人缺乏对林业碳汇知识基本的认知，导致一些所谓的合作项目让人啼笑皆非。事实上，因为缺乏规范的培训体系，新人很难从众多信息中辨别和学习到碳汇相关的正确知识。关于碳汇一词，联合国将其表述为：从大气中吸收二氧化碳的过程、活动或机制。从科学角度可以这样定义：凡是在一定时间内从大气中吸收二氧化碳并将其储存固定下来，就称为碳汇。而人们常常谈及的碳汇指的并不是这个意思，而是指一种具有交易价值的碳资产。至于两者的联系与区别，无法通过一两句话能解释清楚。

碳汇开发只是碳管理知识的冰山一角，除了碳汇以外，如何计算一个企业的碳排放、如何计算一个产品的碳足迹、如何开发项目的碳资产、如何进行碳交易等，都是从事碳管理职业需要掌握的知识。而目前市场上，最缺乏的就是这类人才。据有关报道，从事碳管理职业的人员在"双碳"目标提出以前不足万人，在"双碳"目标提出后的这两年，从业人员迅速增加到了十万人，预计到2025年，将会增加到50～100万人。如此大的人才需求所对应的，就是大量的培训需求，而在当前碳管理人才培训体系尚不完善的情况下，找到一本优质的入门书籍，将会让那些想入行的新人少走许多弯路。

汪军同志是碳管理领域内既有学术钻研精神又有大量实操经验的专家。在很早以前，我就通过他的微信公众号文章对他有所了解，非常欣赏他在碳管理领域数十年笔耕不辍的精神。后来，我们于2018年10月因REDD（减少森林砍伐和退化林地造成的碳排放）的学术交流而认识。他对应对气候变化国际规则的熟悉和深厚的专业理论知识，以及丰富的国内外实践经验，让与会者收益颇多。2021年11月，他出版了第一本著作《碳中和时代：未来40年财富大转移》，该书从宏观层面介绍了碳中和是什么、为什么以及怎么做，内容非常精彩。我拿到书一口气读完，很是受益。2021年年底他邀请我为他计划攻读的工程博士写推荐信，我欣然答应。今年年初我们就产品碳足迹和碳标签的应用推广进行了深入探讨，并计划就这方面开展一些合作。再之后就是这次收到我为他的新书写推荐序的邀请。

在和他的交往过程中，我发现他是一个非常勤奋且锐意进取的人。他的公众号已经发布了近400篇与"双碳"相关的文章，而且一直坚持原创。特别值得一提的是，他的文章和书籍不仅能够准确、深入、颇具权威性地解读"双碳"、碳管理等相关内容，而且文笔流畅、通俗易懂，还有一些幽默的小故事，让读者即刻了解了"双碳"、碳交易、碳管理中那些生僻、晦涩的概念和内容。忙于公司繁重业务的同时，他利用业余时间，连续两年出书，并且计划今后每年出一本书。在这种状态下，他还在准备攻读博士学位、开设视频号和编写培训课程，仿佛有用不完的精力。在专业上，他在碳管理领域的知识广度和深度令人印象深刻。十几年政府、交易所、咨询公司、三方机构和大型集团公司的碳管理从业经验让他在解决任何碳管理相关的问题时都游刃有余。

这本《碳管理：从零通往碳中和》正是他多年碳管理从业经验的总结。

其内容既有基础知识解读，又有大量的实操案例，还有一些小习题引发读者的思考，正是目前碳管理行业急需的书籍。阅读这本书就像是真正有位导师在你身边，一步步将你引入碳管理这个行业。因此，此书无论是用于自学，还是用于高校或培训机构作为参考教材，都是一本不可多得的佳作。

李怒云

原国家林业局气候办常务副主任

中国绿色碳汇基金会创会秘书长

碳管理——碳中和时代的热门职业

2021年我的第一本关于碳中和的著作《碳中和时代：未来40年财富大转移》完成后，电子工业出版社找到我，希望我继续出版相关书籍。因为《碳中和时代：未来40年财富大转移》的定位是科普类书籍，很多内容无法深入介绍，所以我本就有继续出书的想法，于是我欣然答应了出版社，继续我的创作。

关于下一本书写什么，我列出了三个方向，一是关于碳中和的科幻小说，二是关于碳中和的投资指南，三是关于碳排放管理员的学习手册。出版社反馈的意见及我在微信公众号发起的投票结果都显示，关于如何让新人成为一名合格的碳排放管理员的书籍是当下急需的书籍，所以我决定先写碳管理相关教科书，也就是本书。当然，其他的书也不是不写，如果时间和精力允许，我希望能够保持每年写一本关于碳中和的书的速度，写到全球实现碳中和为止。

我国"双碳"目标的提出，催生了大量对碳中和人才的需求，同时也有更多的人希望从事碳中和方面的工作。从表面上看，碳中和人才应该出现供需两旺的形势，但现实的情况却是想要招人的招不到，想要入行的入不了。

一方面，在我国提出"双碳"目标的背景下，许多公司意识到碳管理的重要性，纷纷成立碳管理部门，为应对公司当前及未来的"双碳"目标相关要求做准备。同时，碳中和相关专业咨询公司由于业务量激增，也在加足马力到处挖人。然而碳管理行业在"双碳"目标提出之前是一个非常小众的行业，相关从业人员不足万人，有足够资历和经验的、可以上任后马上发挥作用的不足千人，能够从零开始搭建团队并顺利开展业务的甚至不足百人。"双碳"目标提出后，人才抢夺大战处处上演，从业人员薪酬水平也水涨船高，不少公司甚至开出百万年薪都难以找到合适的人才。

另一方面，大量高校毕业生及其他行业人员在意识到"双碳"行业可能是未来热门的行业后，都开始寻求从事"双碳"行业的路径。然而遗憾的是，对于没有任何行内经验的人来说，基本没有公司愿意招聘他们。究其原因，"双碳"目标的提出在短时间内催生了大量的业务需求，有能力接单的公司，其骨干人员基本都在连轴转，根本无暇培养新人，而那些有内部碳管理需求的公司，更需要能够从零开始搭建团队的人才，如果没有这种人才，那么招任何新人进来都没有意义。

我跟业内不少公司相关负责人沟通过，也跟很多想进入这一行业的新人沟通过，情况大抵如此。圈内人员流动频繁，薪酬水平水涨船高，圈外人山人海，却很难进来。在巨大人才需求的推动下，各种培训机构开始开展"双碳"相关培训。然而在缺乏监管的情况下，各种培训乱象滋生，许多新人在交钱后没有学到任何有用的知识。各大高校也在教育部的支持下纷纷开展"双碳"相关学科建设，但远水解不了近渴。在高校，一个正常的学科建设进程都是按年来计算的，况且还存在"双碳"教学师资缺乏的问题。如何快速培养一批"双碳"人才填补当前人才需求的空缺，可以说是当前我国实现"双碳"目标比较紧急的任务之一。

此外，即使现在"双碳"人才紧缺，吸引了部分人的关注，但放大到整个社会，依然有一大部分人不知道碳管理行业究竟是做什么的，甚至不知道这个行业的存在。一提起碳中和，更多的人想到的是光伏发电、风力发电、储能、新能源汽车等碳中和相关产业，而非专门为碳中和而存在的碳管理行业。其原因之一就是，目前碳管理相关业务离普通大众太遥远，大众基本无法想象碳管理行业究竟是做什么的，由此造成了初次接触碳管理这个概念的人，包括一些其他领域的专家，对这个行业产生了不同程度的曲解。部分人认为碳排放就是能耗乘以一个转化系数，根本无须额外学习什么知识，也就无所谓一个新兴行业。另一部分人感觉碳管理高深莫测，从事这一行业需要上通天文下知地理。虽然两者对碳管理行业的印象南辕北辙，但结果殊途同归，那就是不会去深入了解这一行业。

所以，无论是从帮助新人快速成长方面来看，还是从让整个社会正视碳管理行业方面来看，我都觉得有必要写这本书。我将用通俗的语言来揭开碳管理的神秘面纱，让大家正确认识碳管理这个行业，也为"双碳"人才的培养尽一份力。

在本书中，我将详细介绍碳管理领域，从最基础的企业碳核算开始讲起，一步步引导读者熟悉和掌握碳管理行业的所有基础业务，并以此为基础，畅想未来可能出现的碳管理业务。同时，我也会用真实的案例，来介绍碳排放管理从业者的日常工作、心路历程，以及我对这个行业的看法。

因为我的另一本著作《碳中和时代：未来40年财富大转移》中对碳管理行业也有过介绍，所以与本书部分内容有一定重叠。二者的区别在于，《碳中和时代：未来40年财富大转移》中关于碳管理行业的内容介绍偏宏观，本书的内容介绍则偏实操。如果拿房地产行业来做比喻的话，《碳中和时代：未来40年财富大转移》相当于介绍中国的房地产是如何从一个名不见经传的行业变成国民支柱产业的专著；本书则相当于介绍开发房地产时如何拿地、如何设计和施工，以及如何销售等的实操指南，所以本书更像一本工具书或者教科书。

本书的定位为纯专业知识和操作流程的工具书，相较《碳中和时代：未来40年财富大转移》，少了许多让人心潮澎湃的桥段。为了让这些乏味的知识点不那么枯燥，本书不会像科研论文一样干瘪地堆砌各种专业名词，而会以站在你身边的一位师傅在和你对话一样的口吻来写作，所以看起来可能口水话比较多，甚至有点啰唆，但我坚信这种方式相比一板一眼地进行专业知识讲解更容易使读者理解和掌握知识。多数碳管理概念都非常抽象，只有深

入浅出，才能让读者更易理解。

此外，需要注意的是，本书对于碳管理各种业务的讲解都以帮助读者了解背后的原理为主，也就是帮助读者"知其所以然"，所以不会按照业务指南的标准流程进行逐步讲解。因此，我强烈建议将本书中提到的相关标准和指南先下载下来，配合本书一起看，这样才能有更大的收获。

因为本书内容几乎横跨了碳管理所有的业务类型，加之本人个人水平有限，书中难免有纰漏和不足之处，希望广大读者能够不吝提出宝贵意见。如有任何意见或建议，请关注微信公众号"老汪聊碳中和"并在后台留言。

汪军

目录 ｜ Contents

第 1 章 | Chapter 1

碳管理行业综述

1. 碳管理行业的来龙去脉是什么样的？

2. 碳管理行业包括哪些业务？

3. 碳管理行业每项业务的市场体量有多大？

4. 我应该怎么进入碳管理行业？

为了保持本书的完整性，第1章我将从宏观层面介绍一下碳管理行业的由来、主要业务方向及各业务的市场空间，以便读者能够快速了解碳管理这个行业，并且快速找到本书中自己感兴趣的部分进行阅读。我的另一本著作《碳中和时代：未来40年财富大转移》中对这个行业的介绍更加详细，如果想深入了解碳管理行业的来龙去脉，则可以先看看《碳中和时代：未来40年财富大转移》。对此不感兴趣的读者也可以直接略过这一章，这不影响对后面章节的阅读。

1.1　碳管理行业的来龙去脉

2021年，人力资源和社会保障部（以下简称人社部）发布了一个新的职业——碳排放管理员，对于这个职业，人社部的官方定义是，从事企事业单位二氧化碳等温室气体排放监测、统计核算、核查、交易和咨询等工作的人员。碳排放管理员的主要工作包括监测企事业单位碳排放现状，统计核算企事业单位碳排放数据，核查企事业单位碳排放情况，购买、出售、抵押企事业单位碳排放权和提供企事业单位碳排放咨询服务等。对于初次接触碳管理这个概念的人来说，这些工作内容非常陌生，他们甚至无法想象这些工作内容具体要在什么样的工作场景下完成。

虽然碳排放管理员正式被人社部列为一种职业是在2021年，但国内开展相关业务最早要追溯到2005年。2005年《京都议定书》的正式生效，标志着碳排放量正式成为可交易的资产。《京都议定书》的核心内容可以总结为发达国家[①]有强制碳减排义务，如果不履行这个义务，那么将面临高额罚款。为了实现减排目标，这些国家可采用两种方法：一种是通过各种技术和市场手段使自己国内的碳排放量降到目标值；另一种是通过技术或者资金手段帮助其他国家实现减排，产生的减排量可以算作本国的减排量。

采用第二种方法可降低这些义务减排国家的减排成本。因为一般来说，发达国家的技术水平和能源效率相对发展中国家来说要高不少，这就导致它们在这个高起点上想要再实施减排就需要付出更多的成本，而发展中国家因为技术比较落后，还有很大的减排空间，减排成本相对要低很多。同样的100元钱，在发达国家只能减少1吨的碳排放量，而在发展中国家则可能减少10吨的碳排放量。因为温室气体的减排在全球任何一个角落实现对缓解全球变暖的效果基本都是一样的，所以《京都议定书》里提出了这样一个跨国的减排机制，这个机制叫作清洁发展机制（Clean Development Mechanism，CDM）。

不难想象，像中国这样大体量的发展中国家，自然是有很多减排空间的，所以很多国家把减排项目开发的重心放到了中国。2005年，我国国内出现了第一批碳排放管理员。

那时的碳排放管理员是非常风光的职业，因为当时在中国开发出的碳减排价值是直接对标欧盟碳市场的，所以非常赚钱，行业薪酬水平高于绝大多数其他行业。但因为那时大部分的从业者都是冲着CDM这个跨国减排机制去的，对CDM翻来覆去研究得烂熟于心，而对碳核算和碳管理的一些基本概念却不清楚，所以那时的碳排放管理员的知识面和业务面都非常窄，基本只进行CDM开发相关工作。

因CDM诞生于《京都议定书》，而《京都议定书》中规定的发达国家减排义务并非永久有效，最早签订的有效期是到2012年年底截止。如果不能续期，那么CDM将在2012年走向终结。在确定减排义务是否延期的2009年哥本哈根气候大会上，主要西方国家都持否定态度，最终的结果是2012年后只允

---

① 更准确的描述为附件一国家，美国虽然是发达国家，但并未签署《京都议定书》，所以无减排义务。本书中为方便理解，进行了近似描述。

许最不发达国家的CDM项目用于义务减排国履约。中国不是最不发达国家，所以基本确定2012年后中国的CDM开发失去意义。中国的碳管理行业在CDM开发的道路上一路狂奔之后，才开始慢慢停下脚步，回过头来审视碳管理这个行业的意义及未来的发展方向。

从2010年起，就有部分CDM开发企业开始转型做企业的碳核算和减碳咨询业务。2011年，我国发布了《国家发展改革委办公厅关于开展碳排放权交易试点工作的通知》，正式宣布我国将建立属于自己的碳排放交易市场。2012年，我国发布了《温室气体自愿减排交易管理暂行办法》，正式宣布我国将建立属于自己的清洁发展机制，也就是CCER（China Certified Emission Reduction）机制。于是碳管理行业的业务开始丰富起来，从企业的碳核算到碳资产管理，从一级市场的CCER开发到二级市场的碳交易，甚至碳抵押、碳回购等碳金融业务也逐渐开展起来。但总体来说，这些业务在我国提出"双碳"目标之前体量都较小，相较CDM时期的赚钱能力更是不可同日而语。在2012—2020年这8年时间里，很多早期从事CDM项目开发的企业都选择了转型或者直接解散，那些仍在这个行业坚守的企业，也基本都在温饱线上挣扎，勉强靠着政府的碳核查业务活下来。

在我国宣布碳达峰、碳中和"双碳"目标后，碳管理行业突然爆发出了一个新的业务需求——碳达峰、碳中和规划及实施方案。这项业务不光政府需要，许多头部企业也开始布局。同时，我国建成全球规模最大的碳市场——全国碳排放交易市场（以下简称碳市场）。这两个里程碑事件直接推动了碳管理人才需求的激增。于是人社部新增了"碳排放管理员"这一职业，各大媒体持续跟进报道。至此，碳管理行业真正走进了大众视野，成为一项令人向往的新兴行业。

1.2 碳管理行业的几大领域

碳管理行业虽然是一个新兴行业，但在行业内已经分出了多个分支业务，横跨多个专业领域，例如做碳核算需要对各种工业企业的工艺流程和能耗水平了如指掌；做碳交易和碳金融需要具备一定的金融知识；做碳资产开发需要会做项目投资分析，如计算内部收益率和投资回收期，最好还要具备流畅的英文读写能力。根据各类业务的性质和服务对象，可将碳管理行业的业务归纳为四类，分别为企业碳管理、碳市场、政府业务及碳中和+，如图1-1所示。

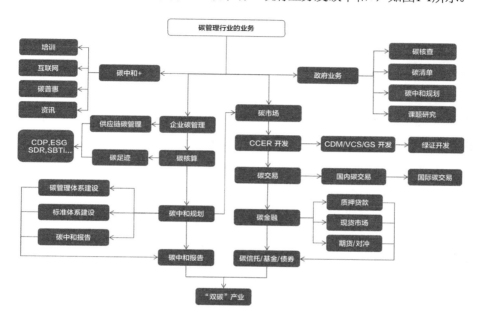

图 1-1　碳管理行业的业务分类

　　企业碳管理的主要业务以实现企业碳中和为核心，从企业碳排放摸底开始，制定企业短、中、长期规划，搭建相应的管理体系及内外部沟通渠道，最终实现企业及供应链碳中和。这里面具体会涉及企业及产品的碳核算、碳管理体系的建立、碳中和规划和应对国际倡议组织等业务。相关知识点会在本书的第2章、第4章和第7章进行详细介绍。

　　碳市场以碳资产开发为起点，逐渐延伸为其他类型环境权益开发、其他碳市场的参与、碳交易、碳金融等相关业务。想要开展此类业务需要掌握碳市场的运作机制，同时需要熟悉和掌握市场上主流碳资产，如CCER、CDM、VCS、GS及绿证（绿色电力证书）的开发。如果往纯金融方向发展，那么还需要了解传统的金融业务相关知识。相关知识点会在本书的第5章和第6章进行详细介绍。

政府业务与企业碳管理有点类似，如帮助政府核算辖区内碳排放量，制定相应的碳达峰、碳中和规划，研究碳普惠等创新业务的实施方案等。其差别在于，政府业务除咨询业务以外，还包含代表政府实施监管的一些业务，如企业碳排放的第三方核查、碳减排项目的审定与核查等。相关知识点会在本书的第3章和第8章进行详细介绍。

碳中和+是因碳中和兴起而带动发展起来的与其他领域相结合的行业，如培训、互联网、碳普惠、资讯等。这些业务本身就属于跨界业务，相关的知识点需要结合前面提到的所有知识点与其他行业进行融合，本身不需要额外的知识点。但我还是打算就当前常见的几种成熟的跨界业务进行一下介绍，相关内容详见本书的第8章。

上面的业务分类方式是面向服务对象的分类方式，这不代表走了其中一条业务线就不能走另一条业务线，碳管理行业中的所有业务，除代表政府执行的第三方机构业务与其他业务有冲突以外，其他业务都是可以同时开展的。换句话说，如果你想开展第三方机构业务，如碳核查、CCER的审定与核查，就不能同时开展与企业碳咨询有关的任何业务，当然如果对政府的业务不涉及碳资产，则可以同时开展。碳管理行业主要业务领域的市场体量如表1-1所示。

表 1-1　碳管理行业主要业务领域的市场体量

业务类型	细分领域	业务简介	市场体量/（亿元/年）
企业 碳管理	碳管理咨询	为企业、政府及园区提供实现碳中和的咨询服务，一般包括碳盘查、碳管理体系建设、碳中和规划及实施方案等	100~200，逐年减少
	碳管理信息化	通过软件形式实现企业的碳管理，主要包括企业碳管理软件及政府/园区碳管理软件	100~200，逐年减少
	碳管理培训	发展初期，培训需求巨大，政府、企业及个人都存在培训需求	约100，逐年减少

续表

业务类型	细分领域	业务简介	市场体量 /（亿元 / 年）
碳市场	碳资产开发	寻找符合规定的减排项目，并将其开发成可交易的碳资产，如风电、光伏发电、造林、甲烷回收等	50~500，逐年递增
	绿证开发	寻找水电、风电、光伏发电项目，并将其按照相关规定开发成可交易的绿色资产	10~100，逐年递增
	碳交易（二级市场）	类似股票二级市场交易	100~10000（交易量），逐年递增
	碳金融	类似一般资产变现业务，如碳抵押贷款、碳回购、碳借贷等	NA，逐年递增
碳中和 +	碳普惠	实现个人减少碳排放也能获得收益的业务或商业模式	NA，逐年递增
	"双碳"产业孵化	通过技术及资金辅导以"双碳"为目的的初创企业	NA，逐年递增

注：NA 表示 Not Available，即无法预估数据。

1.3　碳排放管理员的几类职业发展方向

首先确定的是，没有任何一个企业或者个人能够同时开展碳管理相关的所有业务，从大的发展方向来看，碳排放管理员的职业发展大体可以分为三个方向：技术咨询方向、企业碳管理方向和碳市场方向。

技术咨询方向是以各类碳核算能力为基础，帮助企业和政府解决"双碳"方面所有疑难杂症的方向，这个方向比较偏重于研究，适合热爱钻研的从业者。技术咨询方向的从业者的主要工作是完成各种类型的报告，如各种类型的碳排放报告或碳核查报告、企业规划报告、政府的各类研究课题报告等。

企业碳管理方向是以帮助企业实现碳中和为目标，并应对各种利益相关方要求的方向。企业碳管理方向的从业者既可以在咨询公司任职，也可以胜任各大企业的专业管理岗，其主要工作是帮助企业管理其碳排放及碳资产，使企业对内以最低成本应对政府及利益相关方要求，对外提高企业形象，同时提高碳资产收益等。这个方向不要求从业者对技术方面的钻研有多深，因为大部分实际业务都会外包，但要求从业者知识面广，具有鉴别相关服务商专业水平的能力，同时对从业者的协调能力和管理能力有一定要求。

碳市场方向的业务以碳交易和碳金融为主，包括碳资产开发、碳交易和碳金融，其中碳资产开发的技术部分与技术咨询方向有一定重叠。开展这类业务要跟人和钱打交道，需要从业者有很强的商业能力，除此之外还要有一定的金融知识和投资经验，特别是碳交易业务，其跟股票交易非常类似，如果业务人员经验和胆识不够，反而可能会亏钱。但碳市场方向也是收益天花板最高的方向，在全国碳市场启动后，获益最大的就是这个业务领域的从业人员，特别是前两年敢于在低谷期抄底购买碳资产的那一批人。

碳中和+准确来说不完全属于碳中和领域的业务，所以在制定职业发展规划的时候不用考虑碳中和+的方向，等你做到一定程度且正好有其他"+"的能力或者资源时，做碳中和+的业务自然就水到渠成了。

无论选择碳管理行业的哪个业务方向，都建议先熟练掌握最基本的两个业务，即企业碳核算和碳资产开发，最好直接参与一两个相关项目。这两个业务可以说是碳管理行业的基础，类似房地产行业从业者必会CAD，IT行业从业者必会Java。如果没有这两项业务的经验，后期的职业发展就不会很顺利。

对于新手来说，如何进入这一行呢？首先，取得的那些培训证书其实并没多大的作用，目前市面上的证书都是培训证书，并不是资格证书，而现在企业招人时大都招有经验者。因为现在国内的CCER项目还没有重启，碳资产开发的业务还很少，新手一般没有相关实操经验，所以我的建议是找到那些有碳核查项目的企业（这些企业的名单可以从各省级政府公开招标文件中找到），先去这些企业做一到两年的碳核查再考虑下一步发展。因为碳核查要求去现场的必须有两个人，核查机构一般情况下不会同时安排两个熟手去核查一个企业，所以核查机构本来就需要一个新手跟着去现场，这就给了新人机会，而且随时都有熟手带着做项目，这比花钱参加那些培训有效多了。这是目前进入这一行业最好的渠道，在每年启动核查的那几个月，相关核查机构对人员的需求还是挺多的，如果不考虑薪酬、长期出差及工厂现场环境等因素，你很快就能成为"碳圈"的一员。

1.4 关于碳管理职业规划的一些常见问题

前文我们介绍了碳排放管理员的基本职业发展方向，在现实中还有很多关于是否入行及如何实现个人成长的问题。考虑到我并非职业规划师，所以如果有人问我关于职业选择的问题，我基本都不会正面回答，因为这涉及个体性格、能力、兴趣爱好、成长环境、家庭与社会资源等一系列因素。但对于一些共性问题，我还是可以给出一些建议的，不过这只是非（职业规划）专业的个人建议，不构成就业指导。

想入行就趁早

很多人除入行碳管理以外，还有其他这样或那样的机会，如进入其他行业、考公务员、考研究生等，如果问我如何选择，我的想法是如果确定要进入碳管理这个行业，就尽早入行。目前国内已经出现大量的碳管理人才需求，重点是这些需求都是较高的职位，这些人才缺口会在几年后被现在入行的人补上。如果现在入行，那么你在几年后就有机会获得这些职位。过了这个阶段，虽然市场上仍然存在大量碳管理人才需求，但像这种获得较高职位的机会就会少很多。像考公务员、考研究生等，过几年再去也没问题，"双碳"这个风口如果错过了一年，未来可能就要花很多年来补上。

一定要跟对人

碳管理行业正处于早期阶段，很多企业在招聘相关人员的时候并没有专业的判定标准，因为HR本身也不了解这个行业，这就会导致出现两种情况：一种是加入这个行业后你的顶头上司是个外行；另一种是你可能进行了一些皮毛的知识学习，公司就直接任命你为碳管理负责人。在第一种情况下，你的专业能力得不到成长；在第二种情况下，你不但专业能力得不到成长，而且可能过不了多久就因业务无法开展而被迫离职。目前社会上出现了很多新成立的碳管理公司，这些公司大多没有专业能力，所以你需要慎重考虑是否加入。最为保险的做法是先去具有许多经验丰富的专家以及大量进行中项目的咨询公司锻炼几年，再考虑其他的发展。

高考专业的选择

虽然教育部已经发文要建立碳中和学科甚至碳中和学院，但到目前为止还没有正式的碳中和学科。对于还没有踏入大学就已经决定将来入行碳管理的学生来说，可以考虑选择能源和环境方面的专业，能源方面建议选择与新能源有关的专业，环境方面建议选择偏环境政策的专业，如环境经济学、环境工程、能源工程、能源与环境系统工程、可持续能源等宏观描述能源与环境的专业。最近部分高校新开设了一门学科——碳储科学与工程，也是一个非常不错的选择。

文科／理工科毕业生就业选择

虽然从总体上来看理工科毕业生相对来说更适合进入碳管理行业，因为无论是碳核算还是减排量开发，都涉及大量对工艺流程的理解和对各行业一些核心生产数据的基本把握，但其实这些都不是特别深奥的知识和理论，而且即使是理工科的学生，也不一定能在自己的课本上找到这些知识，所以从知识水平上来看，文科毕业生和理工科毕业生的起点差不了太多。实际上，只要是自身逻辑能力很强的人，就可以快速理解并掌握这些知识。所以我的建议是，先不管自己学的是什么专业，自问一下自己的逻辑能力是否比较强，对数据是否敏感，如果答案是肯定的，那么入行碳管理是很好的选择。

即使答案是否定的也没有关系，一个行业的崛起不单单需要专业人才，还需要行政、人力、财务、法务等辅助部门的人才，不能走到聚光灯下，在幕后打打辅助也是不错的，至少相较夕阳行业，碳管理行业的工作更加稳定，成长空间也大一些。

其他行业转行

对于已经在其他行业工作过一段时间的人来说，如果要转行，那么除专业和个人能力以外，还要考虑转行的沉没成本。我的建议是，如果你的工作年限在3年以下，且对当前从事的职业一点都不感兴趣，那么趁早转行；如果你的工作年限为3～10年，且在自己的行业有那么一点经验和资源的积累，那么可以考虑在继续从事当前职业的同时，努力学习碳管理相关知识，之后找准时机转到碳管理与自身职业相结合的岗位上。随着碳中和的逐渐推进，任何一个行业都离不开碳管理，所以无论你从事什么职业，将来某一天都会出现碳管理与你自身职业相结合的岗位需求。在那之前，你需要做好充分的准备。

如果你的工作年限已经超过10年，那么我想你的年龄一定也不小了，完全抛弃当前行业，到另一个行业从头再来的沉没成本是令人难以接受的。至少从薪酬上你就需要接受原来薪酬腰斩再腰斩的现实。碳管理行业虽然缺少人才，但不缺少新人，你得忍受和比你小十几岁的人站在同一起跑线上，一起工作和竞争的现实。即使是我，可能也无法接受。所以对于工作年限已经超过10年的人，想要转入碳中和行业，除非自己学习能力特别强，又愿意放下身段和比自己小十几岁的人竞争，否则建议你借助这么多年积累下来的社会资源和财富去支持碳管理公司或人员的成长，如成立公司，组织碳管理团队，或者与既有的碳管理公司合作，将自己的资金和社会资源注入该公司，以支持该公司的成长，实现与公司的共同发展。

如何学习

对于碳管理，因为目前高校没有对口专业，社会培训参差不齐，所以如何学习相关知识成为想要进入这一行的人最关心的问题。下面我就如何通过自我学习提高自身专业能力提一些建议。

我最推荐的方法是以工代学，也就是不计成本，先去比较有实力的公司

工作，通过实际的项目操作来进行学习，这样见效最快。如果实在没有这个机会，则再考虑怎样自学。

自学需要根据两种资料学习：一种是比较综合性的碳中和相关科普书籍，这类书籍可以让你对碳中和和碳管理有一个宏观的认识。学习了这类书籍中的知识就相当于拿到了一张碳管理行业的地图，这样无论你今后从事哪个细分领域的工作，都能找到自己在碳中和领域所处的位置，以及了解这个位置的前后左右都是什么。这类书籍首推我之前出版的《碳中和时代：未来40年财富大转移》，虽然这有点自卖自夸的感觉，但至少在我看过的碳中和相关书籍中，只有这本书对碳管理这个行业进行了清晰的介绍。其他的书籍大多是对碳中和全社会、全产业的宏观介绍，对了解碳管理行业没有太大的参考作用。不过，如果今后涉及写咨询报告，那么可阅读《读懂碳中和》《碳中和经济学：新约束下的宏观与行业趋势》等，这些书中有大量的数据分析，是不错的参考书籍。

另一种是特定业务的指导文件，如碳核算指南、CCER开发方法学等，这些文件数量庞大，在没有人指导的情况下学习起来可能有一定困难，本书将在每个章节列出该章节业务相关的文件资料及其出处，同时为这些文件的学习提供指导。

学以致用才能更好地吸收知识，即使我们没有相关的业务可做，也可以为自己假想一些题目进行练习。例如，学习了碳核算相关知识，可以以自己的公司为目标，尝试进行碳排放量计算并编写碳排放报告。另外，对所学知识进行整理和输出也能让知识得到更好的巩固，如将学到的知识整理成PPT分享给公司的同事，或者开通自媒体账号，在上面发表文章。

关于培训

关于碳排放管理员相关培训，因为主管机构尚未对此进行规范管理，所以市面上的培训课程非常混乱，已经曝出过多起碳排放管理员培训诈骗的丑闻，这也是我不怎么推荐培训机构的原因。总体来说，越是吹嘘自己发的证书多么有含金量的培训就越有问题。

所以我的建议是，在主管机构规范碳排放管理员相关培训及证书之前，不建议参加培训，特别是以取得证书为目的的培训。如果确实希望能够在短时间内对碳管理相关知识有一个初步的把握和判断，那么建议参加我国几大碳排放交易所本部组织的培训，注意是本部组织的培训，而非合作单位举办的培训。

1.5 碳管理的基础——碳核算

现代管理学之父彼得·德鲁克说过，"无量化，无管理"。这句话的意思就是，世界上的任何事物，如果想要把它管理好，首先要做的就是量化它。碳排放的管理也是一样的道理。如果我们想让一个企业实现碳中和，却连企业到底排放了多少温室气体，这些温室气体分别来自哪些排放源都不知道的话，那么实现碳中和就相当于无源之水、无根之木。所以碳排放的量化就是整个碳管理行业最基本的业务。

虽然碳排放的量化是最基本的业务，但并不代表其是最简单的业务，相反，碳核算涉及的知识面非常广，本书第2～4章的内容都在介绍碳排放的量化。从大方向来讲，碳核算分为区域层面、组织层面和产品层面的碳核算，而且区域层面、组织层面和产品层面碳核算的意义和计算方法是完全不一样的。

区域层面、组织层面和产品层面碳核算的区别如图1-2所示。碳足迹是指某个产品在从原材料开采到最终废弃或回收利用整个生命周期内的碳排放，主要是产品在时间序列里的延伸，如图1-2中的某公司生产的A产品，它的碳足迹要延伸到A产品生产前阶段排放和A产品使用/废弃阶段排放。组织层面的碳排放在时间和空间方面都是确定了的，一般都是指一年范围内企业组织边界内的排放。例如，图1-2中的某公司碳排放除包括A产品生产阶段排放以外，还包括B产品生产阶段排放及某公司组织边界内其他排放。区域层面的碳排放是在空间序列里的延伸，一般都是以行政区划为空间边界的，如某公司所在的区、市、省等，区域层面的碳排放除包括区域内其他组织排放以外，还包括区域内个人排放及区域内农林渔牧排放等。

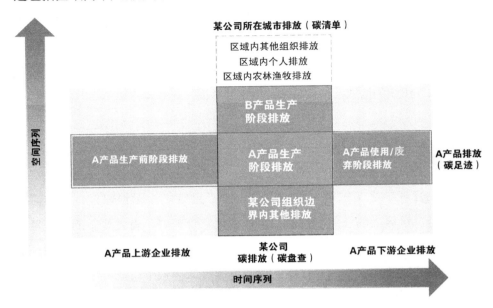

图 1-2　区域层面、组织层面和产品层面碳核算的区别

举一个现实的例子，特斯拉在上海的工厂主要生产Model 3和Model Y两款车型，如果我们要核算特斯拉上海工厂组织层面的排放，那么需要核算特斯拉上海工厂组织边界内所有的直接和间接排放，而不用考虑这些排放是为了生产哪款车型产生的。如果我们要核算其中的一款车型，如Model Y的排放，则需要把工厂内因为生产这款车型产生的直接排放单独核算，同时要延伸到这款车型的上下游企业排放——无论这些排放是否发生在特斯拉工厂、上海市甚至中国。如果我们要核算特斯拉工厂所在的城市上海市的排放，则除了需要考虑像特斯拉这样的企业产生的排放，还需要考虑整个城市范围内所有因能源消耗产生的排放，以及农林渔牧、市政垃圾处理等非能源消耗产生的排放。

通过以上描述可以看出，这三种碳排放的核算方式不太一样。有人会有疑问，为什么我们要把碳核算搞得这么复杂呢？其实大部分刚接触碳管理的人都会有这样的疑问：碳排放主要来自煤炭、石油、天然气燃烧，是否我们只需要知道煤炭、石油和天然气对应的碳排放转化系数就能算出所有的碳排放呢？从宏观的角度看，这确实没有问题，但一来能源与碳排放之间不能完全画等号，我国能源产生的碳排放量不到我国总碳排放量的80%，在我国需要实现碳中和的总体目标下，这种粗放式的核算方法显然不能满足要求；二来实施减排需要落实每吨碳排放的相关责任，这种责任的量化不能只靠能耗乘以一个转化系数来实现。例如，大部分企业的碳排放来自用电，如果只计算煤炭、石油、天然气燃烧产生的碳排放，那么这些企业就没有碳排放，也就没有减排的责任。

从大方向来看，地球排放一吨碳主要有三个主体的责任，即国家（或地区）、生产企业和消费者，所以从减排的角度来看，减少排放这一吨碳的责任就需要分别落实到这三个主体上。三者的角色注定了其减排的方式完全不一样，所以不能简单地把一吨碳排放一分为三，每个主体负责三分之一吨碳减排。三个主体从不同的维度来避免这一吨碳排放的产生，所以各个主体有契合各自减排策略的核算方式。也就是说，减排策略的不同决定了各个主体碳排放的核算方式不同。

对于国家（地区）来说，通过产业政策的制定来实施碳减排是主要的任务，所以国家层面的碳排放都是分产业领域来核算的。对于企业来说，理论上企业对其生产经营产生的直接或者间接排放都有责任，但想要实施减排，主要还应控制自己组织范围内的排放，这些排放除直接排放以外，还有电力和热力消耗产生的间接排放，而因企业生产经营造成的上下游企业排放，企业虽然也有一定责任，但是鞭长莫及，想要实施减排就不那么容易了，所以组织层面的碳核算规则是根据自身碳排放的控制能力来划分的，一般按照直接排放（范围一排放）、能源间接排放（范围二排放）和其他间接排放（范围三排放）[①]来划分。因为组织层面的碳核算规则中引入了间接排放的概念，所以一个企业组

---

① 新版的组织层面碳核算标准 ISO 14064-1:2018 已经取消了范围一排放、范围二排放、范围三排放的说法，而统称为直接排放和间接排放，但目前大部分企业仍沿用范围一排放、范围二排放、范围三排放的说法，故本书中仍然采用此种说法。

织层面的碳排放并非物理意义上的碳排放，我们可以将其理解为企业对碳排放的"责任"量化。

对于一个产品，碳减排的最佳措施就是不生产，当然这取决于消费者根据产品碳排放信息做出购买与否的选择，这就涉及产品在其整个生命周期的碳排放信息，所以在产品层面计算碳排放时，我们只需要把目光集中在产品生产、使用和废弃过程中产生的碳排放，而不去考虑生产这个产品的组织边界和国家边界，即使一个产品的某个部件来自地球的另一边，我们也需要把它的碳排放算进去。

因为碳核算的目的和边界不一样，所以核算的路径和方法也不一样，每个层面的碳核算都有其固定的核算指南或标准。表1-2所示为各层面的碳核算指南或标准及核算路径。本书在后面章节中介绍各层面的碳核算方法时，不会按照碳核算指南或标准的内容一一对应地讲，而会讲最基本的原理和逻辑，避免读者"知其然而不知其所以然"。当然，学完本书后，无论是按照现行的碳核算指南或标准，还是按照今后改版的碳核算指南或标准，都能够很快领悟并上手。

表 1-2　各层面的碳核算指南或标准及核算路径

层面	核算指南或标准	核算路径
区域层面	1.《国家温室气体清单指南》 2.《省级温室气体清单指南》 3.《城市温室气体核算工具指南》	1. 能源活动排放 2. 工业生产过程排放 3. 农业活动排放 4. 土地利用变化和林业排放及吸收 5. 废弃物处理排放
组织层面	1.《温室气体核算体系》 2.《温室气体　第一部分：组织层面对温室气体排放和清除的量化和报告的规范及指南》 3.《企业温室气体排放核算方法与报告指南》 4.《工业企业温室气体排放核算和报告通则》	1. 范围一排放（直接排放） 2. 范围二排放（能源间接排放） 3. 范围三排放（其他间接排放）
产品层面	1.《商品和服务在生命周期内的温室气体排放评价规范》 2.《温室气体. 产品的碳排放量. 量化和交流的要求和指南》	1. 产品上游企业排放 2. 产品生产阶段排放 3. 产品使用阶段排放 4. 产品废弃阶段排放

1.6 碳管理的动力——减排技术

如果说碳核算是碳管理的基础，那么减排技术就是碳管理的动力。碳管理的目的是实现碳中和，但是光靠碳核算不能实现碳中和，通过纯粹的碳管理也不能实现碳中和，只有通过碳管理推动减排技术的落地才能实现碳中和。

在完成碳排放摸底后，下一步要做的事情是针对每个排放源，分析其减排直至零排放需要通过哪些手段和技术来实现，哪些技术是成熟的，哪些技术还有待进步，哪些技术是可以直接采用的，哪些技术是需要等待国家推广的。

能源领域减排技术

在能源领域，无论涉及的排放源有多少，其实现碳中和最主要的技术无非是节能、电能替代和可再生电力。

节能对于一个企业来说是永恒不变的话题，无论是否实施碳管理，一个企业一定会有一个本来就存在的节能主管部门，如能源管理部门、生产管理部门或设备管理部门等。所以在实施碳管理时，采用节能技术虽然是减碳的重点，但并不是碳管理的重点，我们只需要随时了解相关信息就行。

电能替代是指将一个企业使用化石能源的设备全部替换成电力设备。这是一个企业实现碳中和必须完成的事情。但是完全的电能替代对于大部分企业来说都是一件需要从长计议的事情。且不说完全的电能替代需要将企业涉及的车辆、食堂、宿舍中相关使用化石能源的设备全部更换为电力设备，仅从碳排放的角度来说，在我国当前电力结构下，很多设备在实现电能替代后，碳排放可能不降反升。另外很多生产工艺中需要用到化石能源的环节，目前尚无电能替代的相关技术。所以如何制定合理的规划，让企业在合适的时间，以合理的方式实现电能替代是碳管理者需要思考的事情。

实施电能替代的原因是，在当前情况下，可再生电力已经具备经济可行性。所以电能替代的下一步自然是实现100%可再生电力。关于这一措施，可以从两方面来讲：一方面，在"双碳"目标下，整个国家的电力体系会在未来几十年里将其碳排放因子逐步降为零，这意味着即使我们在可再生电力方面不再采取任何措施，将来也能实现100%可再生电力；另一方面，我们如果想要提前实现100%可再生电力，那么需要碳管理部门来做统筹规划。要想实现100%可再生电力，首先要考虑的是自建光伏电站，但除自家屋顶以外，可以再建的地方有限。对于剩下的屋顶光伏无法覆盖的电力，需要通过直购零碳电力或者购买绿证的方式来实现可再生。

在能源领域，使用化石能源的设备除可采用电能替代以外，还可采用其他的非化石能源替代，如氢能、生物质能、甲醇、氨能等，但这些能源中除生物质能以外，其他能源目前尚不能称为零碳能源，还需要密切观察相关技术的发展方向。

非能源领域减排技术

非能源领域减排技术通常集中在二氧化碳的非能源排放技术及非二氧化碳的温室气体减排技术上。这些技术虽然总碳排放量不高，但涉及的技术领域非常广泛，从工业领域利用绿氢做还原剂生产钢铁，到化工领域利用生物基材料生产塑料，再到生物领域利用细胞培养技术生产牛肉，这些技术一般只针对特定领域的企业。作为企业或者政府的碳管理部门，需要根据自身的行业特性，密切关注相关领域的技术发展情况，并在内部制定合理的技术路线图，或者自己研发，或者与研究机构等部门合作，将相关技术应用到这些非能源领域的碳排放中。非能源领域主要减排技术如表1-3所示。

表 1-3　非能源领域主要减排技术

温室气体类型	涉及领域	排放原理	减排技术
二氧化碳（CO₂）	水泥生产	碳酸钙分解	CCS（碳捕集与封存技术）
	金属冶炼	以化石碳作还原剂还原金属	CCS、绿氢作还原剂、生物质作还原剂
	其他化工	化石原料生产过程排放	CCS、生物质代替化石碳作原料

续表

温室气体类型	涉及领域	排放原理	减排技术
甲烷 （CH$_4$）	采矿	甲烷逸散排放	甲烷回收利用
	水稻种植	厌氧发酵	灌溉管理，旱稻种植
	动物肠道发酵	厌氧发酵	甲烷回收利用，抑制甲烷发酵药品研发，植物肉 / 细胞培养肉以替养殖
	动物粪便管理	厌氧发酵	甲烷回收利用
	垃圾处理	厌氧发酵	甲烷回收利用
氧化亚氮 （N$_2$O）	含氮化合物生产（硝酸等）	生产过程副产氧化亚氮	高温 / 催化分解
氢氟碳化物 （HFCs）	冷媒、刻蚀气体	氢氟碳化物逸散排放	含冷媒废旧设备回收，低GWP（全球暖化潜势）/非温室气体冷媒替代
全氟碳化物 （PFCs）	保护气、刻蚀气体	全氟碳化物逸散排放	低 GWP/非温室气体保护气替代
六氟化硫 （SF$_6$）	高压绝缘气	六氟化硫逸散排放	六氟化硫回收利用，低 GWP/非温室气体高压绝缘气替代

总之，这些减排技术才是实现碳中和的动力，作为碳管理者，我们的目的并不是去研究或者开发这些技术，而是针对我们所管理的每个排放源，找到合理的减排技术，在合理的时间，以合理的方式引入并推动技术的落地。

1.7 碳管理的灵魂——碳市场

对于碳市场，用简单通俗的话来解释就是，政府给企业下达了强制的排放控制指标，如果企业的排放超标，那么需要去市场上买指标；如果企业的排放没有超标，那么剩余的指标可以拿到市场上去卖。在碳市场中，这个指标有一个专有名词，叫作碳配额。

政府对污水、空气污染物的管控方式与对碳排放的管控方式接近。政府会对排污企业下达强制的排放限额指标。如果排放超标则应直接交罚款，如果排放没有超标则剩余的指标既不能得到政府的奖励也不能拿到市场上去卖。政府对碳排放的管控方式是，如果排放没有超标且有剩余，那么可以拿到市场上去卖掉获取收益。仅这一点小小的区别，就造就了全球以碳为金融产品的超万亿元的市场。

碳减排行政手段与市场手段的比较如图1-3所示。

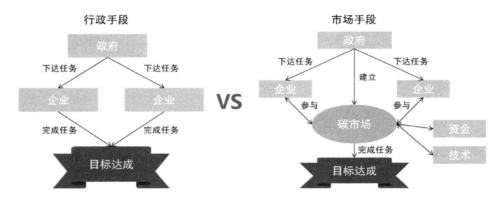

图 1-3　碳减排行政手段与市场手段的比较

其实即使没有碳市场，像污染物控制一样，仅通过政府的行政命令，强制所有企业减少碳排放直至清零，我国也能实现碳中和。碳管理部门在这种情况下就会成为一个纯粹的、机械的企业内部管理部门。

但有了碳市场以后，碳管理部门瞬间就从一个纯粹的、机械的企业内部管理部门变成资产管理部门、金融产品交易部门，甚至成为一个可独立经营并产生利润的业务部门。这就好比一个毫无生气的机器人有了灵魂一样。

在碳减排的过程中，引入碳市场最重要的目的是将碳排放变成像原材料一样的一般生产要素对待。通过碳市场对每吨碳进行定价，企业自然就会将碳排放纳入自己的损益表。这样碳减排就会成为企业的一个主要经营指标，进而促使企业成立碳管理部门、引入减排技术、实施减排项目。更进一步，各种技术的开发商看到这些减排技术的需求，自然而然地就会加大投入，研发更有助于减排的技术，从而形成资本、技术和人才往减排技术方面汇聚的局面。

作为一个企业内部管理部门，碳管理部门却坐拥几千万元甚至上亿元的资产，自然而然地就与其他管理部门拉开了差距。碳管理部门退可进行配额置换和保本型理财，进可将碳资产作为筹码到二级市场去进行交易。因此，碳管理部门负责人就变成了"股票经理人"。

在不久的将来，碳资产的作用不再限于企业履约，因为在价值得到公众的认可，并且公众也可以参与碳交易以后，碳资产将成为另一种保值、增值的理财产品。随着减排难度的增加，碳资产的价格从长期来看一定呈上涨趋势，所以不难推断，碳管理行业的发展在可预见的未来也一定处于上升趋势。

第2章 | Chapter 2

组织层面碳核算

1. 什么是企业碳盘查？它与碳核查的区别是什么？

2. 什么是排放源？如何计算一个排放源的碳排放？

3. 我所在公司/学校的主要排放源有哪些？

4. 尝试计算一下我所在公司/学校的碳排放。

　　组织层面碳核算俗称企业碳盘查，对于绝大多数2012年后加入碳管理行业的人来说，企业碳核算都是他们的碳管理启蒙业务。最早的组织层面碳核算方法源于2001年WRI[①]与WBCSD[②]发布的《温室气体核算体系：企业核算与报告标准》（简称《温室气体核算体系》或《温室气体议定书》）。这个标准迄今为止仍是最好的温室气体核算启蒙读物之一。《温室气体核算体系》的目的很纯粹，就是站在企业社会责任的层面，指导企业量化自身排放的温室气体，所以在一些排放系数选择方面，并没有做出过多的要求。

　　组织层面碳核算英文的专业术语为Greenhouse Gas Inventory，因为Inventory一词既有盘库存的意思，又有列清单的意思，所以早期的企业温室气体核算这个活动被台湾地区翻译成了碳盘查，后来大陆地区沿用了碳盘查这个概念。但因为碳盘查从字面上看，比起盘库，更像是盘问、检查的意思，听起来不那么友好，所以中国官方的文件中没有沿用碳盘查这个概念，而是直接采用碳核算这个概念。至于碳排放清单这个概念，在中国则演变成了区域层面碳核算的专有名词。

　　后来碳市场兴起，在碳市场中，参与碳交易的企业将根据自己的排放获得相应的碳资产或者碳负债。所以企业的每吨碳排放都代表着真金白银，在这种情况下自然不允许有模棱两可的核算方法。在这种要求下，几乎每个独立的碳市场都发布了属于自己的一套碳核算指南或标准。虽然总体框架与《温室气体核算体系》基本一致，但各自的规则又或多或少有一些差别。例

---

① 世界资源研究所。
② 世界可持续发展工商理事会。

如，中国参与碳交易的控排企业[①]在核算自身碳排放时就需要严格按照各行业企业温室气体排放核算方法与报告指南进行计算。对于非控排企业，则有更多的选择，如前面提到的《温室气体核算体系》和ISO 14064-1:2018。本章将频繁引用以下四类碳核算指南或标准，所以下面先对它们进行介绍，以方便读者更好地理解本章的内容。组织层面碳核算指南及标准如表2-1所示。

表 2-1　组织层面碳核算指南及标准

名称	发布机构	版本迭代	主要特点
《温室气体核算体系》	WRI 和 WBCSD	2001 版、2004 版、2011 版	最早的核算指南
《温室气体　第一部分：组织层面对温室气体排放和清除的量化和报告的规范及指南》	ISO	ISO 14064-1：2006、ISO 14064-1：2018	较为中性，缺乏细节指导
《企业温室气体排放核算方法与报告指南》	国家发展和改革委员会	2013 版、2014 版、2015 版[②]	中国全国及试点碳市场碳核算用指南
《工业企业温室气体排放核算和报告通则》	中华人民共和国国家质量监督检验检疫总局和中国国家标准化管理委员会	GB/T 32150—2015	非控排企业可以采用

很多人误以为碳核算的重点是计算过程，其间会用到很多高深的数学知识，但事实上，碳核算中用到的数学知识无非加减乘除，计算过程十分简单。但计算过程简单并不代表碳核算简单，如何确定计算公式中的每个数据并保证其准确性才是碳核算的难点。本章将基于《温室气体核算体系》中的内容，结合中国的《企业温室气体排放核算方法与报告指南》对组织层面碳核算进行详细解读。

[①] 除非另有说明，否则本书中的控排企业泛指试点碳市场参与企业及全国碳市场划定的八大行业重点排放单位。

[②] 该系列指南目前共发布了 24 个，分别于 2013 年 10 月 15 日、2014 年 12 月 3 日、2015 年 7 月 6 日发布，目前这些指南并未改版。

2.1　组织层面碳核算的基本原则

在进行碳核算时，我们需要了解以下几个原则，这几个原则是在最早制定碳核算指南或标准的过程中就提出的指导原则。这些原则在平时起不到什么作用，但在出现问题时却能为寻找解决方案提供明确的方向，所以我觉得有必要在这里提前介绍一下。

相关性

相关性原则是指应确保碳排放报告适当反映企业的碳排放需要，服务于企业内部和外部碳排放数据采用者的决策需要。一个组织的碳排放报告具备相关性，意味着该报告中包含企业内部和外部的碳排放数据采用者进行决策所需要的信息。相关性的一个重要方面是选择适当的核算边界，这个边界应当反映企业商业关系的实质且经济现实，而不应只反映它的法律形式。

完整性

完整性原则是指应计入并报告碳排放报告内所有排放源和活动，披露任何没有计入的排放量并说明理由。应当计入选定的核算边界内的所有相关排放源，从而可以编制全面且有意义的碳排放报告。

在实践中，我们通常会遇到一些排放量很低的排放源，甚至一些从来没有运行过的排放设施。为了保证碳核算的完整性，即使我们不去计算它们的排放量，也需要将它们一一识别出来并予以说明。通常情况下，我们需要设定一个排放计算剔除原则，并将那些根据该原则剔除的排放源一一列出并标明剔除的原因。

一致性

采用一致的方法，可以对不同时间产生的排放量进行有意义的比较。

明确记录数据及核算边界、核算方法或者任何其他有关因素在时间序列中的变化。

碳排放数据使用者希望跟踪和比较企业在不同时期的碳排放信息，以确定碳资产价格的变化趋势，并评价、报告企业的业绩。采用的核算边界和核算方法的一致性，是得出可以比较的长期碳排放数据必不可少的。得出的核算边界内所有业务的碳排放数据，应在不同时间上具有可比性。对于核算边界、核算方法、数据或影响碳核算的其他因素的变化，应当明确指出并说明理由。

一致性原则非常注重时间变化对碳排放的影响，我们在跨年度的核算过程中，经常会遇到企业的核算边界、排放设施甚至核算方法改变的情况，因为这些要素的改变必然会导致碳排放量的变化，所以在将这部分的变化与上一年度的碳排放量进行比较时，一定要剔除相关影响因素。

举一个现实的例子，某个企业有两个工厂，每个工厂的碳排放量都是100吨，所以该企业的总碳排放量为200吨。到了第二年，该企业卖掉了一个工厂，所以该企业第二年的总碳排放量为100吨。这时我们不能称该企业第二年相对第一年减少了100吨的总碳排放量，因为该企业的核算边界产生了变化，它在不同时间已经不具备一致性了，所以单纯地用总碳排放量来进行比较没有意义。为了保证一致性，我们在进行数据比较时只能考虑尚未卖掉的那个工厂在这两年中的碳排放量变化。

准确性

准确性原则是指应尽量保证在可知的范围内计算出的碳排放量不会系统性地高于或低于实际排放量，尽可能在可行的范围内减小不确定性，达到足够的准确度，以保证用户在进行决策时拥有对碳排放报告信息完整性的信心。

准确性主要考虑数据的质量，尤其在存在多个数据源时，要判定哪个数据源才是最可信和切合实际的，这种选择虽然在碳核算指南或标准中有相应的指导原则，但实际操作情况千变万化，所以还会考验现场人员的临场判

断能力。但无论怎么选择，都要遵循一致性原则，也就是不要随意更换数据源。

与准确性原则相对应，还有一个原则叫作保守性原则，这个原则一般不会出现在碳核算中，而会出现在碳资产计算中。因为碳资产一般用于企业进行碳抵消，高估碳资产会导致碳减排量低于实际值，所以在碳资产的数据选择中，在可选的范围内都倾向于选择碳资产偏低的数据。但有些碳核算方法也在实际运作过程中有意无意地引入保守性原则，如我国全国碳市场对燃煤含碳量有若未实测则采用高限值的要求，这虽然对于企业含碳量实测有很好的推动作用，但偏离了准确性原则。

准确性原则与保守性原则在一般情况下不可兼顾，因为保守性原则会使计算结果偏离实际值。所以即使存在碳核算遵循保守性原则的案例，我们也应当记住，在无特殊要求时，碳核算应当遵守准确性原则而非保守性原则。

透明性

透明性原则是指应按照明确的审计线索和连贯的方式处理所有问题，对碳核算中的所有假设情况进行说明，并说明核算方法及所采用数据的来源。这在很大程度上是根据明确的文件和档案以清楚、实际、中立和易懂的方式进行披露的。信息的记录、整理和分析，应当使内部审查人员和外部核查人员能够证明其可信度，要明确指出具体的排除或计入事项并说明理由。信息应当充分，能够使第三方机构运用同样的原始数据推导出同样的结论。

为保证碳排放报告的透明性，最直接的方法是邀请第三方机构对核算结果进行核查并出具独立的核查报告。如果不具备条件，则需要尽可能全面地披露碳核算涉及的相关信息，如数据获取方法、排放源剔除原则、可能的碳排放数据假设等。

2.2 组织边界及运营边界的设定

设定企业的组织边界

所谓企业的组织边界，是指作为一个企业，特别是大型集团企业，在进行碳核算时划定的核算边界。一些大型集团企业的组织结构十分复杂，且与其他企业有着千丝万缕的关系。在这种情况下，为了避免企业间在进行碳核算时重复计算或者漏算，需要界定企业作为一个组织核算碳排放的边界。一般企业形式包括全资、法人与非法人合资、子公司及其他形式。为了进行财务核算，要根据组织结构及各方之间的关系，按照既定的规则设定企业的组织边界。在设定企业的组织边界时，首先选择一种合并下属组织温室气体排放量的办法，然后采用选择的办法一致地设定构成这家企业的业务和运营单位，从而核算并报告碳排放。

企业可以采取两种不同的方法来设定自己的组织边界：股权比例法和控制权法。

1. 股权比例法

股权比例法是指根据企业在其组织或排放设施中的股权比例核算碳排放。股权比例反映经济利益，代表企业对业务风险与回报享有多大的权利。这种方法的特点是与企业财务信息高度一致，所以股权比例法更有利于企业的负债与风险管理。但在现实中几乎没有企业采用股权比例法来核算碳排放。一方面，这种方法只适用于股权关系复杂的企业，而且计算股权比例对应的碳排放量需要对所有股权相关企业的碳排放量全部进行计算，工作范围大；另一方面，基于按照股权比例计算出的碳排放量并不能制定有效的减排措施，因为股权不代表控制权，如果企业无权介入排放设施的实际运营，那么减排也就无从谈起。

2. 控制权法

在采用控制权法的情况下，企业只计算受其控制的业务的全部碳排放量，并不计算其持有股权但不享有控制权业务的碳排放量。控制权可以从运营或财务的角度界定。当采用控制权法核算碳排放时，企业应当在运营控制与财务控制标准之间做出选择。当排放主体是一个整体的企业组织时，对于该企业的碳管理及对外披露的碳排放报告来说，采用控制权法要比采用股权比例法更适合。通常，编制对外披露的碳排放报告时都采用控制权法。

控制权法虽然字面上看起来很简单，但在实际操作过程中，有很多的案例需要我们反复斟酌，因为现实中存在很多控制权不清晰的情况，如以下案例。

（1）工厂内食堂由外包公司运营。

（2）企业车辆由外部运营公司运营。

（3）多家企业轮流运营同一个锅炉。

如果我们一直在纠结什么类型的控制才算真的控制这个问题，就会走进死胡同，在这种控制权模棱两可的情况下，判断一个排放源是否应该划到自己的组织边界内最好的依据是，相关排放源的燃料财务成本是否由自己直接负责，在实施减排措施时是否不用借助他人力量就可以直接实施。

对于第一个案例，食堂的主要减排手段是将燃气炉具改造为电炉，假如相关燃料的成本是由外包公司支付的，炉具的使用和维护也都是由外包公司完成的，那么相关排放源不划到自己的组织边界内。假如外包公司除负责做饭、炒菜以外，其他的事一概不管，那么相关排放源需要划到自己的组织边界内。第二个和第三个案例读者可以按照这个思路自行分析。

在设定企业的组织边界时，一般需要借助企业的组织架构图、厂区平面图，有时也需要借助固定资产表和租赁合同等辅助确认文件。对于厂区物理边界清晰的企业，借助厂区平面图就可以设定企业的组织边界。对于存在厂房合租情况或者分支机构众多的企业，需要根据组织架构图和相关租赁合同慢慢进行梳理。对于股权架构较为复杂且随时都在变更的大型集团企业，组织边界的确定较为复杂，需要结合企业自身的管理形式来设定企业的组织边界。

设定企业的运营边界

为了更加准确地核算企业的碳排放，还需要设定企业的运营边界，即确定属于公司运营产生的碳排放部分的排放源。在ISO 14064-1:2018标准中，这一叫法被改为报告边界。其实它们的含义相同，都用于指定在组织边界范围内，因企业运营产生的碳排放部分的排放源哪些需要报告，哪些不需要报告。

设定企业的运营边界主要考虑两件事情。第一件事情是确定温室气体种类。通常来说，需要报告的温室气体种类有七大类，包括二氧化碳（CO_2）、甲烷（CH_4）、氧化亚氮（N_2O）、氢氟碳化物（HFCs）、全氟碳化物（PFCs）、六氟化硫（SF_6）和三氟化氮（NF_3）。其中，氢氟碳化物和全氟碳化物分别代表一个系列的化合物，不止一种，所以七大类温室气体并不代表只有七种温室气体。部分较早期的碳核算指南或标准中可能没有纳入三氟化氮，因为三氟化氮在2015年的IPCC[①]核算报告（AR5）中才正式被确定为须管控的温室气体。一般情况下，除非另有规定，基于任何碳核算指南或标准设定企业的运营边界都需要考虑这七大类温室气体。

虽然对于温室气体种类来说，企业在开展碳核算时都需要考虑全部种类的温室气体，但并非所有排放类型都需要考虑所有的温室气体排放。例如，按照IPCC发布的《国家温室气体清单指南》中的要求，对于化石燃料燃烧需要同时考虑二氧化碳、甲烷和氧化亚氮的排放，因为煤炭、石油、天然气在燃烧时，除排放二氧化碳这种温室气体以外，还会排放少量的甲烷和氧化亚氮，而中国所有组织层面的碳核算指南或标准都明确了对于化石燃料燃烧

[①] Intergovernmental Panel on Climate Change，政府间应对气候变化委员会。

只考虑二氧化碳的排放，所以企业在进行碳核算时，对于不同的排放源，需要根据参照的碳核算指南或标准的要求进行温室气体种类的选择、计算与报告。

第二件事是确定运营边界的范围。虽然运营边界的定义为企业运营产生的碳排放，但这个定义太宽泛，如企业员工因业务出了一趟差，坐了飞机，那么飞机在飞行过程中产生的碳排放多少与企业运营有一定关系，但似乎又离企业实际的生产经营有点远。所以在《温室气体核算体系》中，运营边界的设定根据企业对温室气体排放的控制能力划分为范围一排放（直接排放）、范围二排放（能源间接排放）和范围三排放（其他间接排放）。企业的运营边界示意图如图2-1所示。

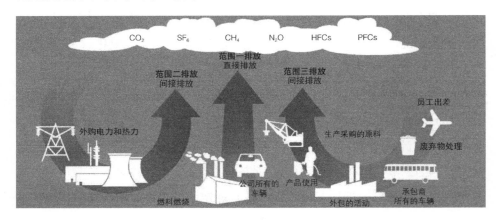

图 2-1 企业的运营边界示意图

（资料来源：《温室气体核算体系》）

1．范围一排放

范围一排放又叫作直接排放，是指在企业的组织边界内因企业运营直接向大气中排放的温室气体。例如，企业的组织边界内有一个天然气锅炉，锅炉在消耗天然气的同时会向大气中排放二氧化碳，这部分排放就叫作直接排放。当然这里的直接排放除包括化石燃料燃烧排放以外，还包括其他组织边界内产生的排放。范围一排放的主要类型如表2-2所示。

表2-2　范围一排放的主要类型

主要类型	相关排放源	举例
固定燃烧排放	企业为获取能源燃烧化石燃料产生的固定排放源	发电机组、锅炉等需要燃料的设备
移动燃烧排放	企业为获取能源燃烧化石能源产生的移动排放源	乘用车、客车、货车、叉车等交通运输工具
过程排放	企业在生产过程中，以非能源获取为目的的物理或化学反应过程排放的温室气体	水泥生产过程中的碳酸钙分解，钢铁生产过程中利用焦炭还原铁矿石，石化行业中催化裂解产生二氧化碳
逸散排放	在企业的组织边界内因有意或者无意泄露温室气体造成的排放	制冷设备、变压器中温室气体填充物的泄露、天然气储运过程中的泄露、污水处理过程中的甲烷泄露等

范围一排放中有一种特殊类型的排放需要说明一下，那就是将化石能源作为原料使用的碳排放，最为典型的例子是将焦炭作为还原剂炼铁。在这个过程中，焦炭与铁矿石中的氧元素结合形成二氧化碳，从而让铁的氧化物被还原成金属铁。在这个过程中虽然投入了焦炭（化石燃料），排放了二氧化碳，但投入焦炭的目的并不是获得能源，而是将其作为还原剂还原铁矿石，所以这种类型的排放不是燃烧排放，而是过程排放。其他行业的生产工艺中也有很多类似的例子，需要注意区分。

以上的分类并非在所有的碳核算指南或标准中都一致，如我国的温室气体排放核算国标GB/T 32150—2015将逸散排放并入了过程排放，并且将废弃物处理产生的排放单独列为过程排放中的一项。通常来说，范围一排放的子分类在报告时相对灵活，我们可以按照任何一种方式来进行归类，甚至不用再进行子分类。当然，如果碳排放报告有特定的编写要求，如要求按照国标GB/T 32150—2015，那么应遵循该标准进行分类并编写。

2．范围二排放

范围二排放又叫作能源间接排放，主要是指企业因生产经营所需的外购电力和热力产生的排放。外购的能源虽然在使用过程中不直接排放温室气体，但与生产这些能源排放的温室气体有着非常直接的关系。举一个例子，如果企业因为技术改造减少了100度的用电量，那么将直接减少因生产这100度电产生的碳排放。所以，即使在使用过程中没有产生碳排放，但这部分碳排放的权责也应该归属于企业。为了与直接排放进行区分，所以有了范围二排放。

外购电力产生的碳排放，几乎所有的企业都会涉及，因为我们很难找到不用电的企业。事实上，大部分企业都只有用电产生的碳排放。所以用电产生的碳排放是整个碳核算里最为常见的一个环节。

外购热力产生的碳排放，最常见的排放源是热水和蒸汽，特别是大型工业园区，一般都会有热电厂为周边企业提供所需的热水和蒸汽。只不过这里的热力是广义的热力，可以说凡是进行能量传递的工质都算作热力，一些特殊的热力还包括热空气、热油、冷源及压缩空气等。

为了在碳核算过程中考虑到绿色电力使用对碳排放的影响，《温室气体核算体系》给出了一个关于范围二排放核算的补充指南。在该指南中，将用电产生的碳排放分成了两类：一类叫作基于区域（Location Based）的碳排放；另一类叫作基于供应商（Market Based）的碳排放。其中，基于区域的碳排放核算方法与之前的核算方法类似，基于供应商的碳排放允许企业溯源其电力供应商为其提供电力的特定排放。在这些场景下，假如供应商能够证明其提供的电力是零排放的，那么企业基于供应商的碳排放量可以记为零。这种方式可用于鼓励企业采购零碳电力，也可用于区分采购了零碳电力与未采购零碳电力的企业。事实上，目前大部分国外企业在披露其碳排放时，都会同时披露基于区域的碳排放和基于供应商的碳排放。当然，在对自身碳目标进行考核时，通常以基于供应商的碳排放作为考核基准。

3．范围三排放

范围三排放最早的定义是除能源间接排放以外的其他所有间接排放，因为这个定义过于宽泛，所以很难兼顾碳核算中的相关性、完整性和一致性原则。后来为了规范范围三排放的报告范围，ISO 14064-1：2018标准对范围三排放进行了更具体的描述，主要包括以下几方面的内容。

1）组织边界外的运输排放

组织边界外的运输排放是指该组织供应链上下游企业因为运输产生的排放，这里的排放不止包括运输过程中燃料燃烧产生的排放，还包括燃料生产过程中产生的排放，以及运输工具生产和运营过程中产生的其他排放（如冷冻车的冷媒排放）。这类排放除包括货物运输排放以外，还包括员工通勤、客户访问和拜访客户的交通排放。

2）产品使用产生的排放

产品使用产生的排放是指企业在使用外购产品生产过程中的排放，这里所指的外购产品不仅包括生产时外购的原材料，还包括企业购置的各类固定资产（如企业总部大楼），而且这些排放的核算方式要遵循从摇篮到大门的原则。

3）组织所生产的产品在使用过程中产生的排放

组织所生产的产品在使用过程中产生的排放是指企业对外销售的产品在使用过程中产生的排放。如果企业是汽车制造企业，那么客户在开车时产生的碳排放就归为此类排放。不仅如此，这里所指的产品是指广义的产品，如游戏公司开发的游戏、租赁公司出租的设备、投资公司投资的企业、贷款公司贷出去的款等都可以叫作产品，所以都要核算相应的排放。

范围三排放的主要类型如表2-3所示。

表2-3 范围三排放的主要类型

主要类型	举例	备注
组织边界外的运输排放	上下游企业货物运输产生的排放； 制造和运营产生的其他排放； 员工通勤产生的排放； 客户访问和拜访客户的交通产生的排放	范围三排放应考虑从生命周期的角度核算

续表

主要类型	举例	备注
产品使用产生的排放	外购原材料（如钢板）产生的排放； 外购服务（如发布会）产生的排放； 固定资产（如企业总部大楼）产生的排放	范围三排放应考虑从生命周期的角度核算
组织生产的产品在使用过程中产生的排放	能耗产品（如汽车）使用过程中产生的排放； 提供服务（如游戏）产生的排放； 投资项目（如投资房地产）产生的排放	
其他排放	上述未包含的其他排放	

由以上描述可以看出，想要严格按照ISO 14064-1∶2018的要求核算范围三排放几乎是不可能实现的，而且范围三排放在所有的碳核算指南或标准中基本都属于可选项而非必选项。所以目前企业的通常做法是，计算和报告范围一排放和范围二排放，计算范围三排放时则根据企业自身情况，选择那些排放占比较高且数据可获得的排放类型进行核算和报告。因此，每个企业的范围三排放所包含的排放源可能都不一样，也就没有横向比较的意义。

2.3　基准年的设定

因为实施碳减排直至实现碳中和是一件跨越几十年的事情，所以需要制定一个可以参照的基准，以便判定今后每年的碳减排是否取得了成果。例如，《京都议定书》规定，发达国家在2008年至2012年的承诺期内，温室气体排放量在1990年的基础上至少减少5%；中国提交至联合国的国家自主贡献减排目标是，到2030年，单位GDP碳排放量相比2005年下降65%以上。这里的1990年和2005年就是基准年。

基准年的选定是一件很重要的事情，它将直接影响减排目标的制定及实现难度。上面的两个例子，选择的基准年分别是1990和2005年，如果我们把两个目标的基准年调换一下，那么可能两者都不能实现减排目标。

如何才能合理地设定基准年呢？首先，要考虑数据的可获得性，也就是要有基准年的碳排放数据，而且最好要有凭证资料。例如，一个公司想把基准年设定为2010年，但那时候的所有数据都没有了，其排放量也无从查证，这样即使设定2010年为基准年，也不会得到认可。其次，要选择最能如实反映企业经营情况的年份。当然这并不是指选择效益最好或者效率最高的年份，起点过高也会导致后面的目标不好确定。最好的做法是在数据可获得的前提下，将企业历史碳排放数据都进行一次计算，查看是否存在因重大改造导致碳排放量或者排放强度有明显降低的年份，如果有，则选择该年份的前一年。这样就可以将重大改造成果列入减排成果。当然，如果没有碳排放数据变化特别明显的年份，那么建议选择最近的一年作为基准年。

基准年排放量的变更

假如我们将企业的基准年设定为2020年，该年度的碳排放量为100吨，那么是不是以后的碳排放量只要低于100吨就算作减排了呢？答案是否定的。本书前文在介绍一致性原则时举了一个例子，当企业的组织边界发生变化时，我们所参考的基准年排放量需要进行相应的变更。在上面的例子中，基准年排放量为100吨，第二年企业卖了一个厂房，碳排放量一下子下降到50吨，我们不能认为企业第二年的碳排放量相对基准年减少了50吨。因为企业卖了一个厂房后组织边界变了，所以基准年排放量需要进行重新计算。

通常来说，对于因组织边界变更造成的基准年排放量变更，如果组织边界范围缩小，则只需将出让部分的碳排放量在基准年排放量中剔除；如果组织边界范围扩大，则只需在基准年排放量中加上新加入部分的碳排放量。需要强调的是，因自然淘汰和新增设施造成的碳排放量变更是不会引起基准年排放量变更的。还是刚才的例子，如果在第二年这个厂房没有被卖掉，而是因为设备落后被自然淘汰了，那么企业确实相对基准年减少了50吨碳排放量。

除组织边界的变更以外，运营边界的变更及重要计算方式的变更也会引起基准年排放量的变更。例如，在基准年没有纳入范围三排放，在之后的年份又纳入了范围三排放，这样碳排放量可能会增加一大截，在这种情况下需要对基准年排放量进行变更。如果基准年里关于范围三排放的相关数据不可获取，则可以选择为范围三排放单独设定基准年。在上面的例子中，基准年是2020年，只考虑了范围一排放和范围二排放，在2022年又首次计算了范围三排放，但是对应的2020年范围三排放相关数据缺失，因此我们可以考虑将2022年单独设为范围三排放的基准年。

同样，若重要计算方式变更，则也需要重新计算基准年排放量。我们在一年又一年的碳核算过程中，为了提高碳排放数据的质量，采用的计算方式及计算过程中采用的数据源都可能发生变化。例如，对于移动燃烧排放，我们在基准年因为缺乏对实际燃油消耗量的数据统计，所以采用行驶里程来估算燃油消耗量。之后为了提高数据精确度，对每辆车的燃油消耗量进行了实测，因此我们可以考虑根据实测后的数据对基准年排放量进行重新计算。不过，并不是每次计算方式变更都需要重新计算基准年排放量，一般情况下，只有对基准年排放量产生重大影响时才会进行重新计算。这个影响到底要多大才算重大没有具体的要求。《温室气体核算体系》中引用了美国加利福尼亚州气候行动登记处对基准年排放量重新进行计算的要求，即为基准年排放量的10%。

需要注意的是，基准年设定虽然是企业制定减排目标的必要过程，但并不是核算碳排放的必要过程，如控排企业在编写碳排放报告时就不需要考虑基准年的设定。

2.4 排放源的识别

在确定了企业的组织边界后，下一步需要做的是在这个边界范围内找到那些产生排放的设施，并按照运营边界的分类方式进行分类和记录。

排放源的识别是一个易上手但难精通的过程，核算人员除了需要具备书本上的知识，还需要积累现场经验，并需要进行大量的现场摸索才能成长。前文中已经列出了常见的一些排放源，所以本节不再穷举一个企业中可能出现的各类排放源，我相信即使你把这些排放源倒背如流，到现场识别排放源时也可能遗漏。本节重点介绍如何做才能避免遗漏排放源。

在开始识别排放源之前，我们需要根据编写碳排放报告的目的来制定排放源识别的策略。如果要为参与我国碳市场的控排企业编写碳排放报告，那么只需按照企业所对应行业的碳核算指南或标准识别排放源。换句话说，我国各行业碳核算指南或标准已经帮你把各行业的排放源都识别出来并且定格了，即使企业存在其他排放源，也不在我们的核算范围内，不用费劲去识别它们。但也有部分例外，如石化、化工行业的碳核算指南或标准中的排放源就描述得比较模糊，需要进一步识别。

第一步：获取重点用能设备清单

到现场后，第一步要获取重点用能设备清单，因为绝大部分碳排放都来自能源的消耗，所以有了这个清单基本上就能识别大部分排放源，如锅炉、窑炉、大型电机等一定都在这个清单上。除需要确定这些排放源以外，还需要知道排放源的位置，以方便之后的现场确认。当然，一般情况下，重点用能设备清单上会有位置信息，如果没有，就需要让现场人员补充。

但凡稍微有点规模的企业，一般都有重点用能设备清单。如果确实没有重点用能设备清单，那么可以通过问答的方式来确定重点用能设备。最简单且直接的方式就是提问，如问企业有没有使用煤炭、石油制品和天然气，是否外购蒸汽或热水，这些能源分别用在哪些设备上……根据企业技术人员的回答，基本能识别出能源使用的排放源。

第二步：交流工艺流程

第二步要跟技术人员交流企业的主要工艺流程，以及确认每个流程涉及的化学反应过程，如果有工艺流程图，那么最好让技术人员按照工艺流程图来讲解一遍。通过这个方式可以初步筛选可能的过程排放，但不一定全，因为技术人员对碳排放不一定熟悉，可能会遗漏相关环节，这种情况屡见不鲜，所以这只是初筛。

这个环节比较考验碳核算人员的专业功底，需要核算人员对涉及碳排放的工艺流程有一定敏感性，在技术人员的工艺流程描述中迅速抓住可能产生碳排放的环节并对该环节进行进一步的交流与验证。这个环节对于环境或者化工专业的学生来说应该是"小菜一碟"，而对能源或者其他专业的学生来说恐怕就要恶补一下化学知识了，当然现场经验积累是提升能力最好的途径。

第三步：巡场

完成前两步后，我们就对企业的排放源有了一个初步的印象。第三步就需要通过巡场来将这个初步印象一一地落实。所谓巡场，是指去现场挨个确认排放源，顺便识别在前期交流过程中遗漏的排放源。巡场一般有两种顺序：一种是按照工艺流程的顺序，从头走到尾；另一种是按照工厂建筑的布局，从一个起点开始，挨个建筑进行巡场。前者的移动顺序可能比较凌乱，后者的移动顺序虽然比较规则，但巡场人员可能会感到混乱，因为不是按照工艺流程走的，所以两者各有利弊。一般情况下，对于工艺流程特别复杂的工厂，建议按照工艺流程的顺序走，对于工艺流程不那么复杂的工厂，可以按照工厂建筑的布局走。对于那些特别大的工厂，把所有建筑走完是不太现实的，这时候就需要根据现场的时间情况选择性地巡场，如有十个车间布局是一模一样的，那么我们看其中一个车间即可。

在巡场的过程中，除了要对前面确定的排放源进行一一确认，还要眼观六路耳听八方，查看前面过程中可能遗漏的排放源，对于一些未出现在工艺流程中的可疑设备，要主动询问其作用。一般在初次核算中，我们总会在巡场的过程中发现遗漏的排放源，这并不是企业技术人员有意隐瞒，而是他们自己也不清楚这些设备会产生碳排放。

涉及工艺流程的部分，我们走到每道工序处，都需要现场查看该工序的物料清单，观察用了什么原料、产出了什么产品，以及看看里面是否有含碳材料，反应过程中是否有温室气体产生或者泄露，如果有，那么这道工序就是排放源。

第四步：列清单

经过前面三步后，我们就完全识别了企业的所有排放源，识别完排放源后，我们需要将这些排放源按照前面范围一排放、范围二排放的分类方式制作一个列表，为之后的碳排放量计算做准备。这里没有提范围三排放，是因为范围三排放的排放源是固定的，企业只需要根据前面表2-3中的范围三排放的排放源和自身的数据情况收集数据。

在排放源识别过程中，有一些不那么重要但是几乎每个企业都会涉及的排放源，这些排放源大部分情况下都因为排放量太小而不纳入计算过程，但是需要识别出来，下面将其列入表2-4以方便读者在识别排放源的过程中查漏补缺。

表 2-4　常见的容易忽略的排放源

序号	排放源	排放源类型	说明
1	备用发电机	固定排放源	绝大部分企业都有备用发电机，但因为平时很少使用，所以容易忽略
2	焊接设备	固定排放源、逸散排放源	大部分生产型企业都有设备维修部，该部门可能会用到乙炔和二氧化碳保护气，用到前者的设备属于固定排放源，用到后者的设备属于逸散排放源
3	食堂	固定排放源	食堂可能会用到天然气，所以是固定排放源，但很多企业的食堂是外包的，当食堂外包且企业不核算范围三排放时，无须考虑食堂
4	车辆	移动排放源	移动排放源包括工厂内生产用的所有移动设备和外部公务用车
5	灭火器	逸散排放源	二氧化碳灭火器是最常用的灭火器，通常情况下也不会用到，所以也容易忽略
6	除锈剂	逸散排放源	目前大部分工厂使用的除锈剂里都填充了二氧化碳，所以其也算作排放源，虽然排放量非常小
7	空调	逸散排放源	目前几乎所有的制冷设备都填充了以氢氟碳化物为代表的冷媒，如 R22、R134a、R404a 等，这些都是烈性温室气体，一年下来可能会累计产生大量排放
8	高压开关	逸散排放源	如果企业用电比较多，那么可能涉及变压器、断路器中充入的绝缘气体六氟化硫，六氟化硫也是烈性温室气体，所以需要考虑

序号	排放源	排放源类型	说明
9	污水处理	逸散排放源	如果企业有自己的污水处理设施，其中又含有厌氧处理段，就有在污水处理过程中产生甲烷并逸散的可能
10	焚烧设施	过程排放源	对于一些生产过程中会产生有机挥发物（VOC）的企业，应环保要求，需要对含有机挥发物的气体进行焚烧后再排出，在这个过程中有机挥发物将被氧化成二氧化碳

2.5 排放量的计算

计算方式

排放量的计算也是一个易上手但难精通的过程。在绝大部分情况下，某个排放源的排放量都采用排放因子法进行计算：

$$排放量 = 活动数据 \times 排放因子 \times GWP$$

这里的活动数据是指导致温室气体排放的表征数据。例如，某工厂有一个燃煤锅炉，它在消耗燃煤的时候会产生碳排放，燃煤消耗量就是计算燃煤锅炉排放量的表征数据，通常这类数据来自工厂的实际测量。

排放因子是上述表征数据与实际碳排放量之间的转化系数。在上述例子中，单位燃煤消耗的碳排放量就是排放因子。因为这类数据的确定需要做大量的实验，为了保证计算结果的一致性和可比性，所以通常这类数据来自相应碳核算指南或标准中给定的默认值。

GWP叫作全球暖化潜势，是指其他温室气体转化为造成等效温室效应的二氧化碳的转化系数。例如，排放1吨甲烷造成的温室效应等同于排放25吨二氧化碳造成的温室效应，那么甲烷的GWP就为25。这个系数由权威组织IPCC不定期发布和更新，目前已经更新到第6版。但为了保证计算结果的一致性，GWP的选择并非以最新发布的GWP为准，目前我国24个行业的碳核算指南仍然采用第2版的数据。国标碳核算指南则提出了参考IPCC相关数据，并未指出采用哪个版本的数据。

在石化或者化工等含碳输入和输出物质成分复杂的工序中，因为无法确定排放因子，所以会采用另一种计算方法：质量平衡法。质量平衡法的计算原理是，不考虑过程中物质是如何反应的，只考虑反应过程中丢失的碳元素，并假设这部分碳元素都以二氧化碳的形式排放了，相应的计算式如下：

$$排放量 = （输入的碳－输出的碳）\times 44 \div 12$$

质量平衡法可以说是一种不得已而为之的计算方法，所以只有在实在没有办法的时候才考虑采用该方法。该方法在实际操作过程中也会面临许多问题，如需要穷举所有输入和输出的物质，这些物质占总量的比例，以及各分子式中碳元素占该物质的比例。通常情况下，企业不会有这么齐全的数据。因此，在实际操作过程中采用质量平衡法计算碳排放量的情况较少。

活动数据选择

虽然我们看到的排放量计算公式很简单，简单到给定相应数据，小学生就能算出结果。但数据的选择却并不是一件容易的事情。首先碳排放数据并不一定只是一个数，如燃煤燃烧的碳排放量在实际计算过程中的计算公式如下：

$$燃煤燃烧的碳排放量=燃煤消耗量\times 热值\times 单位热值含碳量\times 44 \div 12$$
$$\times 氧化率\times GWP$$

燃煤消耗量与热值[1]属于活动数据范畴，燃煤单位热值含碳量属于排放因子范畴。所以在碳排放数据选择方面，需要考虑两类数据。下面以此为例，介绍在活动数据选择方面应该怎样操作。

先来看燃煤消耗量，这个数据在没有去过现场的人看来，可能是一个很直观的数据，企业的燃煤消耗量肯定是有统计的，直接引用不就可以了吗？然而事实上，燃煤从采购开始到最终消耗掉，会产生多套可以表征燃煤消耗量的数据，采用哪套数据是我们需要思考的问题。

首先是采购数据，企业一定会有与燃煤供货公司的购销合同，根据这份合同，就可得到一套企业这一年燃煤的采购数据。

---

[1] 除非另有说明，本书所有碳核算涉及的热值都是低位热值，即 Net Calorific Value（NCV）。

其次是盘存数据，一般情况下，企业每个月月底都会对包括燃煤在内的所有物资进行盘存，根据年初和年底的盘存差，再加上当年的采购量就可得到盘存数据。但因为燃煤属于固体，一般呈不规则堆放状态，盘存人员在盘存时都采用目测方式，存在较大偏差。

最后是炉前数据，一般燃煤在进锅炉前，还要再计量一次。理论上这次的计量最为精准，但也可能因为这时的计量仪器精度不够，得出的数据不能反映实际的燃煤消耗量情况。

应该选择哪套数据呢？其实没有标准答案，需要根据现场实际情况判断。在大部分情况下，燃煤消耗量都以盘存数据为准。少部分企业在燃煤计量仪器精度足够的情况下，以实测的炉前数据为准。

由上面的例子可以看出，碳排放的活动数据可能有多种数据源，选择哪种数据源并不是一成不变的。我们要考虑的重点有两个方面：计量该数据的设备的精度，以及数据的可信度。

其他可能采用的活动数据还包括实测数据，如电力、天然气等测量精度较高的数据；领用数据，如以定量包装形式采购和保存的数据；在使用部门领用后再无计量记录的数据，如固定容量瓶装的冷媒、乙炔、袋装碳酸制品等。

水泥行业的熟料产量数据是非常重要但非常难以准确计量的数据。一方面，熟料属于粉状固体，直接通过计量仪器连续测量的精度不高；另一方面，熟料对于水泥厂并非最终产品，即使进行了盘存，也会因缺乏出厂数据（出厂数据是水泥数据）而无法得到熟料的盘存数据，所以绝大多数企业都是通过生料投料量乘以一个固定的烧失比来对其进行计算。各个水泥厂的生料成分不同，其烧失比也有所不同，且无法判定其合理性，所以这个数据既不是计量数据，又不能说是盘存数据，只能算作一个行业内人员根据经验估算出来的数据，精确度相对较低，但没有更好的计量方案，所以仍采用这种估算数据作为活动数据。

在实际操作中，为了找到最符合要求的数据，我们需要首先针对每个数据，询问该数据的数据流向，然后根据对方的描述快速判断最优数据源，再向对方索要数据源的全年数据。在巡场时，最好查看一下操作车间的相关报表，因为可能出现负责进行数据收集的人员并不熟悉现场数据管理的情况，现场的某些数据源可能精确度更高。还是刚才的例子，对于燃煤消耗量，我们需要问企业有没有燃煤消耗量数据，该数据是怎么来的。对方可能会回答来自盘存数据，然后我们继续追问盘存数据具体的计算方法及记录方法。例如，每月29日全厂盘存，根据月初和月末的盘存记录加上入场燃煤数据算出当月的燃煤消耗量。在巡场时，我们在现场中控操作间发现操作人员填写的日报表上有每小时的燃煤消耗量数据，经过与现场人员沟通，了解到这个数据是入炉煤皮带秤的读数，精确度很低，一般只用来比较短期相对燃煤消耗量的变化，不作为燃煤消耗量数据。于是，我们确定将燃煤的盘存数据作为燃煤消耗量数据。

在实际的案例中，可能出现盘存数据与实时计量数据差异非常小的情况，在这种情况下，你会选择哪套数据作为燃煤消耗量数据？理由是什么？

介绍完燃煤消耗量，接着介绍一下热值。在所有化石燃料的碳排放量计算中，我们都需要首先将化石燃料总消耗量转化成热值，所以我们在知道燃煤消耗量以后，还需要知道其热值。

对于热值的选择，我们首先要知道热值的测量方法。对于热值的测量，通常有两种方法，如图2-2所示。一种叫作工业分析方法，对应的测量标准是GB/T 212—2008；另一种叫作氧弹法，对应的测量标准是GB/T 213—2003。前者通过分析煤炭各种元素的含量及各元素氧化后释放的理论热值进行计算，后者根据测试样品真实燃烧释放的热量进行测量。国外相关碳核算指南或标准对热值形式没有明确要求，但我国的碳核算指南或标准对热值形式有明确要求，热值需要通过氧弹法测量才有效。所以我们在进行热值的数据选择时，首先要考虑该热值的测量方法是工业分析方法还是氧弹法。如果采用的是工业分析方法，那么我们可能只能选用默认值，并且建议企业今后采用氧弹法来测量燃煤的热值。

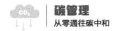

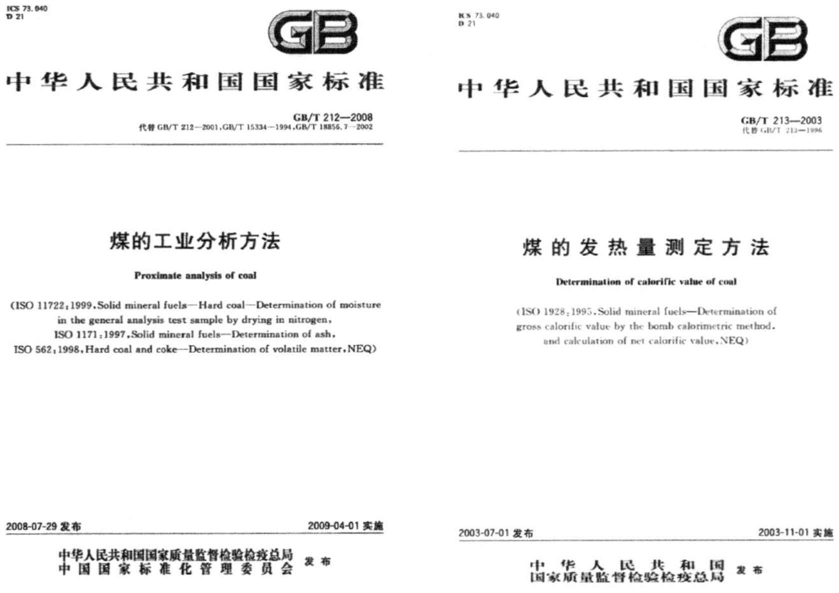
ICS 73.040
D 21

GB

中华人民共和国国家标准

GB/T 212—2008
代替 GB/T 212—2001,GB/T 15334—1994,GB/T 18856.7—2002

煤的工业分析方法

Proximate analysis of coal

(ISO 11722:1999,Solid mineral fuels—Hard coal—Determination of moisture in the general analysis test sample by drying in nitrogen,
ISO 1171:1997,Solid mineral fuels—Determination of ash,
ISO 562:1998,Hard coal and coke—Determination of volatile matter,NEQ)

2008-07-29 发布　　2009-04-01 实施

中华人民共和国国家质量监督检验检疫总局
中国国家标准化管理委员会　发布

ICS 73.040
D 21

GB

中华人民共和国国家标准

GB/T 213—2003
代替 GB/T 213—1996

煤的发热量测定方法

Determination of calorific value of coal

(ISO 1928:1995,Solid mineral fuels—Determination of gross calorific value by the bomb calorimetric method,and calculation of net calorific value,NEQ)

2003-07-01 发布　　2003-11-01 实施

中华人民共和国
国家质量监督检验检疫总局　发布

图 2-2　热值的两种测量方法国标

想要确定企业提供的热值是采用工业分方法测得的还是采用氧弹法测得的，首先需要询问测量热值的试验员采用的是哪种方法；其次要去实验室现场查看实验器材，工业分析方法和氧弹法的实验器材完全不一样，所以很容易区分。

排放因子选择

利用排放因子选择相对活动数据选择简单很多，因为大部分排放因子在对应的碳核算指南或标准中都有默认值，我们只需根据碳核算指南或标准的要求选择对应的排放因子。需要注意的是，在我国的碳核算指南或标准中，即使是同一类型的排放源，在不同行业中对排放因子的要求也可能不一样。最为典型的例子是前面介绍的燃煤碳核算。根据电力行业碳核算指南的要求，燃煤的排放因子必须由企业实测，而其他行业燃煤的排放因子则建议使用碳核算指南或标准中的默认值，如表2-5所示。

表 2-5　常见化石燃料燃烧默认值

燃料品种		热值		单位热值含碳量 /（吨/吉焦）	燃料碳氧化率
		默认值	单位		
固体燃料	无烟煤	24.515	吉焦/吨	27.49	94%
	烟煤	23.204	吉焦/吨	26.18	93%
	褐煤	14.449	吉焦/吨	28.00	96%
	洗精煤	26.344	吉焦/吨	25.40	93%
液体燃料	原油	42.62	吉焦/吨	20.10	98%
	燃料油	40.19	吉焦/吨	21.10	98%
	汽油	44.80	吉焦/吨	18.90	98%
	柴油	43.33	吉焦/吨	20.20	98%
	一般煤油	44.75	吉焦/吨	19.60	98%
	石油焦	31.00	吉焦/吨	27.50	98%
	其他石油制品	40.19	吉焦/吨	20.00	98%
气体燃料	炼厂干气	46.05	吉焦/吨	18.20	99%
	液化石油气	47.31	吉焦/吨	17.20	99%
	液化天然气	41.868	吉焦/吨	15.30	99%
	天然气	389.31	吉焦/万立方米	15.30	99%
	焦炉煤气	173.854	吉焦/万立方米	13.60	99%
	高炉煤气	37.69	吉焦/万立方米	70.80	99%
	转炉煤气	79.54	吉焦/万立方米	49.60	99%
	密闭电石炉炉气	111.19	吉焦/万立方米	39.51	99%
	其他煤气	52.34	吉焦/万立方米	12.20	99%

资料来源：工业其他行业《企业温室气体排放核算方法与报告指南》。

虽然大部分排放因子都比较简单，但有一个排放因子是最重要但又最麻烦的，就是电力排放因子。

企业用了1度电不会产生直接的碳排放，但是发电时会产生碳排放，所以企业用了1度电间接产生了碳排放，我们将其归类为范围二排放。1度电的排放怎么计算呢？理论上我们需要追溯到发出这1度电的电厂，计算这座电厂发这1度电产生了多少碳排放。但当前技术还不能支撑实时追踪每度电来自哪座电厂，所以这条路走不通。因此，当前的电力排放因子计算方式是将整个电网视作一个整体，我们可以把它看作一个超大发电厂。企业用1度电产生的碳排放就是这个超大发电厂发1度电产生的碳排放，这样就可计算出电网的排放因子，其准确的名字为电网平均排放因子。

电网平均排放因子怎么计算呢？很简单，将整个电网一年内因发电产生的碳排放除以整个电网的发电量即可。注意，计算过程需要考虑所有接入电网的发电设备，无论该设备发电时会不会产生碳排放，发电设备包括所有的火电、水电、风电、核电、光伏发电等各种形式的发电设备。

这样看起来电网平均排放因子的计算似乎也比较简单，但是在计算过程中还有两个问题需要解决：第一个问题是电网的覆盖区域问题。上面提到计算电网平均排放因子需要把整个电网看作一个整体，这个"整个电网"就不太好定义了。严格来说，只要是能够相互通电的区域，就都属于一个电网，那么整个中国就只有一个电网。但中国幅员辽阔，地区电力结构严重不均，西南地区用的电基本是当地的水电，东北地区用的电基本是当地的火电，如果在东北地区和西南地区同时使用1度电算出来的碳排放一样，则太偏离事实。因此，为了加以区分，我们把中国电网拆分成华北、东北、华东、华中、西北和南方六大区域电网，如表2-6所示，然后将这六大区域电网各自视为整体计算电网平均排放因子，这种电网平均排放因子叫作区域电网平均排放因子。

表2-6 六大区域电网所包含的省/自治区/直辖市

区域电网	所包含的省/自治区/直辖市
华北区域电网	北京市、天津市、河北省、山西省、山东省、内蒙古自治区
东北区域电网	辽宁省、吉林省、黑龙江省
华东区域电网	上海市、江苏省、浙江省、安徽省、福建省
华中区域电网	河南省、湖北省、湖南省、江西省、四川省、重庆市
西北区域电网	陕西省、甘肃省、青海省、宁夏回族自治区、新疆维吾尔自治区
南方区域电网	广东省、广西壮族自治区、云南省、贵州省、海南省

注：以上区域电网划分不包括西藏自治区、香港特别行政区、澳门特别行政区和台湾省。

我们还可以进一步想一下，既然都能把一个大电网拆分成六大区域电网，那为什么不再拆分一下，干脆每个省都算作一个电网呢？或者再细化一下，每个市单独算作一个电网呢？其实这样拆分也不是完全不可以。事实上，我国也曾经由官方发布过省级电网平均排放因子，一些城市也自己发布过市级电网平均排放因子。但总体来说，企业用电产生的碳排放量还是以使用区域电网平均排放因子作为主流。因为从中国的电力布局和电网调度方面来讲，企业用的1度电是有很大概率来自周边省/自治区/直辖市的，所以区域电网平均排放因子这个介于国家级和省级的电网平均排放因子更符合中国用电碳排放量计算的国情。

第二个问题是时间问题，计算电网平均排放因子需要大量的统计数据，所以做不到使用1度电的同时就能算出那个时间点的电网平均排放因子。一般情况下，电网平均排放因子都是一年的平均值，所以最接近真实情况的电网平均排放因子是用电当年前一年的电网平均排放因子。但是，出于种种原因，我国的区域电网平均排放因子最近的一次更新是2012年，用这个排放因子计算现在用电碳排放的准确性大打折扣。所以在组织层面计算用电碳排放时，电网平均排放因子的选择是一件比较困难的事情。截至本书定稿，我国的控排企业仍然被要求在计算用电排放时采用2012年的区域电网平均排放因子。

碳核算的国家标准目前正在更新并处于征求意见中。在最新发布的《企业温室气体排放核算方法与报告指南　发电设施（2021年修订版）》（征求意见稿）中，虽然没有更新区域电网平均排放因子，但是更新了全国电网平均排放因子，并且要求控排企业在计算电网平均排放因子时采用更新后的全国电网平均排放因子。因此，综合电网平均排放因子时间和空间对准确度的影响，在没有具体要求的情况下，可以按照以下思路进行电网平均排放因子的选择。

（1）在新版的碳核算指南或标准正式发布前，控排企业仍然采用2012年的区域电网平均排放因子。非控排企业建议使用最新版全国电网平均排放因子。

（2）在新版的碳核算指南或标准正式发布后，所有企业都使用最新版全国电网平均排放因子。

（3）假如未来更新了区域电网平均排放因子，那么所有企业都使用最新的区域电网平均排放因子。

电网平均排放因子的类型及作用

电网平均排放因子是整个碳管理领域中最重要的数据之一，并且电网平均排放因子类型非常多，名称也非常相似，容易在使用过程中出现张冠李戴的现象，在后面的章节也会大量提到不同类型的电网平均排放因子。如果将这些知识分开介绍，则读者可能会混淆，因此本章提前对所有的电网排放因子进行一个专项介绍，让读者对电网平均排放因子有一个全盘的了解，便于读者更加全面地认识电网平均排放因子。

电网平均排放因子总体分为两大类：计算用电产生碳排放的排放因子和计算新能源电力发电产生减排量的排放因子。具体的分类及说明如下。

1. 计算用电产生碳排放的排放因子

1）区域电网平均排放因子

区域电网平均排放因子又叫电网用电排放因子，它表示的是某区域范围内使用1度电产生的碳排放量，其计算原理是整个电网的总碳排放除以总电量。区域电网平均排放因子主要用于计算用电产生的碳排放量，企业在计算电网用电产生的碳排放量时用的就是该排放因子，所以它是最常用的排放因子。区域电网平均排放因子由国家气候中心发布，目前公布了2010年、2011年和2012年的数据，尚未公布最近年度的数据。2011年和2012年中国区域电网平均排放因子如表2-7所示。

表2-7　2011年和2012年中国区域电网平均排放因子

单位：千克二氧化碳／千瓦时

区域电网	2011年	2012年
华北区域电网	0.8967	0.8843
东北区域电网	0.8189	0.7769
华东区域电网	0.7129	0.7035
华中区域电网	0.5955	0.5257
西北区域电网	0.6860	0.6671
南方区域电网	0.5748	0.5271

注：以上区域电网划分不包括西藏自治区、香港特别行政区、澳门特别行政区和台湾省。

2）全国电网平均排放因子

全国电网平均排放因子是全国版的区域电网平均排放因子，计算方式与区域电网平均排放因子一样。全国电网平均排放因子只存在于非正式的重点企业温室气体碳排放报告补充数据报表a中，其作用是避免在全国碳市场启动后，控排企业因各个区域电网平均排放因子的巨大差异导致配额分配严重不均。这种情况在用电大户，如电解铝等企业中尤为明显。如果采用区域电网平均排放因子，即使能耗水平相差不大，在华北区域电网中的电解铝企业单位产品的排放也要比在华中区域电网中的电解铝企业高出40%，这些企业除非搬迁到电网平均排放因子低的区域，否则根本没有存活的可能，所以推出了全国电网平均排放因子来避免这种情况的发生。

目前公布的全国电网排放因子为2015年的数据，其值为0.6101吨二氧化碳/兆瓦时。尚处于征求意见阶段的最新国家碳核算标准中的数据为2021年的0.5810吨二氧化碳/兆瓦时。原则上，企业在计算常规碳排放量（与配额分配无关）时，不采用全国电网平均排放因子，但因为区域电网平均排放因子过于陈旧，所以在没有特殊要求的情况下，也可以采用最新的全国电网平均排放因子，即0.5810吨二氧化碳/兆瓦时。

3）省级电网平均排放因子

省级电网平均排放因子是指该省内使用1度电产生的碳排放量，该排放因子主要用于国家对省级碳排放目标责任考核，其中碳排放相关考核指标在计算时用于计算对外调入、调出电力产生的碳排放，最近的一次数据更新为2018年。2018年中国省级电网平均排放因子如表2-8所示。

表 2-8　2018 年中国省级电网平均排放因子

省 / 自治区 / 直辖市	排放因子 / （千克二氧化碳 / 千瓦时）	省 / 自治区 / 直辖市	排放因子 / （千克二氧化碳 / 千瓦时）
北京	0.8292	河南	0.8444

---

① 重点企业在进行碳排放报告报送时，为今后配额发放而需要额外填报的报表。

续表

省/自治区/直辖市	排放因子/（千克二氧化碳/千瓦时）	省/自治区/直辖市	排放因子/（千克二氧化碳/千瓦时）
天津	0.8733	湖北	0.3717
河北	0.9148	湖南	0.5523
山西	0.8798	重庆	0.6294
内蒙古	0.8503	四川	0.2891
山东	0.9236	广东	0.6379
辽宁	0.8357	广西	0.4821
吉林	0.6787	贵州	0.6556
黑龙江	0.8158	云南	0.4150
上海	0.7934	海南	0.6463
江苏	0.7356	陕西	0.8696
浙江	0.6822	甘肃	0.6124
安徽	0.7913	青海	0.2263
福建	0.5439	宁夏	0.8184
江西	0.7635	新疆	0.7636

4）碳交易试点地区电网平均排放因子

碳交易试点地区电网平均排放因子是指我国碳交易试点地区控排企业计算碳排放时采用的排放因子。其实碳交易试点地区完全可以采用国家公布的区域或者地区电网平均排放因子。但因为是试点，这些地区有很强的自主选择能力，所以大部分碳交易试点地区都根据自己的特点自行确定了电网平均排放因子，相关数据如表2-9所示。

表2-9　碳交易试点地区电网平均排放因子现状

试点	首次发布的电网平均排放因子		最新电网平均排放因子		是否更新
	数值/（吨二氧化碳/兆瓦时）	计算方法或选用依据	数值/（吨二氧化碳/兆瓦时）	计算方法或选用依据	
上海	0.788	根据上海市2010年能源平衡表和温室气体清单编制数据计算获得	0.42	计算方法不明（沪环气〔2022〕34号）	是

续表

试点	首次发布的电网平均排放因子		最新电网平均排放因子		是否更新
	数值 / (吨二氧化碳 / 兆瓦时)	计算方法或选用依据	数值 / (吨二氧化碳 / 兆瓦时)	计算方法或选用依据	
湖北	0.9944	2012 年华中区域电网基准线排放因子(OM)	0.5257	2012 年华中区域电网平均排放因子	是
北京	0.604	计算方法不明(碳排放填报系统公布)	0.604	计算方法不明(核算标准公布)	否
广东	0.6379	2010 年广东省电网平均排放因子	0.6379	2010 年广东省电网平均排放因子	否
深圳	0.9489	2011 年南方区域电网基准线排放因子(OM)	① 0.9489 ② 0.59	① 2011 年南方区域电网基准线排放因子(OM) ② 香港中电集团《2011 可持续发展报告》	否
重庆	0.7244	2011 年华中区域电网基准线排放因子 OM 和 BM 的平均值	0.7244	2011 年华中区域电网基准线排放因子 OM 和 BM 的平均值	否

资料来源:各政府网站,中创碳投整理。

5)碳足迹电网平均排放因子

碳足迹电网平均排放因子是指某个产品在生命周期中消耗 1 度电产生的碳排放量,其计算方法是基于生命周期评价(LCA)分析生产 1 度电产生的碳排放量(注意:从碳足迹角度来看,新能源电力也会产生排放,因为生产新能源电力所需要的设备在生产过程中会产生碳排放),主要用于计算产品碳足迹。举一个例子,如果某个电网只有一个火电厂,那么计算这个电网的平均排放因子只需要考虑发电时燃煤燃烧产生的碳排放。如果要计算碳足迹用的排放因子,除需要考虑燃煤燃烧产生的碳排放以外,还需要考虑燃煤开采和运输过程中产生的碳排放,以及这个火电厂建设时产生的碳排放等。因为目前我国没有官方的 LCA 数据库,所以也就没有碳足迹电网平均排放因子的官方数据。韩国基于 LCA 的电力排放因子节选如表 2-10 所示。

表 2-10　韩国基于 LCA 的电力排放因子节选

电力种类	电力排放因子 /（千克二氧化碳 / 千瓦时）
一般电力	0.4872
燃煤发电	1.205
天然气发电	0.4515
大水电	0.0035
光伏发电	0.0704
核电	0.0061

2．计算新能源电力发电产生减排量的排放因子

区域电网基准线排放因子是指新能源电力设施发1度电对应减少的碳排放量，其计算方法是参考联合国清洁发展机制下的《电力系统排放因子计算工具》而来的，计算过程比较复杂。简单描述就是，电网基准线排放因子是电量边际排放因子（$EF_{grid, OM}$）和容量边际排放因子（$EF_{grid, BM}$）的加权平均值。其中，电量边际排放因子为最近三年电力系统中所有化石燃料电厂的总碳排放量除以这些电厂的总发电量，再取三年平均值。容量边际排放因子为电力系统中占总发电量20%的最近新建的所有类型电厂的总碳排放除以总发电量。如果不是特别喜欢钻研的人，这部分的原理不用明白，只需要记住一点，电网基准线排放因子只在计算减排量时使用。

我国区域电网基准线排放因子由原国家发展和改革委员会应对气候变化司发布，目前最新的区域电网基准线排放因子为2019年发布的，如表2-11所示。

表 2-11　2019 年区域电网基准线排放因子

区域电网	$EF_{grid,\ OM\ Simple,\ y}$ /（吨二氧化碳 / 兆瓦时）	$EF_{grid,\ BM,\ y}$ /（吨二氧化碳 / 兆瓦时）
华北区域电网	0.9419	0.4819
东北区域电网	1.0826	0.2399
华东区域电网	0.7921	0.3870
华中区域电网	0.8587	0.2854
西北区域电网	0.8922	0.4407
南方区域电网	0.8042	0.2135

很多企业在不明白排放因子类型的情况下，采用了电量边际排放因子来计算碳排放量，主要原因是电网平均排放因子自从发布了2012年的数据后便未再更新，而电量边际排放因子则已经更新到2019年。从采用最新数据的角度考虑，企业选择了电量边际排放因子。但其实电量边际排放因子并不能用于计算使用1度电产生的碳排放量，所以不能用于计算企业用电碳排放量。

碳排放量计算的剔除

我们在识别排放源的过程中，需要保证凡是可能排放温室气体的设备和工艺流程都需要被识别出来并列表。但这并不代表其在计算过程中都需要纳入计算，因为有些排放源的排放量非常小，小到可以忽略不计。例如，在排放源识别的章节中举例的灭火器、除锈剂等，可能一年的总碳排放量不超过0.1吨。这些排放源数据一来收集费时费力，二来即使计算了对企业的总碳排放量也几乎不产生影响，所以在进行碳排放量计算时，可以设定一个剔除原则，让这些排放源在计算时被剔除。

剔除原则的设定一般考虑三个因素。一是粗算某个排放源的碳排放量占总碳排放量的比例。如果某个排放源的碳排放量低于总碳排放量的1%，则可以考虑将其剔除，如前面提到的灭火器、除锈剂等。当然，我们不能无限制地剔除排放源，通常累积剔除的排放源的碳排放量不能超过总碳排放量的5%。

二是数据获取的难易程度。如果某个排放源数据的获取特别容易，那么即使这个排放源的碳排放量占总碳排放量的比例非常低，我们也不应该将其剔除，如备用发电机。

三是减排的可操作性。排放源的剔除代表这部分的碳排放量变化不再影响企业的总碳排放量。即使将来采取了减排措施，也不会反应在排放数据中。所以如果某个排放源对于企业来说比较容易实现减排，或者企业的工艺变更顺便就影响了某个排放源的减排，那么我们可以考虑不剔除该排放源。例如，企业计划采用激光焊代替现在的乙炔焊，那么焊接设备可以考虑不剔除。

剔除原则一旦设定后，若无特殊情况，就不能再更改，而且在进行碳

排放量计算和碳排放报告编写时，需要说明剔除原则，以及在此原则下剔除的排放源。

不确定性分析

不确定分析旨在分析和说明碳排放量计算过程中存在哪些不确定性，这些不确定性对总碳排放量的准确度有多大影响。目前国内的碳排放报告并没有要求进行不确定性分析，但是有一些对数据管理和数据质量要求较高的利益相关方或国际组织，我们的碳排放报告如果想要得到它们的认可，就需要进行不确定性分析。

不确定性分析有定量分析和定性分析，只有所有的碳排放相关数据都采用在线监测方式获得，企业的不确定性分析才可以采用定量分析方法。大部分情况下，企业的不确定性分析只能采用定性分析方法。所谓定性分析，是指将存在不确定性的活动数据及排放因子一一列出并说明为什么存在不确定性。例如，在前面提到的燃煤燃烧的碳排放量计算中，活动数据采用的是盘存数据，这个数据的不确定性就包括入场数据计量误差、盘存误差、燃煤堆场非入炉损耗（自然挥发、其他用途）等。

除上述两种分析方法以外，还有一种介于定量分析和定性分析之间的定级分析方法。定级分析是指先对活动数据和排放因子的质量进行分级，然后对所有排放源的不确定性等级进行加权平均。这种方法虽然不能完全量化碳排放数据的不确定性，但是可以反映企业在采取措施后数据质量的提升。例如，在第二年，企业的某个数据采用更精确的数据获取方式，它的数据等级就会相应提升，这样相对纯定性分析，更能帮助企业有目的地提升自己的数据质量。不确定性定级分析示例如表2-12所示。

表 2-12　不确定性定级分析示例

分类	活动数据类别	活动数据等级
自动连续测量	1	6
定期测量	2	3
自行评估	3	1

续表

分类	排放系数类别	排放系数等级
由质量平衡法所得系数	1	6
设备特定系数	2	5
制造工厂提供的系数	3	4
区域排放系数	4	3
国家排放系数	5	2
国际排放系数	6	1
分级	整体数据得分	说明
第一级	$\leqslant 2$	不确定性极高，数据质量极差
第二级	>2 且 $\leqslant 3$	不确定性偏高，数据质量较差
第三级	>3 且 $\leqslant 4$	不确定性一般，数据质量一般
第四级	>4 且 $\leqslant 5$	不确定性偏低，数据质量较好
第五级	>5 且 $\leqslant 6$	不确定性极低，数据质量极好

关于补充数据报表计算

纳入控排企业的全国八大行业约8000家企业从2015年起被强制要求每年向主管机构提交碳排放报告。除提交碳排放报告以外，每个企业还要按照行业分类要求填报一份补充数据报表。这份报表也是企业的碳核算数据报表，不过该表中的数据是具体到各个重点排放设施上的。例如，一个水泥厂如果作为一个企业，那么其碳排放量按照本章前面的描述计算就行。对于补充数据报表，它要求每个烧成系统①都要单独进行计算，除烧成系统以外的排放源都不纳入计算。这样做的目的是为纳入碳市场后的配额分配做准备，以组织为边界的碳排放数据无法支持基准线法的配额分配方案，只有以排放设施为边界的碳排放数据才能支持基准线法的配额分配方案，我国已经确定全国碳市场的配额分配思路为基准线法，所以要求企业在报告组织层面的碳排放数据后填报补充数据报表。关于碳市场和配额分配方法相关知识将在第6章介绍。

---

① 烧成系统是水泥厂生产熟料的核心工艺系统，要完成生料的制备、预热、煅烧、冷却等工艺流程。

2.6 监测计划编写

监测计划是指对影响企业碳排放量计算的所有相关信息，包括排放源、排放设施、排放数据、排放因子、计量仪器等相关信息进行录入及更新的标准。它是保证企业碳排放量计算的相关性、完整性、一致性、准确性和透明性最重要的指导文件。我们在碳排放量计算相关章节中介绍了活动数据及排放因子的选取原则。这些数据在确定数据源后就应该在检测计划中固定下来，今后的碳排放数据监测、记录、汇总和报告都应当严格按照监测计划来执行。

仍以前面的燃煤锅炉举例，对于燃煤燃烧碳排放量的活动数据，理论上如果第一年以盘存数据作为计算依据，在没有任何变动的情况下，第二年也必须以盘存数据作为计算依据。但第二年计算碳排放量的负责人可能变了，第一年的碳排放报告也可能找不到了，那么第二年的计算依据就可能改成其他数据，如炉前数据。通过这个案例我们知道，需要一个固定的指导性文件来指导碳排放量计算，以保证企业的碳排放数据符合五大基本原则。那么，监测计划里面需要对哪些内容进行规定呢？

排放源及剔除原则

监测计划中需要列出所有的排放源、剔除原则及不纳入计算的排放源。对于需要纳入计算的排放源，还需要提供排放设施或工艺的名称、型号、所处位置及涉及的温室气体类型。如果是控排企业，那么还需要确定该排放源是否纳入补充数据报表的边界范围。

排放源的碳排放量计算方法

对于每种需要纳入计算的排放源，都需要把它的碳排放量计算公式记录到监测计划中。当然大部分排放源的碳排放量计算公式都是基于排放因子法的，如下所示：

$$碳排放量=活动数据×排放因子×GWP$$

数据来源及管理情况

数据来源及管理情况是监测计划的核心内容，简单来说就是要追溯碳排放量计算公式中的每个数据是怎么监测及怎么一步步成为计算碳排放量的数据的。这里包括数据的监测方式、记录方式、报送方式，以及数据缺失时的处理方式等。以燃煤锅炉为例，其燃煤燃烧碳排放量计算公式如下：

$$燃煤燃烧碳排放量=燃煤消耗量×热值×单位热值含碳量×44÷12$$
$$×氧化率×GWP$$

这里一共涉及五个数据，分别是燃煤消耗量、热值、单位热值含碳量、氧化率和GWP，下面分别介绍这些数据的来源及管理情况。

1．燃煤消耗量

关于燃煤消耗量，我们采用的是燃煤的盘存数据，但光有这个数据还不够，因为盘存数据是根据每月盘存和采购数据得到的，所以需要继续追溯盘存和采购数据。其中，盘存数据是通过目测得到的，所以它的测量方法是目测；采购数据是通过燃煤入场时过磅称重得到的，所以采购数据最原始的来源是燃煤的称重数据。

找到盘存数据和采购数据我们就能得到通过盘存得到的燃煤消耗量。下一步要确定数据的记录方式和报送方式。因为我们在计算碳排放量时采用的数据不可能是原始的盘存数据和采购数据，而是经过记录、汇总后的数据，所以我们需要知道这些数据的原始管理方式和收集频次。例如，盘存数据在库房每月29日下午1点开始盘存后产生，盘存结果录入月度盘存记录表并报送生产部。同样，煤炭的入库数据在每车燃煤过磅称重后产生，每月汇总成月度煤炭入库统计单并报送生产部。生产部根据月度盘存记录表和月度煤炭入库统计单中的数据编写月度生产报表，在进行最终碳排放量计算时，引用一年中每个月的月度生产报表中的燃煤消耗量数据之和。

对于数据缺失的情况，如果某月的盘存数据缺失，则根据全年的发电平

均燃煤消耗量和当月发电量对其进行估算。

2．热值

燃煤的热值数据一般有两种来源：一种是燃煤入库时测量的热值数据；另一种是入炉前采样的数据，即炉前数据。用于计算碳排放量的数据一般采用炉前数据。假设某企业每8小时化验一次燃煤热值，每次化验结果录入燃煤热值化验单，首先每月以每班次燃煤消耗量为权重，加权计算每月的燃煤热值平均值并录入月度生产报表；其次以每月燃煤消耗量为权重，加权计算年度燃煤热值平均值。如果存在某次燃煤热值的缺失，则该批次燃煤热值取前后两次热值的加权平均值。

3．单位热值含碳量

对于燃煤单位热值含碳量，按照当前我国碳核算指南或标准的要求，如果核算企业属于发电行业，那么需要实测；如果核算企业属于其他行业，那么不需要实测。假设某企业属于发电行业，那么其单位热值含碳量需要实测。通常情况下，企业不具备燃煤单位热值含碳量检测的能力，所以需要根据相关要求每月制备燃煤的缩分样品，下月初送至具有燃煤单位热值含碳量检测资质的检测机构进行检测。检测机构完成检测后会出具《煤样检测报告》。因为单位热值含碳量数据对于企业日常生产经营没有参考意义，所以不会被录入企业的任何报表。因此单位热值含碳量直接引用的数据就是《煤样检测报告》中的数据。如果某月单位热值含碳量数据缺失，则取全年单位热值含碳量的平均值。

单位热值含碳量的变动会导致整个企业的碳排放量产生较大变化，从而影响企业的配额盈亏。但是目前单位热值含碳量的检测，无论是缩分样品的制备，还是检测机构的资质，都没有严格的监控机制，预期之后国家会对单位热值含碳量检测要求更加严格。

4．氧化率和GWP

对于氧化率和GWP，一般直接采用碳核算指南或标准中的默认值，直接引用即可，不存在数据管理和报送形式。因此，这两个数据在监测计划中直接留白或者填"不适用"即可。

计量仪器的管理

关于碳排放量计算相关数据，我们在溯源时会发现大多数原始数据来自计量仪器的计量结果。因此，计量仪器的管理也是监测计划的主要内容之一。一般情况下，我们需要在监测计划中录入计量仪器的型号、精度、校准周期，以及计量频次等。仍以燃煤锅炉为例，在燃煤入库时需要用到地磅，在燃煤热值测量时需要用到氧弹量热仪。这两个计量仪器管理的相关信息就需要录入监测计划。

目前大部分企业对计量仪器的管理都比较随意，只要不是财务结算和政府强制要求的计量仪器，基本都不进行校准，所以我们在编写监测计划时，最好对每个计量仪器的有效性进行一次梳理，对于已经失效的计量仪器，应尽快校准或者更换，否则得出的数据可能是无效数据。

监测计划确定后，一定要存档备案，而且实际的数据监测与管理要严格按照监测计划执行，如果是全国碳市场的强制控排企业，那么还需要到主管机构备案，现实中任何一次影响监测计划执行的变更，都要进行监测计划版本更新并且明确变更的内容。

目前企业普遍对监测计划不够重视，一方面是因为主管机构本身对监测计划的重视程度不够，导致委派的核查机构在核查过程中应付了事。另一方面是因为即使企业不按监测计划要求对数据进行监测和管理，也没有任何惩罚措施。对监测计划的不重视就会导致企业对排放数据的随意变更，这样企业的碳排放数据质量就很难得到提升。

监测计划相关信息填报的示例如表2-13所示。

表 2-13 监测计划相关信息填报的示例

			D 活动数据和排放因子的确定方式							
			D-1 燃料燃烧碳排放数据和排放因子的确定方式							
燃料种类	单位	数据的计算方法及获取方式	测量设备（适用于数据获取方式为实测的情况）							
			测量设备及型号	监测设备安装位置	监测频次	监测设备精度	规定的监测设备校准频次	数据记录频次	数据缺失时的处理方式	数据获取部门
		烟煤燃烧碳排放量 = 烟煤消耗量 × 热值 × 单位热值含碳量 × 44÷12 × 氧化率 × GWP								
燃料种类 A- 烟煤										
燃煤消耗量	吨	每月消耗量 = 月初库存 + 入厂煤量 — 月末库存 其中月初、月末库存数据来自盘存数据，每月录入月度盘存记录表并提交生产部。 入厂煤量来自计量数据，每批次录入煤炭入库统计单，每日汇总并提交生产部。 生产部根据月度盘存记录表和月度煤炭入库统计单计算月度烟煤消耗量并录入月度生产报表	地磅 xxx-120t	入厂大门	每批次	III级	每年	每批次	根据全年的发电平均煤耗和当月发电量进行估算	生产部
热值	吉焦/吨	实测值，通过加权平均的方式，每日汇总，每月汇总，并提交生产部，由生产部录入月度生产报表	自动量热仪 xxx	化验室	每班次	1焦/克	每年	每班次	前后最近数据加权平均	生产部
单位热值含碳量	吨/太焦	实测值，由有资质单位检测后出具《煤样检测报告》	—	—	—	—	—	—	—	—
碳氧化率	%	采用《国家 MRV 问答平台百问百答》中发电行业问题》中的高限值100	—	—	—	—	—	—	—	—
GWP	1	IPCC 第二次评估报告	—	—	—	—	—	—	—	—

第 3 章 | Chapter 3

区域层面碳核算

1. 什么是温室气体清单编制？

2. 温室气体清单编制有哪些流程？

3. 分析一下我所在的区/县的主要排放源。

4. 设想一下，假如让我来编制所在区/县的温室气体清单，我应该如何开展？

区域层面的碳核算在行业内一般称为温室气体清单编制，它是指在某个行政区划内温室气体排放的分类计算及汇总，类似于组织层面的直接排放概念，只是这个组织是以行政区域为单位的，比如某个省或者市。区域层面的碳核算的主导机构是行政区域的政府，这些政府可以大到整个国家，小到一个社区。

这些行政区域的政府为什么要编制温室气体清单呢？原因很简单，只有量化了温室气体排放，才能实施有效的管理和减排。碳中和已经成为我国未来几十年的一项基本国策，相关的减排任务也会层层分解下来，那么为了达成减排目标，首先了解自己所管辖区域的温室气体排放是顺理成章的事情。目前已经有很多城市在制定碳达峰、碳中和方案，而良好的"双碳"方案一定是建立在完整清晰的温室气体清单基础上。

从业务体量来看，区域温室气体清单编制最集中的业务需求来自地市级和区县级。因为省级以上的行政区划本来就少，且基本每年都是固定的事业单位在做。至于区县级以下的街道或者社区级，减排任务不会下沉到这个级别，所以没有太大的碳管理压力，除非要去申报低碳或者碳中和试点示范社区，否则他们没有编制温室气体清单的动力。

区域层面碳核算虽然看起来与组织层面的碳核算类似，但在实际操作过程中会发现有很大差别。可以设想一下，如果按照组织层面碳核算方法，通过巡场的方式识别排放源，那将会是不可能完成的任务。而实际上，区域温室气体清单编制也有自己的编制指南，只是这个指南中并没有识别排放源这个步骤，而是把所有可能的排放源都列成一个表，编制单位按照这个表的分类填写相关数据即可。从某种意义上说，温室气体清单编制的核心工作就是填写一张温室气体排放数据清单。区域温室气体清单表格如表3-1所示。

表 3-1　区域温室气体清单表格

排放源与吸收汇种类	CO₂（万吨）	CH₄（万吨）	N₂O（万吨）	HFCs（万吨）	PFCs（万吨）	SF₆（万吨）	GHG（万吨 CO₂当量）
总碳排放量（净排放）	×	×	×	×	×	×	×
能源活动总计	×	×	×				×
1. 化石燃料燃烧小计	×	×	×				×
能源工业	×	×	×				×
农业	×						×
工业和建筑业	×						×
交通运输	×	×	×				×
服务业	×						×
居民生活	×						×
2. 生物质燃烧		×	×				
3. 煤炭开采逃逸		×					×
4. 油气系统逃逸		×					×
工业生产过程总计	×		×	×	×	×	×
1. 水泥生产过程	×						×
2. 石灰生产过程	×						×
3. 钢铁生产过程	×						×
4. 电石生产过程	×						×
5. 己二酸生产过程			×				×
6. 硝酸生产过程			×				×
7. 铝生产过程					×		×
8. 镁生产过程						×	×
9. 电力设备生产过程						×	×
10. 其他生产过程				×	×	×	×
农业总计		×	×				×
1. 稻田		×					×
2. 农田			×				×
3. 动物肠道发酵		×					×
4. 动物粪便管理系统		×	×				×
土地利用变化与林业总计	×	×	×				×
1. 森林和其他木质生物质碳储量变化小计	×						×
乔木林（林分）	×						×

续表

排放源与吸收汇种类	CO_2（万吨）	CH_4（万吨）	N_2O（万吨）	HFCs（万吨）	PFCs（万吨）	SF_6（万吨）	GHG（万吨CO_2当量）
经济林	×						×
竹林	×						×
灌木林	×						×
疏林、散生木和四旁树	×						×
活立木	×						×
2. 森林转化碳排放小计	×	×	×				×
燃烧排放	×	×	×				×
分解排放	×						×
废弃物处理总计	×	×	×				×
1. 固体废弃物	×	×					×
2. 废水	×						×
国际燃料舱	×	×	×				×
1. 国际航空	×	×					×
2. 国际航海	×						×

注："×"表示需要报告的数据，GHG 表示温室气体。

区域层面的温室气体排放核算方法主要来自《IPCC 2006国家温室气体清单指南》（简称IPCC 2006），也就是国家层面的温室气体核算方法。这套核算指南是为了统一各个国家关于碳排放的核算方式以进行横向比较而编制的。所以各个国家的官方碳排放计算方式都以此为标准，我国提出的碳达峰、碳中和目标中，碳排放的计算方式也以此指南为准。不过，我国幅员辽阔，进行一次国家级的温室气体清单编制需要耗费大量的人力、物力，所以目前我国只进行了4次正式的温室气体清单编制，分别于2004年、2012年、2017年和2018年编制并向联合国提交了1994年、2005年、2012年和2014年的国家温室气体清单。相关信息均可从公开网站上获得[1]。

当然，因为行政区划的大小会影响数据颗粒度，所以实际的清单编制

---

① 见国家信息通报官网。

根据行政区划的大小会有更具体的核算指南。大部分情况下我国区域温室气体清单编制都参考国家发改委发布的《省级温室气体清单编制指南》，城市及区县级的碳核算也可以参考WRI编制的《城市温室气体清单指南》。目前没有针对社区层面的清单指南，如果按照城市清单指南计算，则会发现很多数据都不存在，如果按照组织层面碳核算指南计算，又破坏了区域温室气体清单计算方法的一致性，所以在计算的时候采用哪套标准计算的随意性比较大。社区级的温室气体清单编制规范今后需要加强。

国家与区域温室气体清单指南如图3-1所示。

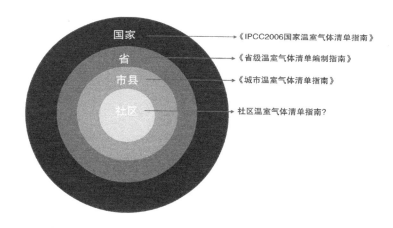

图 3-1　国家与区域温室气体清单指南

（资料来源：《碳中和时代：未来40年财富大转移》）

考虑到实际业务的普遍性及可操作性，本章将主要以国家发改委发布的《省级温室气体清单编制指南》为参考，结合广东省生态环境厅发布的《广东省市县（区）级温室气体清单编制指南》及WRI编制的《城市温室气体核算工具指南》来介绍以城市（区县）为主体的区域温室气体清单编制的内容、流程及重难点，社区及工业园区温室气体清单则作为补充内容进行简要介绍。

3.1 区域温室气体清单概述

基本原则

同组织层面碳核算一样，在进行区域温室气体清单编制时也需要考虑相关性、完整性、一致性、准确性和透明性的基本原则。这里就不再过多介绍。

主要工作内容

区域温室气体清单编制的主要内容是，在相关指南既定的排放源分类方式和计算方法基础上，搜集尽可能符合要求的排放数据和排放因子。当然，大部分排放因子直接采用默认值，所以温室气体清单编制的重点还是在数据的获取和处理上。

不管是什么级别的区域温室气体清单，其主要的操作流程首先是召开启动会议，把农业、工业、建筑、交通等领域相关部门和统计部门召集到一起，说明我们要做什么，需要什么数据，哪些数据能提供，哪些数据不能提供，不能提供的讨论出替代的方案，这时候可能涉及其他替代数据，也可能涉及调研，所以区域温室气体清单会涉及一些社会调研工作。对于区县级以上的温室气体清单，有很多统计数据可以用，而社区级别的数据大部分要靠自己算。

区域温室气体清单的数据责任部门分工示例如表3-2所示。

表 3-2 区域温室气体清单的数据责任部门分工示例

部门	具体分工
生态环境局	1. 牵头开展清单编制工作。 2. 协调各成员单位及相关机构的工作开展并支持数据调查、情况调研和实地测试等工作。 3. 负责提供工业废水行业系统去除 COD、直排废水 COD、甲烷回收量等相关数据。 4. 负责提供生活污水处理系统的处理工艺、处理规模、实际处理量及实测 BOD/COD 值，污水处理污泥产生量、处理或综合利用方式等数据
经济和信息化局	1. 负责提供钢铁、水泥、化工、电石生产、镁铝冶炼等行业的企业名单及相关用能情况。 2. 重点用能企业名单、用能及节能情况和分行业用于原材料的能源数据。 3. 各主要行业企业名单、产量、行业整治等相关数据。 4. 提供汽柴油消费量、天然气消费情况、油气系统基础设施情况数据等
住房和城乡建设局 城市管理行政执法局	1. 负责提供城市生活垃圾产生量、收集清运量、焚烧和填埋不同处理方式的处理量、沼气收集及利用量等数据。 2. 负责提供城市各污水处理厂处理设施实际处理量及排放量、污水处理污泥产生量、处理或综合利用方式等数据。 3. 全县新建建筑施工面积等相关数据。 4. 固体废弃物组成成分、处理方式、处理规模、实际处理量等相关数据
交通运输局	1. 负责提供营运车保有量、运输部门周转量、交通部门能耗、机动车检测结果等数据。 2. 负责协调有关市道路运输管理局的数据
农林水利局	1. 负责提供不同水稻类型种植面积、产量及农家肥施用量等相关数据。 2. 负责提供主要作物播种面积、产量，粪肥施用量，化肥施用量，秸秆还田率及其他相关经济系数和指标等数据。 3. 负责提供不同畜牧方式饲养量、粪便产生量、处置方式等数据。 4. 负责提供秸秆、薪柴等生物质燃烧的燃烧量，燃用秸秆类型等数据。 5. 负责提供农业生产燃油消耗量等相关数据。 6. 负责提供森林资源清查详细报告、林地变化情况及森林资源规划设计等相关数据
统计局	1. 负责提供各行业能源用于原材料的数据。 2. 负责提供全县规上工业企业名单及规上工业能耗企业能源购销存数据。 3. 负责提供相关 GDP、三次产业增加值、石灰石消耗量、生铁消耗量、白云石消耗量、农作物产量、畜禽养殖数量、人均蛋白质消耗量等相关统计数据。 4. 负责提供各年地方统计年鉴
国土资源局	负责提供土地利用类型变化方面的数据
供电局	负责提供本县发电企业用能设备、用能品种、分品种发电量、总发电量、总用煤量、用气量、用电量、发电企业名单等相关数据

温室气体清单编制的重难点

区域温室气体清单数据收集是最难也是最花时间的工作，在实际数据收集过程中许多数据都很难找到最合适的数据源，所以有些数据需要做近似处理，但必须要做相应的说明。比较常见的是跨区域数据的拆分问题，通常情况下，行政区域越小，其数据与周边区域的数据区分就越难。比如区县与区县之间存在许多跨界的街道和小区，那么这些跨区域的电力、交通、废弃物处理等相关数据应当如何进行合理收集是需要重点考虑的问题。

另一个需要重点考虑的是在数据收集时，需要结合目标行政区域的排放特点对数据收集的重点方向进行把握，而不是完全按照指南的要求一一推进。根据指南要求，我们需要确定上百项排放源的排放数据，而实际上以城市为主体的排放区域真正涉及的排放源可能只有其中一半，而分别以工业、农业、服务业为主体的城市其排放源的差别也会非常大，所以需要根据实际情况提前判断，将主要精力放在比较重要的排放源上。

还有一个需要注意的是，在我国，在进行组织层面碳排放计算时，化石燃料燃烧产生的碳排放是不考虑甲烷和氧化亚氮排放的。而在计算区域层面的碳排放时，根据《省级温室气体清单编制指南》，需要考虑能源使用中电力生产的氧化亚氮排放和交通领域的甲烷及氧化亚氮排放。所以同一排放源在组织和区域两种核算方式下，算出来的结果可能不一样。

完成数据收集后，碳排放计算和报告编写的难度并不大，按照指南编写即可，核心问题是数据的收集，数据收集的难度直接决定了项目的难度，而且不同地区差别可能很大，所以即使同样规模的区域碳排放核算，也可能存在工作量天壤之别的情况。

参考资料的选择

我国目前没有官方发布市区县级的温室气体清单指南，所以，市区县级的温室气体清单编制还是主要参考《省级温室气体清单编制指南》。《广东省市县（区）级温室气体清单编制指南》在《省级温室气体清单编制指南》

基础上，又做了不少细化，特别是数据获取方面，对于初学者有很强的指导意义。另两个需要参考的是IPCC 2006和WRI出版的《城市温室气体核算工具指南》，前者是最为全面的温室气体清单编写指导工具，它除了告诉你怎么做，还会解释为什么要这样做，也正因为如此，IPCC 2006的内容非常丰富，比起业务指导，它更适合作为工具书或者日常的学习书籍。《城市温室气体核算工具指南》里对温室气体清单编制所需的排放因子进行了统一的整理，并提供了许多有用的表单，是不错的数据收集和计算的辅助工具。在该指南中还将区域碳排放像组织碳排放一样进行了范围一、二、三的区分，虽然这种方式也有一定道理，但目前国内较少采用此种分类方式，建议在没有特殊要求的情况下，仍参考《省级温室气体清单编制指南》的方式对温室气体进行分类和计算。

对于新人来说，IPCC 2006最为友好，但因其内容太多，一口气全部看完难度太大，且其中很多内容不会在国内的实际业务中用到，所以建议先看《广东省市县（区）级温室气体清单编制指南》，对于其中有疑问的地方，再去翻看IPCC 2006的相应章节，或许其中内容就能够解答你的疑问。《城市温室气体核算工具指南》中的表格对实际业务操作有很大帮助，所以如果有具体业务，可以将计算工具下载下来，作为数据收集和计算的工具使用。

温室气体清单编制与专业能力提升

因为区域温室气体清单编制是对全社会可能排放温室气体的地方进行"地毯式"搜索[①]，所以对于一个碳排放管理员的基础能力培养可谓有莫大的帮助。通过参与温室气体清单编制工作，我们可以掌握哪些行业、哪些地方可能排放温室气体。这样，一来我们在进行组织层面碳核算时，能更加准确地识别排放源；二来在开发碳资产时，可以初步判断哪些领域有开发碳资产的可能。所以，如果新人入行可以选择所参与的项目的话，则选择温室气体清单编制项目对自身能力的提升最有帮助。

---

① 我国的《省级温室气体清单编制指南》因为相对于 IPCC 2006 来说做了很多删减，所以排放源并不齐全，最全的排放源可以参考 IPCC 2006。

在了解以上内容后，接下来我们就需要根据指南的要求，分别开展能源活动、工业生产过程、农业活动、土地利用变化和林业及废弃物处理五大领域的碳排放。

3.2 能源活动排放

在我国当前的能源结构下，能源活动是绝大部分区域温室气体排放最多的领域，所以在能源活动碳排放划分中，有相较于其他领域更为细的分类。在《省级温室气体清单编制指南》中，把能源活动的温室气体排放计算分为化石燃料燃烧活动、生物质燃烧活动、煤炭开采和矿后逃逸、石油和天然气系统逃逸和电力调入调出二氧化碳间接排放量核算五大类，每一类又有进一步的细分。

化石燃料燃烧活动

化石燃料燃烧活动主要统计目标区域化石燃料消耗产生的碳排放。因为化石燃料的使用涉及各行各业，且未来进行碳排放分析及减排规划制定时，需要单独分析每一个领域的化石能源使用情况，所以有必要对此进行进一步的细分。在《省级温室气体清单编制指南》中，化石燃料燃烧活动分类如表3-3所示。

表3-3 化石燃料燃烧活动分类

一级分类	二级分类	三级分类
化石燃料燃烧活动	能源生产与加工转换	公用电力与热力部门
		石油天然气开采与加工业
		固体燃料和其他能源工业
	工业和建筑业	钢铁
		有色金属
		化工
		建材
		其他工业

续表

一级分类	二级分类	三级分类
化石燃料燃烧活动	交通运输	航空
		公路
		铁路
		水运
	服务业及其他	服务业及其他
	居民生活	居民生活
	农、林、牧、渔	农、林、牧、渔

对于以上细分部门的化石燃料燃烧数据，一般区县及以上的行政区域统计部门都会有能源平衡表，能源平衡表中就包含表3-3所需大部分数据。如果没有能源平衡表，则需要找到对应部门，一一核实相关数据。关于如何利用能源平衡表进行化石燃料燃烧部分数据的填写，《广东省市县（区）级温室气体清单编制指南》对此进行了详尽的叙述，本书节选部分供读者参考，全部内容不在本书中赘述。

优先采用市县（区）统计局提供的能源平衡表数据：若市县（区）能源平衡表中有分行业能源终端消费量，则能源生产与加工转换部门、工业部门活动水平数据可直接参考市县（区）能源平衡表中细分行业能源终端消费量，按照表xx的对应关系摊分至各行业；若市县（区）能源平衡表中只有实物量主表，并无细分行业能源终端消费量，规上企业的能源消费数据可根据规上工业企业分品种分行业能源消费量数据按照表xx的对应关系摊分至各行业即可，而市县（区）能源平衡表主表分能源品种消费量与规上企业分能源品种消费量之差则可根据市县（区）各行业规下企业的工业增加值占比情况摊分至各行业中。

市县（区）能源统计资料中确实没有能源平衡表：（a）无能源平衡表但有规上企业分行业、分品种的能源数据，规上企业的能源消费数据则按表xx的对应关系摊分至各行业即可，而工业的总能源消费量与规上企业的能源消费量之差先按规下企业的工业增加值占比摊分至各行业，再按规上企业该行业的燃料品种比例细分到各燃料品种；（b）无能源平衡表且规上企业能源消费数据不分燃料品种或不分行业时，则通过向当地统计局、发改局、工信局和行业协会等部门调研获取所需分行业、分品种能源活动水平数据。

化石燃料燃烧排放源与国民经济行业分类对应关系如表3-4所示。

表3-4　化石燃料燃烧排放源与国民经济行业分类对应关系

排放源	国民经济行业分类
公用电力与热力部门	电力、热力的生产和供应业
石油天然气开采与加工业	石油和天然气开采业，石油、煤炭及其他燃料加工业
固体燃料和其他能源工业	煤炭开采和洗选业，燃气生产和供应业
钢铁工业	黑色金属矿采选业，黑色金属冶炼及压延加工
有色金属	有色金属矿采选业，有色金属冶炼及压延加工
化学工业	化学原料及化学制品制造业，橡胶和塑料制品业，医药制造业，化学纤维制造业
建筑材料	非金属矿采选业，非金属矿物制品业
纺织业	纺织业
造纸及纸制品业	造纸及纸制品业
其他工业部门	其他采矿业，开采辅助活动，农副食品加工业，食品制造业，酒、饮料和精制茶制造业，烟草制品业，纺织服装、服饰业，皮革、毛皮、羽毛及其制品和制鞋业，木材加工及木、竹、藤、棕、草制品业，家具制造业，印刷业和记录媒介的复制，文教、工美、体育和娱乐用品制造业，金属制品业，通用设备制造业，专用设备制造业，汽车制造业，铁路、船舶、航空航天和其他运输设备制造业，电气机械及器材制造业，通信设备、计算机和其他电子设备制造业，仪器仪表制造业，其他制造业，废弃资源综合利用业，金属制品、机械和设备修理业，水的生产和供应业

对于锅炉和窑炉等重点用能设备，《省级温室气体清单编制指南》还建议根据这些重点用能设备的特点和型号进行单独分类，一来对一个区域的重点排放设施进行重点管控，二来根据锅炉和窑炉类型不同，其对应的排放因子也有所不同，对这些重点排放设施进行区分，有利于提高排放计算的精确度。因为这类大型锅炉和窑炉只存在于高能耗行业中，所以在实际操作过程中，通常一个城市范围内，这类大型锅炉和窑炉数量较少，在部分非工业发达区域，可能一个锅炉或窑炉的碳排放就占据该区域总碳排放的一半以上。所以这类设备通常不采用统计数据，而是直接联系相关企业获得现场实际数据，如果对应的设备数量较多，则可以通过经济和信息化部门获取相关数据。

对于交通领域，考虑到我国能源统计体系中交通运输部门的能源消耗量一般只包含交通营运部门的能源消耗量，大量的社会交通用能统计分散在其他部门。如果清单编制区域存在能源平衡表，可以抽取其他部门一定比例的汽柴油消费量纳入交通领域的能源消耗中。具体抽取比例可以参考《广东省市县（区）级温室气体清单编制指南》，其中汽油在其他部门的抽取比例为95%～100%，柴油在工业部门的抽取比例为24%～30%，在农林渔牧业的抽取比例为8%～15%，在居民生活的抽取比例为92%～98%，在服务业的抽取比例为95%～100%。

对于没有能源平衡表的情况，《城市温室气体核算工具指南》给出了三种估算方法。

第一种方法是数据调研法，通过对掌握实际交通运营数据的各个部门如出租车公司、货运物流公司等进行调研，得到真实的能耗数据。这种方法的优点在于数据真实全面，核算结果最为详细，缺点是需要耗费大量的人力、物力进行调查。

第二种方法是根据属地原则，采用汽车保有量和抽样调查相结合的方式，通过车辆管理机构获得不同车辆类型的保有量，再通过车辆出行调研收集汽车每年的燃料消耗量。这种方法也是《省级温室气体清单编制指南》的推荐方法，它的优点是减少了工作量，缺点在于当地保有车辆在当地行驶的假设与实际情况有一定的偏差，且单车年度平均燃料消耗量的计算也需要建立在许多假设基础上。

第三种方法是利用加油站、加气站数据。这种方法的优点是数据准确性较高；缺点是只能计算排放总量，无法区分不同交通方式（私家车、机构用车、运营车辆等）产生的排放，且无法区分本地车辆和外地车辆产生的排放。

具体采用哪一种方法需要根据实际情况，综合考虑数据收集难度、主管机构对数据的要求及数据一致性等因素。一般情况下，地级市的温室气体清单编制倾向于采用保有量统计数据计算，区县级及以下的温室气体清单编制则可以考虑采用数据调研法。

关于能源活动相关排放因子，《省级温室气体清单编制指南》中对燃料的热值、含碳量、氧化率和移动源甲烷、氧化亚氮排放因子都给出了明确的默认值，不必考虑实测，直接引用就行。

生物质燃烧活动

生物质也属于碳基燃料，所以其燃烧过程中也会产生二氧化碳。但生物质燃烧作为地球生态圈动态碳循环的一个环节，从碳循环的角度讲，其燃烧产生的二氧化碳并不需要纳入碳排放计算中。生物质在燃烧过程中还会排放甲烷和氧化亚氮，这两种温室气体不会进入动态碳循环中，所以此部分的温室气体排放需要考虑甲烷和氧化亚氮。

对碳循环的简单认识

在这个地球上，有一部分碳元素一直处于大气和生态圈的反复循环中。比如，空气中的二氧化碳被植物通过光合作用吸收变成植物体内的碳化合物，部分植物在死后被微生物分解，体内的碳元素又以二氧化碳的形式回到大气中。另一部分植物被动物吃掉后碳化合物变成动物的一部分，但动物在死亡后也会被微生物分解，其大部分碳元素也会以二氧化碳形式回到大气中。所以可以这样说，动植物体内的碳元素都来自大气中的二氧化碳，最终的宿命也是以二氧化碳的形式回到大气中，这与人类是否把它们当作燃料无关，所以我们认为生物质燃烧产生的二氧化碳是中性的，不影响空气中二氧化碳的浓度，所以不纳入碳排放计算。

生物质作为燃料燃烧与当地是否有农林地有直接关系，如果清单编制区域为纯粹的城市地区，则该部分可以不考虑。如果清单编制区域存在农林地，则需要与农林部门沟通，获取秸秆、薪柴、动物粪便、城市垃圾等作为能源的消耗量和对应的热值。一般情况下，这些活动的实际监测数据都不存在，所以需要通过合理的推算得到。例如，秸秆数据可以通过农作物产量和草谷比进行计算，薪柴数据可以根据森林面积、产柴量和可取系数计算，动物粪便可以根据动物年末存栏量与不同动物的年均粪便排泄量进行计算等。

煤炭开采和矿后逃逸

煤炭开采和矿后逃逸排放主要考虑的是煤矿开采时和开采后的甲烷排放。因为瓦斯爆炸是煤矿开采最大的安全隐患，所以甲烷相关的计量体系通常都比较完善，煤炭开采和矿后逃逸相关的甲烷排放通常是实测值，直接到清单编制区域的煤矿企业获取数据即可。

石油和天然气系统逃逸

与煤炭开采不同的是，石油和天然气在开采出来后还需在密闭系统中运输和加工，对于这些装置的泄漏很难通过计量仪器进行计量，所以石油和天然气系统逃逸的排放通常采用井口装置、集气系统等设备的数量乘以排放因子默认值计算得到，这些数据可以从油气公司得到，所以也没有什么收集难度。

电力调入调出二氧化碳间接排放量核算

IPCC 2006 中，并没有电力调入调出二氧化碳间接排放的计算环节。但考虑到电力这种能源量的特殊性，以及科学评估电力对减少二氧化碳排放的贡献，《省级温室气体清单编制指南》中引入了电力调入调出二氧化碳间接排放量的计算环节，这有点类似于组织层面范围二排放计算。不过在区域温室气体清单编制中，电力调入调出二氧化碳间接排放量只作为信息项报告，不计入该区域温室气体排放总量。其计算方式为：

电力调入（出）二氧化碳间接排放量＝调入（出）电量×区域电网供电平均排放因子

关于电网平均排放因子的选择，在第 2 章已经进行了详细介绍，这里就不再赘述，而调入（出）电量的数据，如果清单编制区域有能源平衡表，那么可以从能源平衡表中得到。如果没有能源平衡表，则需要找到电力部门获取

该地区的电力调入调出数据。

对于区县级及以下的电力使用数据，可能存在电力部门并没有刚好覆盖该区域的电力使用数据的情况。比如两区交接处的电力使用可能存在使用同一个变压器的情况，导致电力部门无法将用电数据拆分。这就需要通过合理的估算方式进行估算，如按照面积、接入电表数等估算。当然，如果有足够的人力，进行分住户的用电数据统计是最优做法。

在组织层面的碳核算中，发电行业企业也存在净购电力，也就是电力调入调出产生的排放，但只考虑从电网购电不考虑向电网输电，否则发电企业的范围二排放一定是负的。而在区域温室气体排放计算中，并不存在分行业的计算方法。所以如果某区域存在发电企业且对该区域外供电，那么这部分电力可作为净调出进行扣除。在极端情况下，如果清单编制区域的发电设施为水电等零排放设施，且调出电力大于调入电力，那么按照《省级温室气体清单编制指南》的计算方法，就可能存在电力调入调出二氧化碳间接排放量为负的情况。造成这种现象的主要原因是该指南将电网平均排放因子选取为区域电网平均排放因子，而这种做法对于少数发电设施的电力排放计算可能会造成很大误差。这是《省级温室气体清单编制指南》不适用于小区域温室气体清单编制的原因之一。

3.3 工业生产过程碳排放

工业生产过程的碳排放（简称"过程排放"）特指工业生产过程中，以非能源获取为目的的碳排放，因为工业领域能源使用的碳排放已经放在前面能源活动中进行计算。这个定义与组织层面的过程排放一致。由此我们可以很容易推导出，工业生产过程的碳排放计算与当地企业所属的行业是密切相关的。很多行业的企业都不会产生工业生产过程的排放。如果当地企业都属于互联网行业或者轻工业，可能整个工业生产过程的碳排放计算都可以略过；如果重工业或者化工企业较多，那么这部分的碳排放计算就是重点。

《省级温室气体清单编制指南》中列出了十二个行业（见表3-5），虽然根据 IPCC 2006，产生工业生产过程碳排放的行业可能不止这十二个行业，但其他行业的排放微乎其微，除了某些特别的区域，只考虑这十二个行业的碳排放计算就可以了。

表 3-5 工业生产过程碳排放计算涉及的行业及温室气体类型

行业	CO_2	CH_4	N_2O	HFCs	PFCs	SF_6
水泥生产	×					
石灰生产	×					
钢铁生产	×					
电石生产	×					
己二酸生产			×			
硝酸生产			×			
铝生产					×	
镁生产						×
电力设备生产						×
半导体生产				×	×	×
HCFC-22 生产				×		
HFC 生产				×		

注："×"表示包含。

根据《省级温室气体清单编制指南》，这些行业生产过程的碳排放计算通常都以统计部门的产量/原材料消耗量数据乘以排放因子默认值来实现。但考虑到这种计算方法不确定性较高，而市区县级的区域属于这十二个行业的企业数量不多，同时大部分企业都属于重点排放单位，即强制报送温室气体排放的单位。这表明大部分有过程排放的企业，其相关排放数据都是现成的。故通常来说，市区县级别的温室气体清单编制中，对于工业生产过程的碳排放计算，都采用具体企业的实际排放数据。

水泥生产过程

水泥生产中的过程排放主要来自石灰石中碳酸钙的分解，其实水泥生产的核心过程是碳酸钙在高温状态下分解成氧化钙和二氧化碳。这一过程会产

生大量的二氧化碳，过程排放占比非常高。

$$CaCO_3 \xlongequal{} CaO+CO_2$$

水泥生产过程的碳排放，按照《省级温室气体清单编制指南》的方法是通过统计普通水泥熟料产量减去电石渣①水泥熟料产量再乘以该指南中给出的排放因子默认值计算得出。不过水泥行业属于我国强制报送温室气体数据的重点排放行业，所以水泥行业企业一定有现成的实际排放数据。通常情况下，这部分的排放数据采用水泥企业的实际报送数据。

石灰生产过程

石灰生产中的过程排放与水泥生产一样，主要来自石灰石中碳酸钙的分解，不一样的是石灰生产不属于重点排放行业，所以没有强制要求报送碳排放数据。根据指南，石灰生产过程排放仍然采用活动数据乘以排放因子来计算，活动数据为石灰产量，相关数据可以通过统计部门或者实地调研获取。

钢铁生产过程

钢铁生产过程中的排放主要来自在炼钢过程中的还原反应，在这个反应中，需要加入还原剂将铁矿石还原成纯铁。常用的还原剂为焦炭氧化后形成的一氧化碳，主要反应过程如下：

$$Fe_2O_3+3CO \xlongequal{\text{高温}} 2Fe+3CO_2$$
$$Fe_3O_4+4CO \xlongequal{\text{高温}} 3Fe+4CO_2$$

在这个过程中，焦炭既作为能源使用，又作为过程排放中的还原剂使用，两者无法拆分，为了报告的一致性，《省级温室气体清单编制指南》中规定了钢铁生产中焦炭消耗的二氧化碳排放在能源活动温室气体清单部分报告。所以在过程排放中，虽然存在焦炭作为还原剂产生的排放，但一律合并到能源活动产生的温室气体排放中报告。

---

① 电石渣的主要成分为氢氧化钙，用其作为原料生产水泥不会产生二氧化碳，故需要扣除。

除此之外，钢铁生产过程还存在两类排放源，它们分别是炼铁熔剂的高温分解过程排放和炼钢降碳过程排放。在炼铁过程中，通常会添加一些熔剂来辅助脱除各种金属和非金属杂物，常用的熔剂包括石灰石和白云石，这两种物质都属于碳酸盐，在高温时会分解产生二氧化碳。而炼钢降碳过程则是为了降低生铁中碳元素的含量，在高温状态下通入纯氧将碳元素氧化成二氧化碳的过程。

钢铁行业也属于我国强制报送温室气体数据的重点排放行业，所以这部分的排放数据也可以直接找到企业或者生态环境部门获取实际报送数据。

电石生产过程

电石的化学名称为碳化钙，分子式为CaC_2，是有机合成化学工业的基本原料，利用电石为原料可以合成一系列有机化合物，为工业、农业、医药行业提供原料。生产电石的主要原料为石灰和兰炭[①]，主要反应过程为：

$$CaO+3C \Longrightarrow CaC_2+CO$$
$$2CO+O_2 \Longrightarrow 2CO_2$$

石灰生产中也会产生二氧化碳，但这部分已经在前面的石灰生产过程中报告过，这里不用重复报告。电石生产企业不属于重点排放企业，所以基本没有现成的排放数据，根据《省级温室气体清单编制指南》，我们只需要统计电石产量数据，就可以根据指南中提供的排放因子默认值进行计算，相关数据可以通过统计部门或者实地调研获取。

硝酸生产过程

硝酸生产的主要工艺是将氨气氧化成一氧化氮，一氧化氮再次氧化成二氧化氮，二氧化氮通过与水反应就形成硝酸。但在这个过程中，不可避免地会发生产生氧化亚氮（一氧化二氮）的副反应，根据IPCC 2006，硝酸在生产

[①] 一种煤炭制品，特点是碳元素比例高、比电阻高、化学活性高。

过程中会出现以下三种产生氧化亚氮的副反应。

$$NH_3 + O_2 \longrightarrow 0.5N_2O + 1.5H_2O$$

$$NH_3 + 4NO \longrightarrow 2.5N_2O + 1.5H_2O$$

$$NH_3 + NO + 0.75O_2 \longrightarrow N_2O + 1.5H_2O$$

因为硝酸生产过程中，不同的生产工艺对氧化亚氮的产出率影响很大，所以在计算硝酸生产过程中氧化亚氮排放时，需要分别统计不同生产工艺的硝酸产量。因为硝酸生产行业也属于重点排放行业，所以这部分的排放数据也可以直接找到企业或者生态环境部门获取实际报送数据。

己二酸生产过程

己二酸也是一种重要的化工原料，主要用于合成纤维、涂料、塑料、聚氨酯泡沫、人造橡胶和合成润滑剂等化工产品的生产。己二酸生产的主要工艺是由环己酮、环己醇混合物制造二羧酸，在二羧酸中放入催化剂由硝酸氧化形成己二酸。其化学反应较为复杂，这里不展开讲，我们只需要记住己二酸在生产过程中也会产生氧化亚氮这个副产品即可。

根据《省级温室气体清单编制指南》，己二酸生产过程的氧化亚氮排放由己二酸的产量乘以排放因子得来。而己二酸生产企业也属于重点排放企业，所以这部分排放数据也可以直接找到企业或者生态环境部门获取实际报送数据。

一氯二氟甲烷生产过程

一氯二氟甲烷（HCFC-22）俗称R22，是常用的制冷剂之一，除了本身是烈性温室气体，在其生产过程中还会产生更加烈性的温室气体HFC-23，其温室效应是二氧化碳的一万倍以上，所以是严控的温室气体。国内实际上生产R22的厂家非常少，所以这部分数据都采用现场调研数据。虽然《省级温室气体清单编制指南》中给出了基于R22产量的HFC-23排放因子默认值，但我国早已严控这类企业的HFC-23排放。我国几乎所有的R22生产工厂都安装了

HFC-23去除装置，且氟化工企业也属于重点排放企业，所以通常情况下，相关数据直接采用企业报送数据，而不利用默认值计算。

其他工业生产过程

除了上述工业过程，《省级温室气体清单编制指南》还列出了铝、镁、电力设备、半导体、氢氟烃生产的过程排放，其活动数据收集和排放因子获取都较为明确，其中铝、镁和氢氟烃生产企业属于重点排放企业，有现成的碳排放报告，可以直接找到主管部门获取。电力设备和半导体生产企业本身数量很少，所以直接去调研现场数据相对较为容易。

从以上分析我们可以看出，涉及工业生产过程排放的企业基本属于重点排放企业，所以大部分数据是现成的，随着"双碳"目标的逐步下沉，即使不是重点排放企业，他们也开始重视碳管理，所以在今后，很大概率涉及工业生产过程排放的企业都会有自己的碳排放报告。所以在编制温室气体清单时，这部分排放数据的获取方法是首先通过经济和信息化部门锁定所有的排放企业，然后找到生态环境局获取企业的现成排放数据，剩下的企业逐个打电话询问是否编写了碳排放报告，最后针对没有碳排放报告的企业进行数据收集。

3.4 农业碳排放计算

在前面生物质燃烧活动温室气体排放中曾经提到，所有生物活动产生的二氧化碳属于大自然既有的碳循环，不列入温室气体总量计算。农业领域的动植物栽种和饲养都属于生物活动，所以整个农业领域碳排放计算都不考虑二氧化碳，但是要考虑甲烷和氧化亚氮。农业领域温室气体排放主要分为稻田甲烷排放、农用地氧化亚氮排放、动物肠道发酵甲烷排放及动物粪便管理甲烷和氧化亚氮排放。

农业部门碳排放计算涉及的领域及温室气体类型如表3-6所示。

表 3-6　农业部门碳排放计算涉及的领域及温室气体类型

类型	CO_2	CH_4	N_2O	HFCs	PFCs	SF_6
稻田		×				
农用地			×			
动物肠道发酵		×				
动物粪便管理		×	×			

稻田甲烷排放

稻田甲烷排放主要来自水稻中有机质厌氧分解产生的甲烷排放。我们都知道，大部分品种的水稻部分或全部的生长时间浸没在水中，这样就形成了厌氧环境，会产生甲烷排放。所以农作物中只有稻田需要单独列出来，计算其在种植过程中因厌氧发酵产生的甲烷排放。

根据《省级温室气体清单编制指南》，稻田甲烷排放与水稻种类、所在地区和有机肥施用水平、稻田水管理方式、气候条件、水稻产能等因素有关。《省级温室气体清单编制指南》中对于单位面积的甲烷排放因子，推荐了两种获取方法：一是提供了不同水稻品种和地区的排放因子默认值，二是推荐了一种甲烷排放因子的计算模型CH_4MOD。由于该模型较为复杂，相关参数获取难度较大，所以一般都直接采用默认值。

水稻甲烷排放因子默认值，如表3-7所示。

表 3-7　水稻甲烷排放因子默认值

单位：千克/公顷

区域	单季稻		双季早稻		双季晚稻	
	推荐值	范围	推荐值	范围	推荐值	范围
华北	234.0	134.4~341.9				
华东	215.5	158.2~255.9	211.4	153.1~259.0	224.0	143.4~261.3
中南、华南	236.7	170.2~320.1	241.0	169.5~387.2	273.2	185.3~357.9
西南	156.2	75.0~246.5	156.2	73.7~276.6	171.7	75.1~265.1
东北	168.0	112.6~230.3				
西北	231.2	175.9~319.5				

资料来源：《省级温室气体清单编制指南》。

根据稻田甲烷排放因子默认值，在数据收集时，需要将单季稻、双季早稻、双季晚稻分开进行统计，这类数据一般可以从各地统计年鉴中查到。

农用地氧化亚氮排放

农作物生长所必须补充的三种元素为氮、磷、钾，所以为土地施肥中的一种肥料就是氮肥，而氮元素在复杂的生物反应过程中会释放氧化亚氮，所以需要计算农用地在耕作过程中释放的氧化亚氮。农用地氧化亚氮排放包括两部分：直接排放和间接排放。直接排放是由农用地当季氮输入引起的排放。输入的氮包括氮肥、粪肥和秸秆还田。间接排放包括大气氮沉降引起的氧化亚氮排放和氮淋溶径流损失引起的氧化亚氮排放，简单点说就是农作物生命周期内包括自身组织和周边水土空间在内的所有氮元素，都可能引起氧化亚氮排放。

农用地氧化亚氮排放计算所需的活动数据较多，根据《省级温室气体清单编制指南》，需要收集主要农作物的面积和产量、畜禽饲养量、乡村人口等数据，这些数据都可以通过地方的统计年鉴获得，粪肥施用量、化肥氮施用量、秸秆还田率等数据可能需要通过抽样调查来获取。

关于农用地氧化亚氮排放计算的排放因子，指南也给出了两种获取方法：一种是利用模型估算；另一种是采用排放因子默认值。同样，在主管单位没有特别要求的情况下，直接选用默认值就行。

动物肠道发酵甲烷排放

打嗝和放屁是我们经常经历的事情，出现这种现象的主要原因是食物在人体内消化过程中会产生甲烷气体，通过这种形式产生的排放就称为肠道发酵甲烷排放。当然，这一节并不是要核算人类打嗝放屁产生的排放，因为人类产生的排放非常低，可以忽略不计。但人类饲养的牛、羊等反刍动物肠道发酵产生的排放却非常高。一头奶牛每天打嗝和放屁释放的甲烷就高达300～500升，是人类的一百倍以上。全球因动物肠道发酵产生的甲烷造成的

温室气体排放就超过20亿吨二氧化碳当量，所以必须引起重视。

《省级温室气体清单编制指南》中动物肠道发酵甲烷排放是由各种动物数量乘以排放因子得来的。其中各种动物数量一般可以通过当地畜牧部门获得，如果没有相关数据，则可以抽样调研的方式获取。

关于动物肠道发酵甲烷排放计算相关排放因子，指南也给出了两种获取方法：一种是通过动物摄入的总能量乘以能量的甲烷转化率来确定，另一种是采用既定的默认值。如果没有特殊要求，可以直接采用默认值。

动物粪便管理甲烷和氧化亚氮排放

根据《省级温室气体清单编制指南》，动物粪便管理甲烷排放是指在畜禽粪便施入土壤之前动物粪便储存和处理所产生的甲烷。动物粪便在储存和处理过程中甲烷的排放因子取决于粪便特性、粪便管理方式、不同粪便管理方式使用比例及当地气候条件等。

动物粪便管理甲烷和氧化亚氮排放的计算方式与动物肠道发酵甲烷排放的计算方式如出一辙，只是适用的排放因子不同而已，这里就不再赘述。值得注意的是，对于规模化养殖场，通常都会将动物的排泄物集中收集处理，并将产生的甲烷作为能源使用。这部分的甲烷排放虽然在《省级温室气体清单编制指南》中没有要求扣除，但如果想把相关数据做得更加精确，应将此部分的甲烷排放予以扣除，相关数据可以通过对规模以上的大型养殖场调研获得。

3.5 土地利用变化和林业碳排放计算

土地利用变化和林业（Land Use Change and Forest，LUCF）指的是土地的性质变化和林地固碳量变化造成的碳排放。这部分的排放与其他领域不同的是，森林的固碳量如果相比以前是增加的，那么属于碳汇，算作负排放（碳吸收），如果相比以前是减少的，那么属于碳源，算作正排放。所以在进行计算汇总的时候，要特别注意LUCF可能是正的，也可能是负的。

温室气体清单编制中提到的"碳汇"（Carbon Sink）与碳交易中提到的"碳汇"（Carbon Credit）虽然都称为碳汇，但其意义是不一样的，清单编制中的碳汇是指所有《省级温室气体清单编制指南》中提及的森林和其他木质生物质固碳量在特定时间段内的增加部分，它既包括人为增加的固碳量，也包括自然增长的固碳量。而碳交易中提到的可作为碳资产交易的碳汇除了要求固碳量增加，还需要满足碳资产开发中对额外性的要求，即没有人为干预且无碳资产收入的情况下，此部分固碳量的增加不会发生。所以并不是所有的碳汇都可以开发成碳资产，关于额外性的介绍详见第5章碳资产开发。

关于LUCF的计算，在IPCC 2006中是异常复杂的，它包括林地、农用地、草地、湿地、聚居地、其他土地及非二氧化碳排放7大类、47种场景的计算。如果按照IPCC 2006中的要求来计算区域LUCF的排放，则绝大部分的团队都没有能力完成，所以《省级温室气体清单编制指南》对此进行了简化，仅仅包含了3种场景的碳排放计算，大大提高了区县级温室气体清单独立编制的可行性。

森林和其他木质生物质生物量碳储量变化

此部分计算涉及森林管理、采伐、薪炭材采集等活动导致的生物碳储量增加或减少。其中，"森林"包括乔木林、竹林、经济林和国家有特别规定的灌木林；"其他木质生物质"包括不符合森林定义的疏林、散生木和四旁树，还要考虑这些活木林消耗的生物量。《省级温室气体清单编制指南》中森林和其他木质生物质生物量碳储量变化的计算公式如下：

$$\Delta C_{生物量} = \Delta C_{乔} + \Delta C_{散四疏} + \Delta C_{竹/经/灌} - \Delta C_{消耗}$$

指南对以上四种生物量的计算方式做了详细的介绍，计算所需的活动数据包括乔木林按优势树种（或树种组）划分的面积和活立木蓄积量；疏林、散生木、四旁树蓄积量；灌木林、经济林和竹林面积，此类数据都能从当地的林业部门获取。需要注意的是，由于各省区市实际开展森林资源清查的具体年份各不相同，可能存在没有清单编制当年相关数据的情况。根据《省级温室气体清单编制指南》，要获得清单编制年份的活动水平数据，必须具有至少最近3次森林资源清查的资料数据，然后根据内插法或者外推法来推导清单编制年份的相关数据。

森林和其他木质生物质生物量碳储量变化计算所涉及的排放因子包括活立木蓄积量生长率、消耗率、基本木材密度、生物量转换系数以及竹林、经济林、灌木林平均单位面积生物量和含碳率，指南中都给出了相关排放因子的默认值，这部分的排放虽然看起来多而复杂，但如果理清各种数据来源，实际的计算相对容易。

森林转化温室气体排放

所谓森林转化的排放，其实就是将林地转化为其他土地利用方式，也就是毁林产生的排放。在毁林过程中，被破坏的森林生物量一部分通过现地或异地燃烧排放到大气中，一部分通过缓慢的分解过程释放到大气中。还有一小部分燃烧后转化为木炭，分解缓慢，约需100年甚至更长时间才能分解。

根据《省级温室气体清单编制指南》，此部分排放包含燃烧和分解两个部分，燃烧是指被砍伐的森林被现地或异地燃烧后产生的排放，此类排放一般都在当年完成。而分解排放是指被砍伐的木材没有被燃烧，而是通过缓慢分解释放到大气中，比如将这些木材做成木制品，那么它所固定的碳元素可能会在多年后才释放到大气中去。关于这个森林被砍伐后燃烧和分解的比例，我国目前还缺乏较为深入的研究，不过指南中还是分南方和北方给出了默认值，所以通常情况下，采用默认值就可以了。

森林转化燃烧引起的排放计算所需的活动数据和排放因子包括森林转化面积、转化前单位面积地上生物量、转化后单位面积地上生物量、现地/异地燃烧生物量比例和氧化系数、被分解的地上生物量比例、非CO_2温室气体排放比例、氮碳比和地上生物含碳量。与森林碳汇计算一样，看起来所需数据多而复杂，实际需要花时间去调查和收集的数据相对较少，计算相对容易。

需要注意的是，砍伐的木材虽然也属于生物质，但与农林废弃物不同，此部分燃烧产生的二氧化碳排放需要纳入计算，不止二氧化碳，根据《省级温室气体清单编制指南》，砍伐的木材燃烧产生的甲烷和氧化亚氮也需要纳入计算，而本章前面提到固定源化石燃料燃烧只计算二氧化碳和氧化亚氮排放，所以甲烷排放并不纳入计算[①]。

3.6 废弃物处理碳排放计算

在环保领域，废弃物处理主要指废气、废水和固体废弃物的处理，俗称三废处理。而在碳排放领域，并不存在因处理废气而产生温室气体的情况，所以主要考虑废水处理和固体废弃物处理过程中产生的温室气体排放。

固体废弃物处理

对于固体废弃物的处理，我国最常见的两种方法是填埋和焚烧。其中填埋是个厌氧的过程，固体废弃物中的生物质会在厌氧环境中产生甲烷，这部分的温室气体需要计算并报告。而焚烧处理中，生物质焚烧产生的二氧化碳根据碳循环原理也不纳入计算。但是固体废弃物中，有很多可燃烧物的碳元素来自化工产品如塑料、化纤等，称为矿物碳，矿物碳产品燃烧产生的排放就需要计算了。所以固体废弃物焚烧过程的碳排放主要考虑矿物碳燃烧产生的碳排放。需要注意的是，固体废弃物燃烧产生的能量如果回收利用了，这部分的碳排放需要向能源部门报告，同时要区分矿物碳和生物质产生的碳排放。

废弃物填埋产生甲烷，是一个长期的过程，通常生物质完全通过微生物降解要经历数十年的时间。IPCC 2006 中对此给出了异常复杂的计算方法，而《省级温室气体清单编制指南》对此进行了简化，该指南假设生物质潜在的甲烷在填埋当年就全部释放完，这样就把复杂的废弃物填埋产生的甲烷排放

---

① 在 IPCC 2006 中所有形式的化石燃料燃烧排放都考虑了甲烷排放，考虑到排放量较低，《省级温室气体清单编制指南》对此进行了简化处理。

的计算方法变成了一个简单的活动数据乘以排放因子的计算方法。

在这个过程中我们需要的活动数据是当地固体废弃物的总填埋量及组分，通常当地的市政部门都有此数据，如果组分数据没有清单编制区域的，那么可以扩大到更上一级的行政区域去获取，比如区县级没有固体废弃物组分数据，那么可以采用所属地级市的数据。所需的排放因子包括甲烷修正因子、可降解有机碳比例、甲烷浓度、甲烷回收量及甲烷氧化因子。《省级温室气体清单编制指南》都给出了相应的默认值，所以只需引用就行。

固体废弃物焚烧产生的二氧化碳排放，重点需要计算废弃物中的碳含量、矿物碳在碳总量中的比例和焚烧炉的燃烧效率。通常情况下，垃圾焚烧厂会有相关的实测数据，如果无实测数据，指南也给出了相关排放因子的默认值。

因为固体废弃物填埋和焚烧都曾经是可开发成碳资产的项目，所以不排除清单编制区域的垃圾填埋场和垃圾焚烧厂申请了碳减排项目。如果申请了，那么他们就会有非常详尽的现场数据。所以在开展这部分碳排放计算时，先询问一下是否开展过碳资产开发项目，如果开发了，那么拿到开发时的相关资料，会为我们节省不少时间。

废水处理

对于废水处理，从环保的角度看需要做的事情是通过一系列手段降低废水的pH值、有机物降解的化学需氧量（COD）和生物需氧量（BOD）、悬浮物（SS）、氨氮（NH_3-N）、总氮（TN）及总磷等有害物质的指标，以达到排放要求。其中为了降低COD值，需要通过强氧化剂对废水中的有机物进行氧化，这个过程称为好氧处理，会产生二氧化碳；为了降低BOD，需要通过微生物对废水中的有机物进行分解，这个过程称为厌氧处理，会产生甲烷。因为废水中的有机物通常来自生物，所以根据之前我们提到的碳循环原理，好氧处理过程中产生的二氧化碳不纳入碳排放计算，而厌氧处理产生的甲烷则需要纳入。所以废水处理的碳排放只需要考虑厌氧处理过程中的甲烷排放。

根据《省级温室气体清单编制指南》，废水处理产生的甲烷排放分为生活污水和工业废水两种，其中的差别在于工业废水中还存在通过污泥形式去除的COD。前面我们介绍到，COD和BOD都是反映污水中有机物含量的指标，其中BOD是反应污水处理过程能产生多少甲烷的核心指标。但我国通常只有化学需氧量（COD）的统计数据资料，所以需要根据COD指标来反推BOD指标，指南根据我国区域的划分给出了不同地区的转化系数。因废水处理所需的其他排放因子都有默认值，所以只需要获取该地区排放废水的COD即可，相关数据可从统计部门或环保部门获得。

对于工业废水处理产生的甲烷排放，就要相对复杂一些，因为工业废水经处理后，一部分进入生活污水管道系统，其余部分不经城市下水管道而直接进入江河湖海等环境系统。因此，为了不重复计算，将每个工业行业的可降解有机物即活动水平数据分为两部分，即处理系统去除的COD和直接排入环境的COD，其中直接排入环境的工业废水中的COD需要通过各行业直接排入海的废水量和各行业排入环境废水的COD排放标准间接计算，此部分可以根据《中华人民共和国国家标准污水综合排放标准》进行估算。

3.7　数据的收集及不确定性分析

如果我们对温室气体清单编制所要做的工作做一次梳理，就会发现整个清单编制的大部分精力都花在数据收集上面。因为首先《省级温室气体清单编制指南》已经通过穷举法罗列了所有可能的温室气体排放源，按照指南的要求操作不可能遗漏排放源；其次，《省级温室气体清单编制指南》对于每一个排放源的计算方法都解释得非常清楚，并且都有相应的排放因子默认值。清单编制者甚至都不用知道温室气体排放原理，在有数据的情况下就能准确计算出排放量。整个过程中，我们需要动脑子的只有一个地方，就是排放数据的收集。因为现实情况下，现场的数据形式千差万别，基本不可能出现统一的数据格式，所以这就需要我们根据现场数据情况，及时寻找出最佳数据收集路径。

数据收集的基本原则——兼顾效率与质量

虽然现场数据千差万别，但一些基本原则还是可以遵循的，在《省级温室气体清单编制指南》中，明确了数据选择时优先选择当地统计部门的数据，其次是各行业部门数据，最后才考虑通过调研的形式获得数据。所以，原则上对于任何数据，都优先考虑采用统计部分的数据，这样既省时又省力。而对于统计部门没有的数据，我们就要在数据质量与工作效率之间做取舍了。例如交通领域碳排放，因为统计数据没有社会车辆的能耗数据，就需要通过各种替代方法来计算。通过各部门的调研汇总，数据相对精确，但需要消耗大量人力、物力；通过加油站获得加油数据相对简单，但数据质量较差；通过汽车保有量来推导活动数据，数据质量更差，但也算是一种合理的估算方法。有时在考虑选择哪种方法时，考虑更多的是项目进度和预算，如果预算不够，那么很多人会倾向于更省事的方法。

跨界数据的处理方式

我们在收集数据时，总会在行政区域的边界上遇到一些跨界的数据处理问题，比如前面章节提到的电力数据。除此之外，交通领域排放、垃圾处理、废水处理等通常都会遇到跨界数据收集的问题。比如区域内的废水处理站还处理了隔壁区域的废水，而区域内的垃圾却拉到隔壁区域处理的情况。对于这种跨界数据的处理问题，《省级温室气体清单编制指南》中并未给出解决方案。通常来说，这种跨界数据的处理有两种方法：一种是严格按照面积、人数比例等进行拆分；另一种是按照数据产生地归属原则计算，即凡是在该区域内产生的数据，则此部分排放算作该区域的排放，否则不算作该区域的排放。

以垃圾清运为例，通常垃圾清运量都是几个街区只有一个数据，再往下就没有实测数据了，这其中就可能存在跨区域的情况。在这种情况下，我们将垃圾转运站所在地作为判定依据，若转运站在区域内，则无论清运垃圾是否在区域边界内，都算作本区域垃圾，否则不算作本区域垃圾。这种数据处理方法简单且不太降低数据质量，所以通常采用这种处理方法。但对于特别小的区域如社区级的温室气体清单则不大适用，因为可能出现整个社区没有一个清运站的情况。

抽样调查

在数据收集过程中，对于一些统计部门无数据，但数据样本又特别多，无法一一调研的情况，我们需要借助抽样调查的方法来估算相关数据。在《省级温室气体清单编制指南》中，仅石灰生产过程的数据建议采用抽样调查，该抽样调查考虑到石灰生产厂家数量庞大，对每个区县调查20%左右代表性企业的石灰产量，然后由企业数量乘以代表性企业产量推算总体的石灰产量。除了石灰生产的排放数据，生物质燃烧活动数据、电石生产排放数据、稻田甲烷排放数据、垃圾填埋的排放数据等可能也涉及抽样调查。

对于抽样调查究竟样本数达到多少才需要抽样、抽样比例达到多少才算合格，指南都没有给出明确的要求。所以抽样调查更多的是考虑项目周期和人力配备。通常情况下，如果样本数量小于10个且需要抽样调查的领域不多，就可以考虑全数调查，像工业生产过程排放涉及的所有排放领域。如果样本数量大于10个，则可以参考指南中估算石灰产量时推荐的20%具有代表性的样本进行调查。

表格工具

虽然温室气体清单整个编制过程中，并不存在什么难点，但涉及的活动数据及排放因子非常多，所以建立整个温室气体清单计算表格的过程是非常容易出错的。对此，WRI基于《省级温室气体清单编制指南》编制了城市温室气体清单核算表格，该表格内容非常全面，覆盖了指南中涉及的所有碳排放相关活动数据及排放因子，是编制区域温室气体清单非常好的辅助工具，对于系统了解整个区域温室气体清单编制也很有帮助。所以如果你是一个新人，且计划编制区域温室气体清单，那么可以将此表格下载下来，作为辅助工具使用。城市温室气体核算工具界面如图3-2所示。

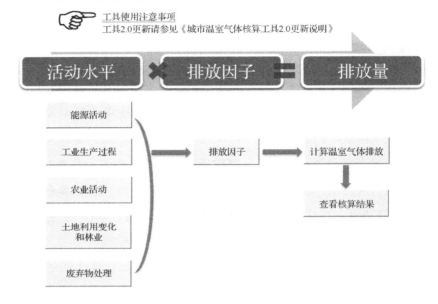

图 3-2　城市温室气体核算工具界面

（资料来源：WRI）

不确定性分析

在数据收集相关的描述过程中，我们多次提到统计、估算、替代、抽样、默认等描述数据不精确的词语。事实上，区域温室气体清单本身就存在许多近似的算法，所以存在着不确定性。根据《省级温室气体清单编制指南》，我们需要对所有排放数据的不确定性做分析。

虽然《省级温室气体清单编制指南》中提到过量化不确定性的方法，但在区县级温室气体清单不确定性分析过程中，这种量化的方法几乎是不可行的，所以大多数区县级温室气体清单都采用定性描述的方法进行不确定性分析。

所谓定性描述，就是对于存在不确定性的数据进行罗列，并指出为什么存在不确定性，同时需要提出降低不确定性的方法。关于存在不确定性的原因及降低不确定性的方法，指南中也一一列出，这里不再赘述。

质量控制

在编制区域温室气体清单时，因为涉及多部门大量的数据，为了保证数据的一致性、准确性和完整性，需要对清单编制的数据质量进行控制。《省级温室气体清单编制指南》中详细列出了质量控制的常规做法，我们只需按照方法执行即可。不过通常来说，市区级以下的温室气体清单并不会严格按照这套方法来执行。但一些核心的工作，建议还是要做到位。

首先是建立完整的数据管理体系，就是在数据计算的基础上，准确地记录每个数据和排放因子的出处、数据相关负责部门以及可能存在的交叉验证数据。这有利于当地的数据质量随着清单编写次数的增加而提高，如果不对数据进行管理，可能数据质量不但不会随着次数的增加而提高，反而有可能因之后新的清单编制机构采用不一样的数据源而破坏排放清单的一致性。

其次是要在清单编制过程中定期召开专家研讨会或评审会，对数据收集过程中的重难点进行讨论分析。温室气体清单编制是政府行为，一般不会做三方核查。所以如果想要发现清单编制过程中的错误，除了自查，就得靠评审专家来发现。评审专家应尽量请有清单编制经验的，以及对某个特定领域精通的专家。听听他们的意见不但有助于清单质量的提升，也有助于清单编制者水平的提高。有些清单编制者倾向于邀请非领域内专家评审，因为专家对清单编制内容不熟悉，更容易通过评审。这样虽然看起来提高了效率，得到了专家和业主的肯定，但却是不可持续的，总会有后来者发现并提出这些问题。

最后是归档和文件控制。在清单编制过程中，可能有很多数据都是在多次讨论后选择的，我们虽然在数据管理中明确了数据的出处，但不会记录选择此数据的原因和过程。为了防止大家忘记当初选择这种数据的原因而导致重新讨论，对于每次的相关讨论和决定都应做记录和归档，避免时间长了忘

了又走回头路。此外，随着清单编制次数的增加，部分数据可能有了数据质量更高的数据源，为了保持数据的一致性，我们需要在变更数据源时做相应的记录并做版本控制，对于任何数据源和排放因子的变更都需要变更版本并做好记录。

以上质量控制程序可能将持续数十年的时间，如果只是用Excel表格来管理，存在较大风险。所以在条件允许的情况下，可以引入清单编制的信息化系统，利用系统软件来管理。

3.8 区域温室气体清单报告的编写

同企业碳排放报告一样，区域温室气体清单报告也有固定的模式，通常来说，区域温室气体清单报告是按照总报告加五大领域单独成章或者成册来编写的，五大领域每章的内容都是完全独立的，按照排放源界定、计算方法、活动数据、排放因子、排放量计算及不确定性分析的顺序进行编写；相互之间没有前后关系，所以在清单报告编制的时候，可以让不同的人独立完成一个或几个领域的清单报告，最后由一个人统合成总报告。《广东省市县（区）级温室气体清单编制指南》的附录中列出了区域温室气体清单报告的模板，初次编写可以参考该模板。

温室气体清单报告模板节选

二、能源活动温室气体清单报告

为实现不同市县（区）间的排放对比以及同一市县（区）不同年份的对比，统一按照如下大纲报告本市县（区）能源活动温室气体排放清单。

目录

前言

（简要介绍本市县（区）能源生产、加工、运输、消费情况，以及电力调入调出等特殊排放源的情况，说明本次清单核算和报告的排放源类别和范围，指出各主要排放源的贡献大小及总的排放结果、相比过去年份的变化趋势等）

第一章 化石燃料燃烧温室气体排放清单编制

一、排放源界定

（说明化石燃料燃烧排放的排放源或部门分类）

二、CO_2排放量计算

（一）清单编制方法

（介绍本次清单编制所采用的方法、计算公式以及式中各项指标的意义）

（二）活动水平数据

（说明活动水平原始数据来源。如有对数据的二次处理过程，具体说明计算步骤、方法及所隐含的假设等）

（三）排放因子数据

（原则上采用排放因子推荐值，若采用本地化的排放因子，需说明具体计算过程或测试工作，并在附录中给出所有的原始数据）

（四）化石燃料燃烧CO_2排放部门法计算结果

（具体说明排放的计算结果，含实物量和折合成CO_2当量的数量）

三、非CO_2排放量计算

（一）静止源（电站锅炉）N_2O排放

1．清单编制方法

2．活动水平数据

3．排放因子数据

4．电站锅炉N_2O排放结果

（二）移动源CH_4和N_2O排放

1．清单编制方法

2．活动水平数据

3．排放因子数据

4．移动源CH_4和N_2O排放结果

四、化石燃料燃烧温室气体排放清单汇总

五、不确定性分析

（定性分析本次清单不确定性的主要来源，定量分析不确定性的大小，说明本次清单编制为减少不确定性做了哪些工作，以及今后拟采取的减少不确定性的措施）

3.9 社区及工业园区的温室气体清单

社区与工业园区是两个比较特殊的主体，它们都介于区域和组织之间。前者虽然属于行政区划级别，但因为范围太小，采用区域温室气体清单的编制方法会导致大部分的章节无内容可写，后者也属于行政区划级别，但几乎可以拆分成完整的数个组织之和。在这种情况下，这两种主体无论严格采用组织层面的碳排放报告编制路径还是区域层面的清单报告编制路径都存在一定问题。目前尚无官方的专门针对社区及工业园区的温室气体清单指南。在这里我提出一些自己的建议，可作为参考，如果之后有官方指南发布，请以官方指南为准。

对于社区的温室气体清单，我认为可以将五大领域的碳排放放在一起来讨论，将五大领域的碳排放视作组织层面上五种类型的排放源，然后分领域识别排放源，对于不存在的排放源则无须在报告里体现。也就是说，在清单编制时，只写有什么排放源，而不是按照正常的清单编制方法，先把所有排放源列出来，再写没有什么排放源。

比如某个社区是完全的城市街道型社区，那么在排放源识别后，可能就只存在能源直接排放、电力排放、生活污水和垃圾处理的排放。如果某个社区完全是一个农村社区，那么除了上述排放，可能还存在农林排放源，比如水稻甲烷排放、动物肠道甲烷排放、动物粪便处理排放等。在识别这些排放源后，按照清单编制指南的要求，只将这几种排放源的排放数据计算出来即可。

对于工业园区温室气体清单，则可以考虑按照一个集团公司的组织层面碳核算报告来编制，园区内的每个企业算作一个子公司，还是按照组织层面的范围一、二、三来核算。这就跟组织层面的碳核算方法一样了。

第 4 章 | Chapter 4

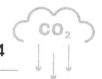

产品碳足迹核算

1. 什么是碳足迹？它与碳标签的区别是什么？

2. 什么是初级数据与次级数据？我应该通过哪些渠道去获得这些数据？

3. 我应该如何去比较两个类似产品的碳足迹？

4. 随便找到自己身边的三个物品，尝试分析它们的碳排放主要来自生命周期的哪个环节？

产品碳足迹核算是我国"双碳"目标提出后增长最快的业务之一。它最大的业务需求来自欧盟对进口产品的环境政策和下游客户的要求。因为一个产品的碳足迹涉及上游所有企业，所以具有很强的连锁效应。如欧洲计划对进口的电池产品强制报告碳足迹信息，那么出口欧洲的电池其所有的上下游企业都将涉及碳足迹核算。

除此之外，终端消费品的碳足迹信息披露（碳标签）及碳中和产品的打造也需要相关企业开展产品碳足迹核算。在不久的将来，所有产品都可能强制要求披露碳足迹信息，也就是贴上碳标签。有前瞻性的企业已经提前布局，主动计算并公开产品的碳排放信息，以彰显自己的社会责任及减碳决心。韩国某饮料的碳标签如图4-1所示。

图 4-1　韩国某饮料的碳标签

产品碳足迹核算业务虽然在我国"双碳"目标提出后增长迅速，但相对于企业碳核查、碳交易等业务来说还不够成熟。因为在此之前产品碳足迹核算业务非常零散，不成规模，所以当前的产品碳足迹业务的市场容量仍然比不上企业碳核查、碳清单、碳交易等业务。但长远来看，产品碳足迹核算的业务体量会超过企业碳核查和碳清单。因为如果未来所有产品都强制要求披露碳排放信息，那么不难想象，所有的企业，无论是生产终端消费品的还是生产中间产品的，或者原材料开采的，无论是大型控排企业还是小型加工作坊，都有计算产品碳足迹的需求。所以产品碳足迹的计算是一个非常具有潜力的业务。

关于产品碳足迹的核算指南，目前国内并没有发布官方的指导文件，国际上具有参考性的指南包括英国标准协会（BSI）发布的PAS 2050、国际标准化组织（ISO）发布的ISO 14067、欧盟发布的产品环境足迹方法（PEF），以及WRI发布的《产品生命周期核算和报告标准》，其中PAS 2050相对来说对新手更加友好，并且还发布了PAS 2050的使用指南。对于新手来说，建议先学习PAS 2050及配套的使用指南，再了解ISO 14067中的一些通用规则。若实际业务涉及产品出口欧盟地区，则需要将PEF的内容及相关要求研究透彻。本章将以PAS 2050为基础，综合考虑当前产品碳足迹计算的常规做法，来帮助读者了解和掌握产品碳足迹的背景、意义、实施流程及计算方法。

4.1 生命周期评价方法与产品碳足迹

生命周期评价（Life Cycle Assessment，LCA）是一个自20世纪60年代发展起来的重要的环境管理工具。生命周期是指某一产品（或服务）从取得原材料起，经生产、使用直至废弃的整个过程，即从摇篮到坟墓的过程。在1993年的SETAC（国际环境毒理与环境化学学会）的LCA定义中，LCA被描述成这样的一种评价方法：

（1）通过确定和量化与评估对象相关的能源、物质消耗、废弃物排放，评估其造成的环境负担。

（2）评价这些能源、物质消耗和废弃物排放所造成的环境影响。

（3）辨别和评估改善环境的机会。

LCA的评估对象可以是一个产品、处理过程或活动，并且涵盖了评估对象的整个生命周期，包括原材料的提取与加工、运输和分发、使用、再利用、维持、循环回收，直到最终的废弃。

产品全生命周期的概念图如图4-2所示。

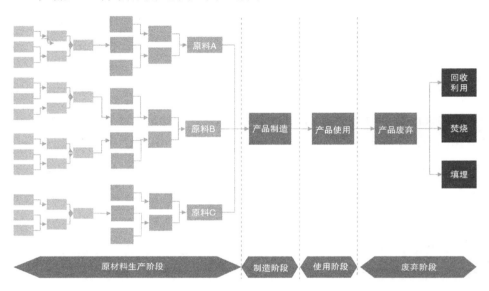

图 4-2　产品全生命周期的概念图

在1997年ISO制定的LCA标准（ISO 14040）中也给出了一系列相关概念的定义：LCA是对产品系统在整个生命周期中的（能量和物质的）输入和潜在的环境影响评价。这里的产品系统是指具有特定功能的、与物质和能量相关的操作过程单元的集合。

在LCA标准中，"产品"既可以指产品系统，也可以指服务系统；生命周期指产品系统中连续的和相互联系的阶段，它从原料的获得或者自然资源的产生直到最终产品的废弃为止。常见的LCA的应用是通过产品的LCA，比较不同产品生命周期阶段的环境负荷，从而引导生产技术向对环境影响负荷较低的方向发展。比较典型的案例是20世纪关于纸尿布的一个争论。

纸尿布问世后，一直备受争议，因为人们认为纸尿布要消耗大量无纺布和纸等原料，对环境极不友好，而反对者认为布尿布在使用过程中会浪费大量水来清洗，同样会对环境造成污染。最后通过一项对纸尿布和传统布尿布整个生命周期对环境影响的科学研究，得出纸尿布在环境综合影响上比布尿布反而低的结论。纸尿布才得以被广泛使用。

在通过LCA方法评价某个产品或服务对环境造成的影响中，其中的一项影响即全球增温潜能值（GWP），如果单独把这个影响因子拿出来计算，那么算出来的结果就是这个产品的碳足迹。总的来说，产品碳足迹来源于LCA方法中的一个评价因子。所以我们研究如何计算产品碳排放，其实就是研究如何掌握LCA方法。

根据PAS 2050，产品碳足迹核算方法主要包括以下步骤：

第一步，确定功能单位。这一步的主要目的是确定碳足迹计算的对象单位，如一个茶杯、一部手机等。但为了保证目标单位的准确性及可比性，还需要将这些日常描述的对象单位进行细化，如一个500毫升的玻璃茶杯，一部使用时长为1000小时的手机等。准确定义产品的功能单位，就是这一步的内容。

第二步，过程图绘制和系统边界确定。这一步有两个目的，第一个目的是通过过程图绘制来描绘产品整个生命周期经历了哪些过程，以及这些过程分别都排放了哪些温室气体。这个过程图实际上就是产品碳足迹核算的数据模型。第二个目的是确定数据核算的边界，因为过程图在绘制过程中理论上是可以无限延伸的，为了计算的可操作性，我们需要明确计算的边界，这个边界最终也是通过过程图来体现的。

第三步，数据收集。在完成过程图的绘制和系统边界的确定后，为了确定每个过程的碳排放，就需要进行每个过程的活动水平数据收集。产品碳足迹的数据收集方式与组织层面上的数据收集方式有较大差别。它以过程图中每个单元过程为数据收集的最小单位，然后收集每个过程的所有物质、能量

及排放的输入项和输出项的所有数据。

第四步，碳足迹计算。完成数据收集后，就可以进行碳足迹计算了，整个过程图的每个过程并非只有一个输出项，可能涉及副产物或者循环的过程，所以产品碳足迹的计算并非像组织层面的碳排放计算一样对每个过程做简单的相加。一般情况下，产品碳足迹的计算需要借助专门的计算软件来进行。

第五步，数据质量及不确定性分析。为了评价计算出来的产品碳足迹的准确性，我们需要做数据的不确定性分析。

4.2 功能单位确定

功能单位在PAS 2050中的定义为用作基准单位来量化产品系统性能，如一罐250毫升的饮料、一部使用时长为10000小时的手机等。而在ISO 14067中，则明确强调功能单位的主要目的是提供输入和输出相关的参考。为了保证LCA结果的可比性，必须以功能单位作为参考。在评估不同系统时，LCA结果的可比性尤其重要，要确保这种比较是在共同的基础上进行的。

例如在手部干燥功能方面，我们计划对比纸巾系统和干手机系统的碳排放表现。那么所选的功能单位可以用两种系统中相同数量的干燥双手来表示。对于每个系统，可以确定参考数据，例如使双手干燥所需的平均纸张质量或平均热空气体积。如果设定功能单位的目的是方便比较两个系统，那么功能单位可以定义为：干燥一双手。

当然，功能单位可根据评估活动目的的不同而变更，如前面提到的例子。我们不可能告知顾客一个干手机烘干一双手的碳足迹为20克，或者两张纸巾的碳足迹为21克。他们更想知道一个干手机全生命周期的碳足迹和一整包纸巾的碳足迹。

对于不同的产品和服务，功能单位会有不同的定义方法，但一般用于商业目的的功能单位设定，都以市面上交易的单位为基准而非以LCA的可比性为基准。比如前面的例子，我们去买饮料时，都是按照一瓶饮料来购买的，而不是按照100毫升来购买的。由于产品使用过程也会产生碳排放，我们还需要将使用时长包含在功能单位内。而对于某一项服务，我们也可以根据交易时定义的单位来定义功能单位，如1年的宽带服务。常见产品及服务的功能单位示例如表4-1所示。

表 4-1 常见产品及服务的功能单位示例

产品类型	产品名	功能单位
一次性产品	面包	1 袋 500 克的面包
	饮料	1 瓶 500 毫升的饮料
耐久产品	手机	一部规格为 xxx 的手机，使用时长为 10000 小时
	汽车	一辆规格为 xxx 的汽车，行驶里程为 15 万公里
服务	高铁	北京到上海的 xxx 次高铁
	通信	1 年的 1 吉字节宽带服务
	酒店	入住一晚标准间

碳足迹信息披露的功能单位选择

我们设想一下，假如某一天，所有的商品都贴上碳标签，公开披露产品的碳足迹信息。我打算去超市买瓶饮料，发现A品牌饮料的碳足迹为100克，B品牌饮料的碳足迹为150克，践行低碳生活的我选择了A产品。但买后才发现，A产品只有200毫升，喝完感觉不解渴，还得再去买一瓶，而B产品有500毫升，喝一瓶就够了。

过几天，我手机坏了，打算换个手机，我在网上挑选手机时，发现C手机的碳足迹为100千克，D手机的碳足迹为150千克，践行低碳生活的我又选择了C产品。结果C手机一点都不耐用，用一年就坏了。我又换了D手机，结果D手机很耐用，我整整用了4年才换掉。我得买4个C手机，才抵得上一个D手机的使用时长。

通过以上例子，我们可以发现一个问题，产品在碳足迹信息披露时，通常都是以产品自身为功能单位而不是以产品的目的为功能单位。如饮料的功能单位一般会定义为一瓶200毫升的饮料，手机的功能单位定义为一部使用时长为1000小时的手机。然而，如果想实现横向比较，就需要将具体的产品抽离出来，只考虑其功能，如每100毫升的饮料碳足迹，每使用1小时手机的碳足迹。这种信息通常并不会披露。这样就导致用户在进行横向比较时出现偏差。如果想要通过产品碳足迹信息的披露有效引导用户选用低碳产品，那么在未来，不但需要披露单位功能的产品碳足迹信息，还要对用户进行良好的教育，引导用户在进行产品碳足迹的横向比较时，不要比较两个相似产品全生命周期的排放，而是比较两个相似产品在实现同一功能时全生命周期的碳排放。

4.3 过程图绘制及系统边界确定

关于过程图的绘制，我们可以这样想象：在产品生产的时候会有许多道工序，每个工序都会有许多输入项，如各种原材料、各种能源等；每个工序也会有一个或者多个输出项，至少会有目标产品或者中间产品，除此之外还可能有副产品，以及废水、废气或者固体废弃物。我们将所有工序的输入项和输出项全部画出来，就可以得到产品的过程图。

过程图绘制

在绘制过程图时首先要考虑根据产品类型选择这个过程是从摇篮到大门还是从摇篮到坟墓。所谓从摇篮到大门就是指产品的碳核算到该产品走出工厂为止，这种方式一般适用于非终端消费的产品，如各种原材料及手机、电脑等复杂产品的零部件等。而从摇篮到坟墓则除考虑原材料生产和运输的排放外，还要考虑产品使用及废弃阶段的排放。这种方式一般适用于消费端的产品，如手机、电脑、汽车等。

过程图的绘制从某种意义上讲，就是对某个产品及其上游原材料生产过程的拆解及下游使用和废弃物处理的过程。所以，在这个过程中，我们不但要绘制自己的过程图，还需要供应商提供过程图。在这个过程中，我们可能会遇到过程图过于繁杂而无法绘制的情况，所以在过程图绘制过程中，需要遵循抓大放小的原则。通常将组成该产品的各个部件按质量排序，对于质量占比非常低的零部件，我们可以考虑不再绘制上游过程图。

根据产品的复杂程度，过程图的绘制难易度可谓千差万别，一般像饮料这些日用品，因为其原材料品类较少，工序和伴生产品不多，所以过程图相对简单。而像手机、电脑这种电子产品或者汽车、楼房这种大件产品，其过程图就异常复杂。

产品过程图示例如图4-3所示。

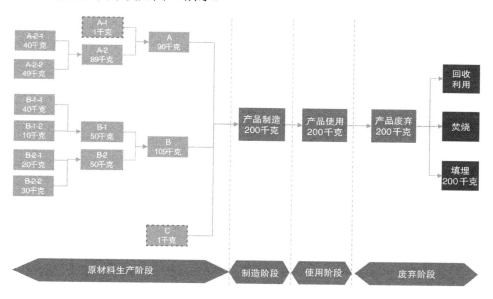

图4-3　产品过程图示例

系统边界

我们在绘制过程图时会发现，除了前面提到的质量占比非常低的零部件可以不继续向下绘制过程图，还会发现过程图在往上游追溯的过程可能是无穷无尽的。比如，产品里含有大量钢材，那么需要绘制钢材生产的过程图，而钢材生产过程中会用到大量煤炭，还需要绘制煤炭生产的过程图，而煤炭开采过程需要用到大量机械设备，又需要绘制机械设备生产的过程图，而机械设备生产过程中又会用到大量钢材，这样兜了一圈又回到钢材。为了避免这种情况的发生，我们在过程图的绘制过程中，需要考虑为整个过程图设立边界。在边界以内的产品和原材料，我们绘制过程图，边界以外的则不需要考虑。

从以上分析可以看出，一个产品的生命周期的系统边界对该产品的碳排放计算的影响很大，所以我们需要慎重划定系统边界。那么，应当怎样划定一个产品的系统边界呢？根据PAS 2050关于系统边界的介绍，应当首先考虑以ISO 14025制定的某个产品的种类规则（PCR）的系统边界为我们产品的主要边界。当然，对于一些强制性的产品碳足迹规则如PEF，通常会给出特定产品的系统边界（PEFCR），这种情况下，我们需要严格按照相关指南划定的系统边界来计算产品碳足迹。

产品环境足迹（Product Environmental Footprint，PEF）指南是欧盟官方的LCA标准与认证体系，该体系是目前LCA评价体系中最为细致、要求也最为严格的标准。因为产品碳足迹涉及产品的全产业链信息，这使得欧盟的PEF标准可以通过供应链渗透到欧盟以外的国家。根据《欧盟电池与废电池法规》草案，欧盟最快将于2024年强制要求出口到欧盟的电池按照PEF标准提供碳足迹信息。未来还有极大概率将产品种类扩大到电子、纺织、光伏等领域。所以即使PEF是欧盟的标准，如果其他国家想将自己的产品及相关产品的零部件出口到欧洲，就必须按照PEF的规则计算产品碳足迹。

PEF中关于电池生命周期的系统边界图如图4-4所示。

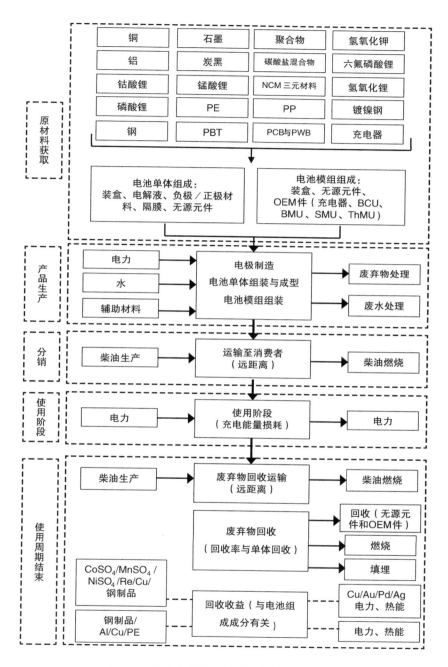

图 4-4　PEF 中关于电池生命周期的系统边界图

对于PCR、PEF等既有指南里没有系统边界的情况，我们在划定系统边界时需要做如下考虑：

首先，对于能源及大宗商品如钢、铝、塑料等主要工业原材料，除非我们计算碳足迹的对象就是它们，否则不用再考虑继续将过程图往上游延伸，但是需要包含在系统范围内，相关原材料排放可以通过次级数据[①]获得。其次，对于前面提及的预估碳排放量对产品总体碳足迹贡献可以忽略不计的零部件，可以直接从系统边界中剔除。而对于究竟哪些部分可以剔除，可剔除的零部件碳排放总量是多少，根据PAS 2050的要求，可以按照以下方法来判定：

对产品生命周期内的碳排放，除了使用阶段的排放，碳排放评价应包括：

（1）预计对功能单位生命周期内碳排放做出实质性贡献的所有排放源；

（2）至少占到预计功能单位生命周期内碳排放的95%；

（3）只要某个单一碳排放源的排放占到产品生命周期碳潜在排放的50%以上。

95%这一阈值规则应用于与该产品预计生命周期内碳排放相关的其余碳排放。

对产品使用阶段的碳排放，碳排放评价应包括：

（1）可能对使用阶段排放做出实质性贡献的所有排放源；

（2）至少占到使用阶段生命周期内潜在排放的95%。

系统边界内的碳排放界定

在确定系统边界内的过程后，还需要确定边界内容，即哪些领域的碳排放需要纳入，哪些不用。PAS 2050对此做了明确的规定。

---

① 次级数据指通用数据，这些碳排放数据一般来自文献资料，关于数据的内容将在4.5节详细介绍。

原材料

用于原材料转变的所有过程的碳排放应纳入评估，包括所有能源消耗源或直接碳排放源。正如前面所说的，对于大部分原材料的碳排放数据，我们基本都采用次级数据，所以在实际的碳足迹计算过程中，我们不用费心研究原材料的碳足迹数据。

能源

与产品生命周期内能源供应和使用相关的碳排放应列入能源供应系统产生的排放。能源作为一种特殊的产品，也存在全生命周期的排放，其他产品在全生命周期过程中如果涉及能源的使用，那么需要将这部分碳排放纳入碳排放计算。同样，在实际计算过程中，能源相关的数据通常也采用次级数据。

资产性商品

用于产品生命周期内资产性商品生产所产生的碳排放不应纳入产品生命周期内碳排放评价。比如计算一辆汽车的碳足迹，根据这个原则，生产汽车的设备和厂房在建造时产生的碳排放不用纳入计算。

制造与服务提供

制造和提供服务过程中所产生的碳排放是产品生命周期的一部分，包括与消耗品使用相关的排放，应纳入产品生命周期的碳排放评价。就是指产品在制造阶段产生的碳排放应纳入计算。这个不难理解，不过对于这部分，**PAS 2050** 还特别强调如果有一个过程用于制作新产品的原型，则与原型制作有关活动的排放应分配给该过程的所有最终产品和共生产品。大部分的工业产品在量产之前都会进行原型机等的试制。根据这一要求，我们应当将产品量产前生产所有试制品过程中产生的碳排放都纳入每一个产品的碳足迹中。

辅助设施的运行

辅助设施运行所产生的GHG排放，包括工厂、仓库、中央配给中心、办公室、零售店等所产生的排放，应纳入产品生命周期GHG排放评价。

运输和储存

所有产品系统边界内因运输和储存产生的碳排放都应当纳入系统边界内。需要注意的是，冷链运输及储存过程中的主要排放源除了电力和燃油，还有冷媒的泄漏。

使用阶段

对于使用阶段会产生碳排放的产品，使用阶段的碳排放应当包含在系统边界内。但如果我们采用的是从摇篮到大门的生命周期评价，此部分及之后的所有碳排放都不必考虑。

废弃处置阶段

产品被废弃后，处置该产品所产生的排放应当包含在系统边界内。

除此之外，根据PAS 2050，以下方面的温室气体排放也应当排除在系统边界之外。

（1）生产过程中投入的人力。

（2）将消费者运往零售地点并从零售地点将消费者运回。

（3）员工通勤。

（4）提供运输服务的牲畜。

在PAS 2050中明确了员工通勤产生的碳排放不包含在产品碳足迹的系统边界内。而在组织层面碳排放中员工通勤排放包含在范围三排放中，如果员工通勤车辆是公司拥有并由公司运营的，那么这部分的排放属于范围一。由此可以看出，组织层面碳排放与产品层面碳排放虽然大部分重叠，但并非完全重叠。

4.4 活动数据的收集

画完过程图并确定碳核算的系统边界以后，理论上我们将过程图上每一个工序或者单元过程的输入项和输出项产生的碳排放数据输入，就可以计算出产品的碳足迹。这里就涉及第二个问题：排放数据的获取。一个产品从原材料开采到最终废弃整个过程短则三四层，长则数十层。我们不可能每一个环节都到厂家收集一手数据。比如一罐饮料，为了获得铝罐数据，可能需要到生产铝罐的厂家收集，再往上找到生产铝锭的厂家收集数据，直到最终找到开采铝矿的厂家收集数据，这样做是毫无效率的。所以在进行数据收集之前，需要先引入两个概念：初级活动水平数据和次级活动水平数据。

初级活动水平数据

初级活动水平数据简称初级数据，又称为一级数据或现场数据[①]。它来自组织所拥有、运行或控制的那些过程中实际产生的数据。比如前面提到的一罐饮料，它在制造过程中产生的碳排放应包含在系统边界内。而这些碳排放数据应是由工厂直接提供的、只适用于该工厂的数据。

次级活动水平数据

次级活动水平数据简称次级数据，又称为二级数据或背景数据。理论上，凡不是来自特定现场的数据，都可以称为次级数据，如文献数据、估算数据等。但在实际的计算过程中，次级数据通常来自政府发布的权威数据库。中国目前尚无官方认可的数据库，目前全球最常用的数据库为瑞士Ecoinvent中心发布的数据库。

数据库中的相关数据，通常来自统计数据或者文献资料，所以次级数据

---

① 在 ISO 14067 中，初级数据与现场数据有一定区别，某个工厂采用与其完全相同的工艺及生产水平的另一工厂的现场数据也可以认为是初级数据。但对于这个工厂来说，该数据不是现场数据。

的准确度相对初级数据要差很多。举一个例子，一吨不锈钢的碳排放，我们可以从某个数据库中查到，假设这个数据是2.5吨，那么这个数据可能是中国所有的不锈钢生产公司在N年前的一个平均数据。这与我们找到这一吨钢材的实际供应商，并要求他提供最近一年的现场生产数据相比，现场数据自然就要准确很多。

常见LCA数据库如表4-2所示。

表 4-2 常见 LCA 数据库

编号	数据库名称	国家	简介
1	Ecoinvent	瑞士	Ecoinvent 数据库是由瑞士 Ecoinvent 中心开发的商业数据库，数据主要源于统计资料及技术文献。Ecoinvent 数据库涵盖了欧洲 7000 多种产品的单元过程和汇总过程数据集（3.1 版），包含各种常见物质的 LCA 清单数据，是国际 LCA 领域使用最广泛的数据库之一，也是许多机构指定的基础数据库之一
2	ELCD	欧盟各国	ELCD 数据库由欧盟委员会联合研究中心（JRC）联合欧洲各行业协会提供，是欧盟政府资助的公开数据库系统，ELCD 涵盖了欧盟 300 多种大宗能源、原材料、运输的汇总 LCI 数据集，是欧盟环境总署和成员国政府机构指定的基础数据库之一
3	GaBi	德国	GaBi 数据库是由德国的 Thinkstep 公司开发的 LCA 数据库，原始数据主要来自与其合作的公司、协会和公共机构。2022 年发布的最新数据库包括世界各国和各行业的 17000 个汇总过程数据集，涵盖了建筑与施工、化学品和材料、消费品等 16 个行业
4	U.S.LCI	美国	U. S. LCI 由美国国家可再生能源实验室（NREL）和其合作伙伴开发，代表美国本土技术水平，包含了 950 多个单元过程数据集及 390 个汇总过程数据集，涵盖常用的材料生产、能源生产、运输等过程
5	KCLD	韩国	由韩国环境产业技术院开发，包含了 393 个国内汇总过程数据集，涵盖物质及配件的制造、加工、运输、废物处置等过程
6	IDEA	日本	IDEA 数据库由日本产业技术综合研究所、产业环境管理协会联合开发，其包括非制造业、制造业及其他部门的 LCI 数据集，涵盖了日本标准商品分类范围内的所有产品
7	CLCD	中国	中国生命周期基础数据库（CLCD）是由四川大学及亿科环境开发的一个基于中国基础工业系统生命周期核心模型的行业平均数据库，目标是代表中国生产技术及市场平均水平，CLCD 数据库包括国内 600 多种大宗能源、原材料运输的清单数据集

续表

编号	数据库名称	国家	简介
8	CALCD	中国	CACLD 是由中国汽车技术研究中心联合 27 家汽车上下游企业开发的中国工业碳排放信息系统（CICES）的数据库，是通过汽车这个大工业行业全产业链的数据收集建立的中国整个工业系统本土化的产品全生命周期数据库。目前该数据库涵盖材料、燃料 / 能源、加工过程、运输过程、使用过程 5 大板块的万余条碳排放因子数据

资料来源：碳足迹研究所整理，笔者对内容进行了调整。

根据上面对两种数据类型的介绍，我们可以得出以下结论：为了提高碳足迹数据的准确性，在数据收集过程中，应当尽量采用初级数据，而非采用次级数据。而在实际的计算中为了保证项目的可执行和时间可控，通常需要对数据的来源做一些选择。

数据来源的选择

在正式进行数据收集之前，我们需要提前确定哪些过程需要收集初级数据，哪些过程只需要收集次级数据即可。根据PAS 2050，若某一产品上游供应商碳排放贡献超过了总碳排放的10%，那么该上游供应商应当提供现场数据，上游供应商也需要按此标准继续向更上游供应商收集初级数据。而在实际操作中，因为供应链企业的不可控，大部分企业除了自己生产阶段采用初级数据，供应商提供的原材料数据通常采用次级数据。小部分企业将初级数据采集延伸到一级供应商，极少的企业按照此要求将初级数据收集到原材料采集阶段。而且为了方便，大部分企业在确定碳排放贡献度时，通常按照质量来评价而非按照预估碳排放来评价。

在进行数据来源选择时，也不是定下来就不再改变，比如最初按照10%贡献度的原则，确定了有5个一级供应商需要提供初级数据，但其中两个供应商始终都不愿意提供初级数据，那么我们只好采用次级数据。另外，对于汽车、手机、电脑等零部件非常多且零散的产品，我们如果按照10%贡献度的原则，可能需要采集上千家企业的初级数据。这在短期之内是不可能实现

的，所以我们要做好规划，部分企业先收集初级数据，等完成数据收集后，再逐步扩大到剩余的企业。

对于所有原材料的追溯，按照LCA的原则，都需要追溯到自然资源开采阶段。如前面提到的不锈钢，需要一直追溯到铁矿石开采产生的碳排放。但电力产生的碳排放是个例外，因为电力这个能源的特殊性，我们无法从物理层面去追溯具体的供应商。所以关于电力这个要素的碳排放，只考虑使用以国家为单位的次级数据。

初级数据的收集

确定数据来源后，我们就需要进行正式的数据收集工作。数据收集时通常以每一个过程为单位，按照质量平衡法穷举该过程单位的所有物质和能量的输入和输出。

单元过程的数据收集方式如图4-5所示。

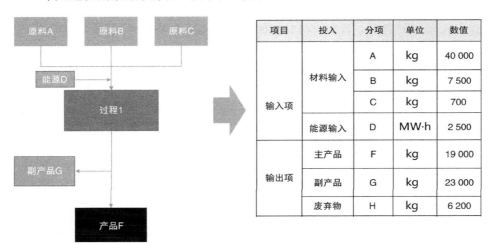

项目	投入	分项	单位	数值
输入项	材料输入	A	kg	40 000
		B	kg	7 500
		C	kg	700
	能源输入	D	MW·h	2 500
输出项	主产品	F	kg	19 000
	副产品	G	kg	23 000
	废弃物	H	kg	6 200

图 4-5　单元过程的数据收集方式

通常情况下，过程图中的一个单元过程，代表一个独立的生产工厂或者车间，所以只需要以该工厂或车间为组织边界，提供该组织边界内的输入物和输出物就行。如果该车间内同时有其他产品生产且数据无法拆分，可以考虑将其他产品的生产一起纳入该单元过程中计算。

单元过程的相关数据可以来自计量数据，如水、电、气的消耗数据，也可以来自组织的经营报表，如产量数据、垃圾清运量数据等。通常来说，数据最好采用最近一整年的数据，如果数据不足一年，那么可以采用稳定生产的最近几个月的数据。为了保证数据的准确性，在收集数据时，一定要确保输入物和输出物数据的对等。

因为所有输入的材料还存在运输过程产生的排放，所以对于每一种原材料，还需要知道这些原材料被运输到生产场地的运输距离和运输方式。

次级数据的确定

次级数据通常直接采用数据库中的数据，数据库中的数据有点像组织层面碳排放计算中的排放因子默认值。所以次级数据的确定主要是选择排放因子的出处。在本书前面的章节，我们已经介绍了全球主要的 LCA 数据库。在选择次级数据时，我们可以考虑采用这些数据库中的数据。同时，在选择时我们应当从以下四个方面来考虑。

（1）地域代表性。即选定的次级数据是否能更好地反映当地的排放情况。比如钢材的次级数据，一个代表欧盟的平均值，另一个代表中国的平均值，还有一个代表钢材生产所在省份的平均值，那么钢材生产所在省份的次级数据是优选项，其次是中国平均值，最后才是欧盟平均值。

（2）时间代表性。即选定的次级数据是否能够代表当时的排放水平，年代越久远，代表性也就越差。因为一般数据库中的数据量太大，更新一次是个大工程。所以有很多数据库中的数据都是五年、十年之前，甚至更早的数据。所以次级数据是否是最近的数据，也是次级数据选择的一个重要因素。

（3）技术代表性。即选定的次级数据是否能够代表对应产品的生产技术。我们仍然以钢材来举例。钢材的生产技术主要有两种：一种是长流程炼钢，这种技术是从铁矿石冶炼开始到最终钢材成品的生产；另一种是短流程炼钢，这种技术是从废钢冶炼开始到最终钢材成品的生产。虽然最终的产品

外观都一样，但前者的碳足迹是后者的四倍以上。如果我们的钢材是采用短流程炼钢技术生产出来的，且数据库中恰好有专门的短流程炼钢的次级数据，那么我们可以毫不犹豫地选择这个数据，因为它一定比长流程炼钢的次级数据或者所有钢材平均值数据更能反映实际的碳排放情况。

（4）数据权威性。即选定的次级数据是否能够得到报告对象或者利益相关方的认可。权威性是相对的，欧盟的数据库放到中国不一定就是最权威的，同样本地的数据也不一定能得到欧盟的认可。通常来说，由政府官方发布的或者政府官方认可的数据库中的数据更具有权威性，其他的数据次之，但最终要看利益相关方的要求。比如，我们的产品为了出口欧盟，在计算产品碳足迹时，次级数据就必须按照PEF的要求采用Ecoinvent的数据。

初级数据与次级数据的混用

我们在数据的收集过程中，可能会遇到这么一个情况，某个材料的供应商主要有两家，其中一家积极配合，愿意提供初级数据；另一家则无论我们怎么软磨硬泡，都不愿意提供初级数据。为了尽可能提高数据的精确性，我们可以通过加权平均的方式混用初级数据和次级数据。另外，如果供应商的数据太多，对于某些供货比例非常小的小型供应商，我们可以用其他供应商的初级数据来代替，当然这些供应商的累计占比不能太大（一般不超过20%）。

4.5 碳足迹的计算与数据质量

在收集好所有的初级数据并确定了次级数据之后，我们就可以正式进入碳排放的计算环节。正如前面章节提到的，因为产品碳足迹过程图并非线性的，每一个过程并非只对应一个前过程或者后过程，而且对于同一个单元过程，可能会出现多个共生产品的情况，所以单纯靠手算非常费时费力，一般在进行产品碳足迹计算时都会借助软件（见表4-3）。

表 4-3　计算碳足迹时可借助的软件

编号	软件	国家	简介
1	GaBi	德国	GaBi 软件是由德国的 Thinkstep 公司开发的 LCA 软件，是最早开发的 LCA 软件之一，同时 Gab 软件也自建 LCA 数据库，广泛应用于各领域，是目前常用的 LCA 分析软件之一
2	SimaPro	荷兰	SimaPro 软件由荷兰 Leiden 大学环境科学中心开发，其可简化期评流程及图标量化数据，各环节的评估过程与结果均可以系统流量方式表示。SimaPro 界面相对友好，降低了使用难度
3	Open LCA	德国	Open LCA 软件是由德国柏林的 GreenDelta 公司运营的一款免费的开源软件。Open LCA 拥有 GIS（地理信息系统）；可计算环境、社会和经济指标，有插件能够提供不同的更具体的元素；其开放式架构简化了数据的导入和导出，以及与其他 IT 环境的集成，同时可以链接到其他建模软件，或者对自身进行扩展
4	eBalance	中国	eBalance 是成都亿科环境科技有限公司于 2010 年开发的碳足迹/LCA 专业软件，之后在此基础上开发了在线软件 eFootprint，可支持欧盟产品环境足迹（PEF）指南的要求。早期主要用于高校及研究机构，目前也广泛用于咨询机构和各行业企业
5	碳云	中国	碳云是由碳阻迹北京科技有限公司研发的一款综合性碳核算软件，整合了 Ecoinvent、Defra/DECC 等国际主流数据库，支持多种碳核算模型，实现排放因子智能匹配
6	碳擎	中国	碳擎是由江苏擎天工业互联网有限公司推出的碳足迹核算软件。提供碳足迹清册报告自动生成、碳足迹电子看板、碳排放数据分析以及基于区块链的线上第三方核证等功能。底层兼容国内外主流 LCA 数据库，预置了主流模型，并化繁为简地承载了碳足迹建模等专业过程
7	吉碳云	中国	吉碳云是由吉利控股集团自主研发的碳足迹核算软件，内嵌国外 GaBi、Ecoinvent 及国内 CACLD 数据库。可以实现图像化过程图绘制及多用户数据共建，主要应用于汽车领域上下游企业整车及零部件的碳足迹核算

　　我们在通过软件计算碳足迹时，首先，需要录入产品的功能单位；然后，需要绘制产品的过程图及划定系统边界。这一步在软件中通常称为建立 LCA 数据模型。完成数据建模以后，我们就可以根据已经收集好的初级数

据和次级数据进行数据录入了。通常对于次级数据，这些计算软件都是自带的，所以只需要在软件的数据库中选择就行。不过，一些数据库是绑定自己的碳足迹计算软件一起售卖的，不单独出售数据库，如果我们想要使用该数据库中的数据，只能在这个数据库自带的软件中进行碳足迹的计算。

碳排放的分配

对于某个单元过程，可能出现有共生产品的情况，这就涉及共生产品的碳排放分配问题。比如在前面所述的一罐饮料中，饮料的罐体生产设备同时生产了A和B两种罐体，而只有A罐是我们需要的目标产品，那么我们需要将这个过程产生的总碳排放分别分配给A罐和B罐。对于共生产品的碳排放分配，PAS 2050给出了以下操作方法：

首先，可以考虑将这个单元过程拆分成更细的子过程，直到每个子过程只有一个输出物为止。这样就避免了共生产品的分配。针对上面的例子，我们可以研究该设备是否可以拆分成专门生产A和专门生产B的两套子设备。如果可以拆分，就不存在分配的问题。但通常情况下，一套完整的设备是无法拆分成两套子设备的，比如生产B罐体时需要用到生产A罐体的边角料，就无法拆分。这种情况下，我们可以根据这两种产品的经济价值进行碳排放的拆分。

比如，该单元过程生产100个A罐的同时，生产了50个B罐。A罐的对外售价为10元/个。B罐的对外售价为5元/个。整个过程产生了100千克的温室气体排放。那么分配给A罐的总碳排放为80千克，单个罐体的碳排放为0.8千克；分配给B罐的总碳排放为20千克，单个罐体的碳排放为0.4千克。当然在实际操作过程中，我们不需要手动计算，只需要将碳排放的分配原则录入软件即可。软件会自动根据录入的分配原则进行碳排放分配。

源自废弃物的排放

通常在一个单元过程的输出项中都会有废弃物，我们不能因为它是废弃物就放任不管。无论是废水、废气还是固体废弃物，都涉及处理过程，这个过程产生的碳排放是需要包含在系统边界内的。所以，首先，废弃物处理过程产生的碳排放需要计算。其次，废弃物在处理时自身产生的碳排放也需要包含在系统边界内。如果废弃物中有化石碳部分，且处理方式为焚烧，那么这部分化石碳因焚烧产生的温室气体也需要包含在系统边界内。如果废弃物中有生物质，且处理方式为填埋，那么这部分生物质因填埋产生的甲烷应包含在系统边界内。当然，如果产生的甲烷被焚烧了，那么不纳入计算。与组织层面碳核算一样，因生物质燃烧产生的二氧化碳排放是不纳入碳排放计算的。

数据质量

因为有次级数据存在，在实际操作过程中，我们可以花很长时间与大量人力、物力来收集上游各级供应商的初级数据，也可以对原材料全部采用次级数据来计算，这样一天不到的时间就可以完成一个产品的碳足迹计算。同样都是碳足迹，这两种方法得到的数据质量可谓天壤之别。

事实上，因为我国关于产品碳足迹的计算并无官方标准，而PAS 2050中提到的初级数据10%的原则又很难执行到位，所以目前国内提供碳足迹核算服务的公司，在业务没有特殊要求的情况下，除生产阶段采用现场数据外，原材料数据都采用数据库中的数据。这样的计算方法固然简单，但因为核算数据并没有渗透到上游供应链，也就意味着减排方案也不涉及上游供应链，所以上游供应链即使减排也不能反映到产品的碳足迹数据上。那么我们要这样的数据除了应付利益相关方，又有什么意义呢？所以，即使上游供应商的数据收集困难，我们也应该努力去收集数据，以提高产品碳足迹的数据质量。

同时，无论是初级数据还是次级数据，它们自身也存在数据质量的差异，比如前面提到次级数据在选择时要考虑时间代表性、地域代表性和技术代表性。对这些数据质量可以进行一些量化分析。比如，我们可以对不同维度的数据质量进行评分，再汇总成整个产品碳足迹的数据质量量化分数。这样今后数据质量的提高，可以反映在数据质量分数上。PEF中关于次级数据质量的量化分析如表4-4所示。

表4-4　PEF 中关于次级数据质量的量化分析

质量等级	质量评价	时间代表性	技术代表性	地域代表性
		数据集在多大程度上反映了有关数据时间／年限（给定年份）的系统特定条件	数据集在多大程度上反映了有关技术（技术特性，包括操作条件）的真实性、相关性	数据集反映真实地理位置（给定的位置／地点、地区、国家、市场等）相关的程度
卓越	1	1 年内更新的	技术与实际产品完全相同	产品所在国家
非常好	2	2 年内更新的	技术包含在产品范围内的技术组合中	产品所在区域（如大洲）
良好	3	3 年内更新的	技术部分包含在产品范围内	产品所在区域之一
一般	4	更新时间大于 3 年	技术与实际产品技术类似	与以上地理区域类似的区域
差	5	无时间记录	无法证明技术与产品的相关性	完全不同的区域

碳足迹简化算法

基于LCA的产品碳足迹核算方法对专业门槛要求高，不利于快速评估某个产品的实际碳排放情况。为了解决这个问题，一些组织开发出特定行业的碳足迹简化算法。这种简化算法是将LCA分析中的过程图中的一个单元过程视为一个排放源，然后按照组织层面的每个排放源碳排放等于活动数据乘以排放因子的计算方法来简化计算。

对于简化后的单位过程，我们不再需要按照质量平衡的方式穷举所有的输入项和输出项，只需要收集涉及碳排放的输入数据和产品的输出数据即可。如果存在共生产品，则根据行业通用数据规范提前设置好分配比例。也正因为需要提前设置分配比例，所以碳足迹简化算法只适用于特定行业的碳足迹计算，如法国关于光伏组件的简化碳排放评估（ECS）方法，中国的

《乘用车生命周期碳核算技术规范》等。对于简化后的碳足迹计算方法，基本可以不借助软件工具，直接按照组织层面的碳核算方法进行计算即可，所以相对来说更容易推广，特别是针对上游供应链企业不愿意提供次级数据的情况。

简化碳足迹计算示例如图4-6所示。

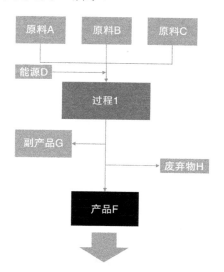

产品F碳排放=（∑ 输入项活动数据×输入项排放因子）×共生产品分配系数

图 4-6　简化碳足迹计算示例

虽然在产品碳足迹计算方面应用简化碳足迹计算方法得到的结果与实际有一定的偏差，但因为其更容易理解，在碳足迹计算推广及数据收集的可接受度方面要远远高于完全基于LCA的碳足迹计算方法。所以我认为在LCA方法还未普及的早期，简化碳足迹计算方法也不失为一种理想的过渡方法。

4.6　产品碳标签

在完成产品碳足迹计算后，通常我们需要将计算结果报告给利益相关方，报告的方式有两种：一种是出具一份完整的碳足迹报告，然后公开披露或者发送给需要它的利益相关方；另一种是直接在产品上贴上碳足迹标签，就像食品上的营养标签一样。一般对于原材料或者半成品，我们将碳足迹报告发送给利益相关方即可。而对于终端消费品来说，消费者没有必要去查看产品碳足迹详细的计算过程，只需要了解产品的碳排放数据，所以产品碳标签应运而生。

目前在全球范围内，中国、英国、美国、韩国、日本等地区正积极建立产品碳标签制度。这些制度有些是政府牵头建立的，有些则是民间自发建立的。在中国，电子节能技术协会也发起建立产品碳标签评价制度，目前尚处于起步阶段。

碳标签作为标签的一种，通常会有较为醒目的Logo，然后在标签的醒目位置会标出该产品的碳足迹信息。除了标注产品的碳足迹信息，部分碳标签还会标注产品在实施碳减排后产生的减排量。部分国家的碳标签样式如图4-7所示。

图 4-7　部分国家的碳标签样式

碳标签制度最大的意义是为普通群众的低碳消费奠定信息基础。曾经减肥或者健身的人都会有此体会，当他们购买任何食物的时候，都会下意识地去翻看食物的能量信息。因为他们为了达到减肥或者健身的目的，需要严格控制摄入的能量。但这都是建立在这些食物的能量信息可获得的基础上。同样，假如有一批想要低碳消费的人，他们在购买任何产品的时候，都会下意识地翻看产品的碳标签并挑选相对低碳的产品，但如果产品上没有碳标签，那就无法达到低碳消费的目的。所以，产品碳标签的推广对于培养群众的低碳意识，从需求方面减少碳排放是非常关键的一环，我们应该重视起来，加快相关政策的制定，让"全民低碳"的那一天早点到来。

第 5 章 | Chapter 5

碳资产开发

1. 碳资产是什么？它与碳汇是什么关系？

2. 什么类型的项目可以申请碳资产？

3. 什么是基准线与额外性？

4. 尝试从自己的见闻中，分析出三个可能开发成碳资产的项目。

无论是否了解碳资产，相信读者或多或少会在一些地方听说过碳汇、碳指标、碳配额或者CCER之类的术语。这些术语从大方向上看，都可以称为碳资产，或许你并不明白这些碳资产代表什么，它们之间又是什么关系。如果把与碳有关的、可交易的资产都称为碳资产，那么它们可以分为两大类：一类是以碳排放许可为代表的碳资产，它的特点是这类资产由碳市场的主管机构根据相关规则直接发放给控排企业，我们称其为碳配额；另一类是以碳减排量为代表的碳资产，它的特点是一个具有碳资产潜力的项目，根据相关规则经过一系列繁杂的程序进行申请，申请成功后才能获得主管机构的签发，这个具有减排潜力的项目通过申请获得碳资产的过程称为碳资产开发。

对于碳配额来说，只有控排企业才可以获得这些碳资产，而且通常这些碳资产只能局限在规定的碳市场内流通，个人很难有参与的机会。而对于基于碳减排量的碳资产就比较灵活，不但任何人可以参与，而且任何具有减排可能性的项目，大到碳捕获工程，小到骑共享单车，当然也包括大家耳熟能详的植树造林，都存在碳资产开发的可能。因为配额是直接由政府主管机构发放的，不存在开发一说。所以本章的内容主要是讲如何寻找具有碳减排潜力的项目，以及如何一步步地将它开发成碳资产。

5.1 碳资产的分类

在正式介绍碳资产开发前，有必要对碳资产的分类进行详细介绍以避免概念之间相互混淆，也有助于对后面碳交易相关知识的理解。

下面通过一个例子介绍碳市场的基本原理。政府为了控制碳排放，决定先向排放大户下手，于是把排放大户召集起来，告诉他们以后给他们发放排放配额，企业排放多少二氧化碳就得缴纳多少配额。当然为了减少排放，总体发放的配额一定要比这些企业的实际排放总量少。这就起到了倒逼企业通过各种措施减少排放的作用。因为这些配额可以自由交易，所以如果企业配额不够，可以通过购买其他企业配额来满足政府要求（履约），当然配额富余的企业也可以将富余的配额出售以获取回报。在这种机制下就创造了配额这个有交易价值的虚拟资产，也就是碳资产。

在这个市场机制里，主管机构只能控制那些排放大户或者控排企业的碳排放。为了扩大碳市场对除控排企业外的影响，主管机构引入了一种机制，就是配额不足的企业除通过购买其他企业的富余配额来履约外，还允许企业去实施企业边界外的减排项目，这些减排项目经过认证后产生的减排量可以视作像配额一样用于履约的资产。这种资产通常称为碳信用（Carbon Credit）。碳信用在不同碳市场的叫法是不一样的，在中国就称为CCER[1]，这种允许部分CCER用于碳市场履约的机制就称为碳市场补充机制。大部分的强制市场都有这种补充机制，如欧盟碳市场的CER[2]、韩国碳市场的KOC等。

什么样的项目可以申请碳信用呢？总的来说，凡是能起到减排作用的项目都可以申请碳信用，比如我们建设了一个光伏电站，它能够减少整个电网发一度电的排放，所以它可以申请碳信用。这里也包括一种很特殊的项目，就是造林类项目，这种项目虽不能减少碳排放但能增加碳吸收以实现空气中二氧化碳的移除，故它也可以申请碳信用。虽然这种特殊的碳信用只是众多碳信用的一种，但人们习惯单独称其为碳汇（Carbon Sink）[3]，这个碳汇就是现在大街小巷都在谈论的那种碳资产。

除了碳市场补充机制下的碳资产，还存在一种自愿减排市场的碳资产，

---

① China Certificated Emission Reduction，中国核证减排量。

② CER 用于履约的机制已在欧盟的第四履约期（2021—2030 年）取消，在之前的阶段不同程度允许 CER 用于履约。

③ 通过造林类项目获得的碳信用准确描述为 GHG Removals by Sinks，书中对其称呼进行了简化。

这些碳资产的产生源于非控排企业碳中和需求，而非强制碳市场的补充机制。全球各行业的头部企业，大部分自身的排放较少。他们不属于控排企业，但也希望参与应对气候变化。于是他们自愿给自己设定减排目标，通常这个目标就是实现碳中和，并实施内部和外部减排。其中外部减排主要是通过购买自愿减排碳信用来实现。这类自愿减排机制通常都是由非政府组织发起的，开发规则与强制碳市场的补充机制基本类似，但它们都不能用于特定的强制碳市场，国内应用较多的自愿减排碳资产开发标准包括：美国VERRA机构发起的自愿碳标准（Voluntary Carbon Standard，VCS），世界自然基金会（WWF）发起的黄金标准（Gold Standard，GS），以及海湾研究与发展组织发起的全球碳委员会（Global Carbon Council，GCC）标准。当然，全世界还有很多其他类型的碳资产开发标准，而在中国则只有这三个标准应用较多，如果在中国想开发国际自愿减排碳资产，考虑这三个标准就足够了。

通过上面的分析，我们可以梳理出这样一个结构：碳资产主要包括碳配额和碳信用。其中中国的碳信用称为CCER，凡是具有减排属性的项目，都可能申请CCER，其中造林类项目的CCER又称为碳汇。碳资产的分类如图5-1所示。

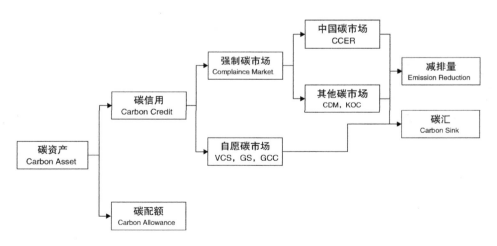

图 5-1　碳资产的分类

5.2　基准线和额外性

基准线和额外性原是编写减排项目的项目设计文件（PDD）中的两个重要概念，虽然本章会在碳资产开发的流程中讲到基准线和额外性，但这两个概念对于碳资产开发过于重要，所以我认为有必要在讲如何开发碳资产之前，让读者先彻底明白这两个概念。因此，我决定将这两个概念单独列出来，提前把它讲透，这样有助于我们更好地理解后续的内容。

基准线

我曾经遇到一个业主，他的企业已经有很多项目注册并获得了碳信用签发，但还是问了我一个问题：

"我的光伏电站在运营的时候只是没有排放而已，并没有减少排放啊，为什么会有减排量呢？"

相信这是刚接触碳资产开发的人普遍存在的困惑，如果没有引入基准线概念，很多减排项目从直观上并不能产生减排量。这也是绝大部分行外人只把种树当作减排项目的原因，因为造林不需要基准线概念就可以判定为产生了减排量（碳汇）。

那么基准线是一个什么概念呢？它是指申报减排的项目不存在时，既有条件下达到申报项目的目的所产生的排放。

以刚才的光伏电站举例，假如光伏电站发了一度电，那么这一度电的基准线就是在没有这个光伏电站时，既有条件生产一度电的排放。很显然，没有这个光伏电站时，既有条件就是整个电网（连接电网的所有发电厂）来生产这一度电，那么，整个电网因为生产这一度电产生的排放就是基准线排放。而申报的光伏发电项目发这一度电的排放为零，它替代了电网发的这一度电，也就减少了电网这部分的排放。这就是碳资产开发中的基准线概念。

所以在判定一个项目是否有减排量时，首先要分析这个项目的基准线场景，

如果基准线场景产生的排放量大于这个项目产生的排放量，那么这个项目就可以说产生了减排量。

我们再举个例子来说明基准线对于碳资产开发的重要性。开电动车这个行为，关于它是否减排众说纷纭，这里就把它当作一个介绍基准线重要性的例子来进行分析。

如果电动车用的电是普通电网的电，那么它是有排放的。因为这些电可能来自燃煤电厂。但电动车有排放不代表它一定不能产生减排量，我们得分析一下，当没有这辆电动车时，实现这辆电动车功能产生的排放是多少，也就是基准线场景排放。假如基准线场景是燃油车，且燃油车单位里程排放比电动车高，那么开电动车就产生了减排量；假如基准线场景是坐公交车，而坐公交车的碳排放比电动车低，那么开电动车就没有产生减排量。所以，如何确定一个项目的基准线场景，以及该场景相对于项目是否产生减排量，是确定该项目能否开发碳资产重要的前提。开电动车行为可能的基准线场景示例如表5-1所示。

通过以上分析，我们可以认识到，可以开发成碳资产的项目并不一定是项目自身减少了大气中的温室气体，它有可能是减少了其他领域的碳排放。项目自身是否产生碳排放并不重要，只要它比基准线排放低，就可以开发成碳资产。

当然，一个项目的基准线场景也并不是一成不变的，随着时间的推移，某些项目的基准线场景也会发生变化。比如开电动车这个例子，假如未来我国电动车普及率已经非常高，那么开电动车这个行为的基准线场景就很可能是开另一辆电动车，那样就不会产生减排量了。

表 5-1　开电动车行为可能的基准线场景示例

基准线场景	基准线排放 克CO_2当量/（千米·人）	项目场景	项目排放 克CO_2当量/（千米·人）	碳资产开发可行性
开燃油车	170			可行
坐公交车	34			不可行
坐地铁	74	开电动车	120	不可行
骑自行车	0			不可行
开电动车	120			不可行

额外性

下面介绍碳资产开发的另一个概念——额外性。有不少人问过我类似的问题：我的朋友有很多林地，可不可以开发成碳资产？我和某林草局领导很熟，他们管理的林地可不可以开发成碳汇，甚至说要拿秦岭和大兴安岭来开发碳资产。为什么有些森林可以开发成碳资产，有些森林不能开发成碳资产呢？这就需要根据碳资产开发的额外性来判定。所谓额外性，就是指申报的项目在没有碳资产的收入时，该项目会面临一个或者多个障碍而导致项目不可实施，需要申报碳资产收入，项目才能落地。通俗点说，你需要证明如果没有碳资产的收入，你就不会实施这个项目。而对于那些本来自然存在或者已经种植多年的森林，显然就不符合额外性，因为它们已经实施了。

这个有点类似于政府的项目补贴政策，比如光伏补贴政策。早期因为光伏组件成本非常高，如果没有政府补贴，那么建设光伏电站一定是个亏本生意，而有了政府补贴，业主才勉强能够把项目做下来。如果我们把这个补贴当作碳资产，那么这个项目就相对于补贴有了额外性：没有碳资产，项目肯定亏本，业主自然不会去做；有了碳资产，项目勉强有收益，项目因此"额外"地实施了下来。

同样，某个项目的额外性也并不是一成不变的，以光伏项目为例，光伏技术经过近几年突飞猛进的发展，现在成本已经大幅下降，光伏电站的发电成本在大部分地区都等于甚至低于当地的燃煤电厂。光伏项目凭着正常的发电收入就具有了经济性。这时候的光伏项目就是自然发生的商业行为，即使没有任何补贴或者碳资产收入也会有人投资，所以不再具备额外性。

综上所述，对于一个项目，我们如果判定其相对于基准线场景是有减排量的，且能够证明其具有额外性，就可以初步认为这个项目可以开发碳资产，无论这个项目属于什么行业。

5.3 减排项目的发掘

在我国提出"双碳"目标后，我们能看到许多林业碳汇开发的消息，虽然林业碳汇是所有碳资产项目中最优质的类型之一，但我相信，无数人为了林业碳汇开发前赴后继，并不是因为林业碳汇开发项目的优质，而是因为除了林业项目，大多数人并不清楚其他的碳资产项目分布在哪些领域。事实上，林业碳汇项目无论是开发项目数量，还是总体体量在国内都不算大，但其开发难度非常高，所以就碳资产开发性价比来说，林业碳汇算不上首选。而挖掘潜在的减排项目，就成为一个碳资产开发专业人员必备的一项技能。

我国已备案的CCER项目类型分布如图5-2所示。

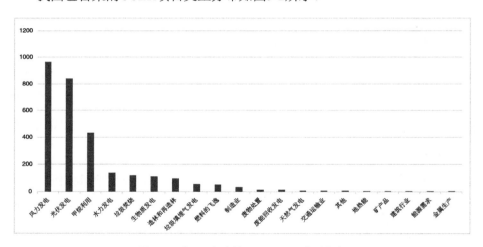

图 5-2　我国已备案的 CCER 项目类型分布

在前面的章节我们提到，凡是项目的基准线场景排放大于项目排放，且具有额外性，那么这个项目就很大概率可以开发成碳资产。在这一节，我们就打开思路，系统盘点一下常见的可以开发成碳资产的项目。

可再生能源发电项目

可再生能源发电项目是指风电（风力发电）、光伏发电、水电（水力发电）、生物质发电、地热发电、潮汐发电、光热发电等不消耗化石能源来发电的项目。这些项目无论从数量、体量还是开发难度上来说，都是优质项目。所以，可再生能源发电项目是我们在碳资产开发时优先考虑的项目。

从基准线分析的角度来看，首先它们自身发电都可以视为不产生排放，而这些项目发出来的电力如果上网，那么它们的基准线排放就是整个电网发出同样电力所产生的排放。在中国，煤电比例占65%以上，具有很高的基准线排放，所以从基准线分析来看，可再生能源项目能产生很大的减排量，符合碳资产开发条件。

再看看项目的额外性。如果从额外性角度来看，可再生能源发电项目中可能有一半以上都会被淘汰。正如前面所说，风电、光伏发电成本已经大幅度下降，本身就有经济效益，所以很难证明其具有额外性。大部分的水电项目一直都是效益比较好的项目，但不代表完全不可行，风电、光伏发电、水电项目根据当地的环境情况，其收益差别是很大的，所以仍有不少项目处于盈亏平衡边缘，这些项目仍然是申请碳资产的优质项目。对于生物质、地热、潮汐和光热等发电项目，目前大部分都经济不可行，所以一定具有额外性，不过这类项目较少，不用专门为这些项目去跑市场。

随着再生能源发电项目数量越来越多，成本越来越低，这些项目的额外性越来越不明显。所以一些碳资产注册机构（如VCS）已经开始明确不再允许再生能源发电项目的注册和签发。中国的CCER目前也在更新相关规则，大概率也会取消或者限制风电、光伏发电、水电项目的碳资产开发。当然这些项目即使不能开发成CCER，其所附带的绿色属性也可以通过其他形式开发成资产，比如绿证或者其他形式的国际碳资产，如GCC。

甲烷回收利用项目

在我国已注册的CCER项目里，除了可再生能源项目，就数甲烷回收利用项目最多。甲烷是另一种温室气体，它的温室效应是二氧化碳的25倍[1]之多。所以甲烷的回收利用是减少温室气体排放很重要的一环。

会产生甲烷的产业主要分布在这几个领域：煤炭开采、农业领域及垃圾处理领域。甲烷回收利用相关潜在的碳资产项目如表5-2所示。

表 5-2　甲烷回收利用相关潜在的碳资产项目

甲烷排放领域	排放说明	涉及的项目方	可实施的减排项目
煤炭开采	煤炭开采过程中矿井内的空气含有甲烷，需要随时抽出排空以防止瓦斯爆炸	煤矿开采企业	乏风瓦斯[2]回收利用
农业	牛羊等反刍动物在消化过程中会产生大量甲烷，通过打嗝和放屁排放	畜牧养殖企业	通过改善饲料成分减少动物肠道发酵动物打嗝/放屁甲烷收集利用
	动物粪便在厌氧条件下会产生大量甲烷	畜牧养殖企业	动物粪便集中处理并回收甲烷
	水稻在种植过程中因长期被水淹而处于厌氧环境，水淹部分的水稻会产生甲烷排放	农户	通过水稻灌溉精准管理以减少水淹时间及深度，从而减少甲烷排放旱稻种植技术
垃圾处理	对有机物含量较多的污水会进行厌氧处理，过程中会产生甲烷排放	污水处理厂，涉及生物生产加工企业	甲烷回收利用
	城市垃圾填埋时，垃圾里的有机物在厌氧环境中会产生甲烷	垃圾填埋场	甲烷回收利用

甲烷回收利用项目通常来说可能会从两个方面产生减排，一方面是规避了甲烷向大气中的排放，另一方面是如果回收的甲烷作为能源使用，那么还可能减少在没有该项目时为了获取这部分能源而产生的排放。

我们以煤矿的乏风瓦斯回收项目为例，说明甲烷回收项目的基准线和额

---

① 基于 IPCC 第四次评估报告中的 100 年尺度的温室效应，不同尺度和不同时间评估的结果有所差异。

② 煤矿在开采过程中伴生的甲烷气体统称煤层气（俗称瓦斯），煤矿在开采前和开采中会将浓度较高的煤层气直接作为燃料抽采。乏风瓦斯并非为了能源而抽采，而是为了降低矿下甲烷浓度，对矿下空气进行换气而抽出来的气体，通常浓度低于1%，较难回收利用。

外性。假如某个煤矿计划将抽出来的乏风瓦斯回收后用于烧热水，那么我们需要考虑两个方面的基准线场景。一是乏风瓦斯的基准线，很显然，在没有该项目时，乏风瓦斯是直接排放到大气中的，其基准线排放就是甲烷这个温室气体的直接排放。二是对于烧热水这个行为的基准线，假如这些热水是煤矿员工生活自用的，则在没有此项目时，员工热水的来源是燃煤锅炉，那么烧热水的基准线就是燃煤锅炉烧热水时产生的碳排放。我们在计算基准线排放时，需要单独计算这两方面基准线场景的排放。

对于额外性，我们需要分析这个乏风瓦斯回收利用项目本身是否具有投资收益。通常来说，乏风瓦斯因为浓度太低，不足以用来发电或者发电效率太低，只能用来烧热水或者产生低温蒸汽。假如附近恰好有需要蒸汽或热水的企业，那么可能有点收益，否则基本没什么收入，所以乏风瓦斯回收项目额外性较强。但这也侧面说明了投资此类项目有较大风险，因为碳资产本身有开发不成功和碳价不稳定的风险。如果没有获得碳资产收益，那么项目就会亏损。

纵观所有的甲烷回收利用项目，其中本身具有经济性的项目只有大型的畜牧养殖场粪便集中处理的甲烷回收利用项目和垃圾填埋场甲烷回收利用项目，而且规模要足够大，其他项目或多或少经济吸引力不够。但反过来说，也正是这些项目，才是开发碳资产的优质标的，所以在寻找碳资产项目投资时，这些项目是不错的选择。

林业碳汇项目

林业碳汇项目是指通过造林、再造林和森林经营等活动额外增加森林碳储量的项目。林业碳汇应该是认知较为广泛的碳资产类项目，也是被误会最多的项目。很多人以为家里有两三亩树就可以开发林业碳汇了。事实上，正如前面所说，真正能开发成林业碳汇并能够获得正收益的项目少之又少。首先从投入产出平衡来说，林业碳汇类项目至少要十万亩；其次，林业碳汇类项目只适用于乔木等常年生树种，对于经济林、果木等都是不适用的，光是

这两个条件，就可以过滤掉绝大多数号称林业碳汇的项目。在满足这两个条件后，我们才需要往下分析基准线和额外性。

对于林业碳汇的基准线，基本就是没有实施该造林项目时，所在的地区是荒地或者非林地，与其他减排项目不同的是，基准线场景无排放、无碳储量。在实施项目后增加了碳储量，我们就获得了碳汇。

同样，我们需要分析其额外性，一般来说，纯造林项目是没有经济收益的，所以很容易证明纯造林项目具有额外性。但森林经营类项目是有经济收益的，且有些项目经济收益还不错，所以在开发项目时，要重点分析项目经济性如何，如果经济性太好，那么基本判定不具备额外性，相关项目也不能开发出碳资产。林业碳汇项目开发筛选条件示例如表5-3所示。

表5-3　林业碳汇项目开发筛选条件示例

编号	开发条件
1	2017 年之后实施的造林项目
2	项目土地在造林活动开始前至少 10 年应该是无林地
3	造林树种为乔木树种
4	应为生态林、防护林等不会砍伐的林地
5	不能是经济林（如核桃树、苹果树、用材林等）
6	每一块林地权属清晰，且备林权证。若无林权证，需要用其他形式来说明林地权属关系
7	项目面积在 10 万亩以上

关于林业碳汇项目，需要额外说明的是，碳资产项目开发因为专业性很强，流程很长，所以需要一定的开发费用。而所有项目中林业碳汇项目的开发难度和开发费用是最高的，所以相对于其他项目，林业碳汇项目本身的成本和技术门槛就要高一些。所以单从碳资产开发的投资收益来看，林业碳汇项目虽然是最广为人知的，但不是性价比最高的项目。

工业节能项目

工业节能项目涉及的范围非常广，从余热、余压、废气回收利用到设备效率提升、工艺改进的效率提升等，都是工业节能项目。原则上说，在化石能源时代，凡是节能的项目一定能产生减排量。所以，凡是节能的项目，都有开发成碳资产的潜力。

然而，工业节能类项目虽然众多，但真正符合要求、能开发成碳资产的项目越来越少了。究其原因，随着节能技术的突飞猛进，现在大部分的节能项目自身的经济收益都很不错，所以已经不具备额外性了。比如，常见的余热利用项目——水泥窑余热发电、钢铁厂高炉煤气发电等，这些项目放在十五年前，因为投资成本高，技术不成熟，经济效益不算理想，所以在那时是优质的碳资产项目。而现在，余热回收已经成为所有水泥厂的标配，因为项目本身的经济性非常好，所有企业都会自觉地投资余热回收项目，所以这类项目失去了额外性。

当然，这并不代表工业节能项目完全没有资格开发碳资产，工业节能领域永远都有新技术出现，如果某些新技术有不错的节能效果，但是投资回报率不理想，那么就可以拿来开发碳资产，以弥补该项目的经济性不足。

燃料替代项目

燃料替代项目就是在不影响能源使用的情况下，使用碳强度低的燃料代替碳强度高的燃料。这类项目虽然没有起到节能的作用，但实现了减碳的效果。最常见的项目就是煤改气、煤改电项目。燃煤是常见化石能源中碳强度最高的能源，天然气碳强度只有燃煤的一半，电力根据实际替代的场景其碳强度有高有低，但一定比燃煤的碳强度低。

我们先看额外性，通常情况下，要获取同等的能量，天然气和电力的价格一定比煤炭高，所以把煤炭改成天然气或者电力一定是亏本买卖。乍一看，燃料替代项目数量多、体量大、额外性好，应该是非常不错的碳资产项目，而事实上，这样的项目在中国非常少，因为在中国这些燃料替代项目的基准线场景，就是燃料替代本身。

在项目的基准线场景分析中，有很重要的一条就是，设想的基准线场景一定是符合当地法律法规的场景。我国绝大部分的煤改气或煤改电项目，都是在当地的法律法规或者政府的要求下改造的。也就是说，继续使用煤炭作为能源这个场景在当地已经不合法，不能成为基准线场景。这样，煤改气/电项目自身就成为项目的基准线，所以项目不能开发碳资产。当然，假如有些项目在政府出台相关法规前就完成了煤改气/电的改造，这些项目则是可以申请碳资产的。所以有时候，机会就在一念之间。

所以，为了寻找这类有碳资产开发潜力的项目，我们可以从两方面着手项目的寻找与开发：一是找到那些政府还未强制实施煤改气/电的工厂，提前实施改造项目；二是在已改造项目中寻找可以进一步用低碳燃料替代的项目，比如改造成使用生物质颗粒或者绿氢。

在这一节中，我再补充说明一下另一种小众的替代项目，就是在不影响功能的情况下，采用低GWP的物质替代高GWP的物质，这种项目可以称为原料替代项目。例如，家用空调的冷媒是R22，车用冷媒是R134a，它们的GWP分别是1700和1430，而如今一些新型制冷剂，它们能完美替代原有的冷媒，且GWP在10以下甚至是0。替换后就可以大大减少冷媒逸散的排放。另一种常见的逸散排放源是高压开关里充入的绝缘气体SF_6，它的GWP高达22800，如今也有更好的替代品。所以盯着高GWP使用场景，也会有一些意想不到的减排项目可挖掘。

过程减排项目

过程减排项目指不是因为能源使用而产生碳排放的项目，如通过技术改造等方式减少其碳排放的项目。这部分的排放源就是本书3.3节中提到的工业生产过程排放。从3.3节中可以看到，非能源排放涉及的行业非常广，我们需要先理解每一个领域的排放原理，才能对应地提出减排思路。所以没有一定基础是很难开展相关项目挖掘的。以水泥为例，水泥在生产过程中会因为煅烧石灰石而得到氧化钙，同时释放二氧化碳。如果原料不用石灰石，而用氢氧化钙，那么在煅烧过程中就可以在不产生二氧化碳的情况下得到氧化钙。而有一种来自电石厂的固体废弃物称为电石渣，它的主要成分就是氢氧化钙，采用电石渣作为水泥熟料的原料就能实现减排，从而开发碳资产。可能开发碳资产的过程减排项目如表5-4所示。

表5-4 可能开发碳资产的过程减排项目

编号	行业	主要排放的温室气体	潜在减排项目
1	水泥生产	CO_2	电石渣替代石灰石生产
2	钢铁生产	CO_2	氢能炼钢
3	硝酸／化肥生产	N_2O	N_2O 分解
4	己二酸生产	N_2O	N_2O 分解
5	己内酰胺生产	N_2O	N_2O 分解
6	HFCs 生产	HFC-23	HFC-23 分解

这类项目的一般方法学对项目的适用性条件要求比较苛刻，在寻找此类项目时，需要一再确认项目是否符合相关方法学。另外，许多市场对过程减排项目的碳资产有偏见，不愿意接受此类项目。所以开发此类项目前，最好先找到买家。

其他项目

减排项目其实存在于各行各业，不能在本书中通过穷举来列出，前面基本列出了常见的一些项目类型，在本节的最后，再列举一些未来有很大潜力但当前还未被重视的项目。

碳捕获与封存项目（CCS）。这是未来很有可能成为减排主力的项目，它本身基准线清晰，除碳资产收益外没有其他收益（强化采油/气除外），额外性好。只是目前关于CCS项目能否永久封存二氧化碳存在争论，所以一直没有纳入碳资产开发范围。

测土施肥。测土施肥是通过更加精准科学的方法，对土壤元素测量和施肥来减少化肥施用，从而实现减排的项目。我国过度施肥现象严重，但测土施肥项目一直推广得不理想，主要是农户觉得麻烦，如果有足够的利益刺激加上良好的培训，此类项目应该能够得到很好的推广。

出行类项目。出行类项目是指通过各种手段降低交通出行碳排放的项目，如共享单车、电动车出行、拼车出行、城市轨道交通、BRT[①]等项目都属于此类。虽然此类项目体量都比较小，但属于离普通居民很近的碳资产项目，具有很好的宣传和教育意义。所以这类项目通常会受到政府和资本的大力支持，属于社会效益巨大的碳资产项目。

5.4 碳资产开发成本及常见的合作模式

前面提到过，碳资产开发从立项到最终签发出碳资产并出售获得收益，短则一年，长则三五年，在这个过程中要涉及业主方、咨询机构、审定核查机构、政府等机构，所以开发一个项目是有一些固定成本的。

以CCER为例，通常来说，CCER开发包括咨询成本、第三方机构（DOE）[②]审定费和核查费，如果是林业碳汇项目，还需要样地的打样费。综合下来，一般项目的成本在20万元～30万元，林业项目的成本可能在50万元～100万元。如果自己有专业开发人员，那么可以省去咨询费，相关费用差不多减半。

因为碳资产开发并不一定能成功，而这些开发成本却是需要提前支付的，所以根据风险偏好的不同，项目开发存在不同的合作模式，常见的模式有以下三种。

纯咨询模式

纯咨询模式是把碳资产开发当作一个纯咨询项目来做。也就是业主自己先出钱建设项目，然后自己出钱购买咨询服务及第三方审定核查服务，最后

---

① Bus Rapid Transit，快速公交。

② 第三方机构是指根据相关规则具有 CCER 项目审定核查资质的机构，简称 DOE（Designated Operational Entity）。本章中部分英文术语类似于"NBA"这个称呼，在实际交流中较少使用中文名称，故本书中对于某个术语的称呼是用英文还是中文，一般采用约定俗成的叫法。

签发出的碳资产完全归业主所有，咨询公司只收取咨询费，一般在完成备案或者首次签发后就算完成整个服务。选择这种模式的业主一般本身专业能力就很强，甚至强于咨询公司，将项目外包的目的只是减轻人员业务负担，这样可以管理更多的项目。

利益共享、风险共担模式

项目自身的投资和运营由业主负责，碳资产开发部分由咨询公司垫付前期的开发费用，等获得碳资产收益后，再从碳资产收益中扣除，同时咨询公司要求一定比例的碳资产收益，这个比例通常为20%～40%，极少超过50%。选择这种合作模式的业主对项目比较熟悉，甚至项目已经建成了，但对碳资产开发没有把握，所以不愿意在碳资产开发方面做前期投资。当然，咨询公司前期做了垫资，那就不是纯粹的咨询方了，项目的碳资产所有权得有一部分归咨询公司所有，所以需要项目收益分成。也有一部分项目采用前期收取较低的咨询费，后期分成比例相对降低的模式。以上两种模式是最常见的合作模式。

买家模式

买家模式是指咨询方将项目的碳资产买断的模式。当然在这种模式下咨询方就不称为咨询方，而称为开发方或者买方。在这种模式下，项目的开发全权由开发方负责，并与业主约定以某个固定或者浮动价格买断项目产生的所有碳资产，通常来说，开发方还需要支付一定的预付金。所以在这种模式下，业主不但不花钱，还能提前收取一笔钱。但在这种模式下开发方与业主约定的碳资产购买价格会明显低于市场价。假如碳价大幅上涨，业主也无法从中获取额外收益。

5.5 CCER开发流程

假如我们物色了一个不错的减排项目，打算将其开发成CCER项目，而且已经和业主谈好了合作模式，那么我们就可以正式进入碳资产开发这个漫长而充满不确定性的流程了。

总体来说，CCER开发可以分为备案前和备案后两个阶段，可以理解为一个项目的建设阶段和运营阶段。备案前阶段是项目的申报阶段或者称为建设阶段。在这个阶段，首先我们需要根据项目类型选择合适的方法学，并根据方法学要求编写项目设计文件（PDD），然后邀请具有资质的第三方机构（DOE）对项目进行审定，第三方机构在审定后觉得没问题会出具审定报告，接着我们拿着PDD和审定报告向国家主管机构申请备案，获得备案后，所申请的项目就是一个合格的CCER项目了。

在此之后，我们可以每隔一段时间将这段时间产生的减排量计算出来并根据PDD中的监测计划编写监测报告，同样，监测报告也需要通过第三方机构的核查。之后，我们拿着监测报告和核查报告去申请减排量备案，备案成功后就可以获得CCER的签发了。这个过程专业术语较多，新手容易混淆，需要反复阅读。本章后面的内容也会详细介绍每个流程的内容。CCER项目开发的主要流程如表5-5所示。

表 5-5　CCER 项目开发的主要流程

主要流程	详细流程	涉及的文件	补充说明
CCER 备案前（一次性）	方法学选定	CCER 方法学	主管机构发布
	PDD 编写	PDD	咨询机构编写，项目核心文件
	DOE 审定	审定报告	由 DOE 编写
	项目备案	项目备案通知	政府发布
CCER 备案后（定期重复）	监测报告编写	监测报告	咨询机构编写
	DOE 核查	核查报告	DOE 编写
	减排量备案	减排量备案通知	政府发布

5.6 方法学选择

所谓方法学，就是官方发布的，对于某个类型的减排项目申请CCER的指南，其主要内容是指导申报人如何确定项目的基准线场景、证明额外性、计算减排量、监测相关数据等。一个方法学对应一类特定的项目，比如光伏发电项目就适用于CCER方法学CM-001《可再生能源并网发电方法学》。如果你的项目找不到现成的方法学，就需要开发新的方法学。截至2021年5月，CCER相关方法学已经发布了12批，共计200个方法学，基本可以覆盖所有常规的减排项目。

常见碳减排项目方法学如表5-6所示。

表 5-6 常见碳减排项目方法学

减排项目类型	减排原理	常用方法学
可再生能源并网发电	代替电网中其他电厂发电，从而减少碳排放	CM-001 CMS-001
节能	通过废能回收利用，减少为提供相应能源而产生的碳排放	CM-005
造林	直接从大气中吸收二氧化碳	AR-CM-001
甲烷回收	对工业或者农业活动中逸散的甲烷进行回收利用，从而避免甲烷排放	CM-007 CM-090
煤层气回收	通过对煤层气的回收利用来避免甲烷排放	CM-003
电动车充电桩	通过充电桩代替燃油为汽车提供能源，从而降低排放	CM-098
公共自行车	通过鼓励大众骑自行车出行，代替开车或者其他高碳出行方式来减少碳排放	CM-105

方法学不但是项目申报CCER的指南，而且是项目PDD的编写指南，我们在编写PDD时，必须严格按照方法学要求进行编写，否则就无法通过评审。方法学如此重要，那么在申报CCER项目时，第一步就要选对方法学。

方法学如何选择呢？我们主要通过分析方法学的适用性与项目的契合情况来选择。在方法学中有一个部分称为适用性，这部分的内容会明确哪种项目适用该方法学，哪种项目不适用。对于新项目，我们可以先根据项目性质初步筛选几个名称上与项目近似的方法学。然后拿着拟开发的项目对照每个筛选出来的方法学适用性进行一条一条比对，如果其中一个方法学的适用性完美契合拟开发的项目，就可以采用此方法学来做项目开发。但有时也会出现多个方法学符合和没有一个方法学符合的情况。

可再生能源并网发电方法学（第二版）中关于适用性的描述

本方法学适用于可再生能源并网发电项目活动：① 建设一个新发电厂；② 增加装机容量；③ 改造现有发电厂；④ 替代现有发电厂。

本方法学适用于以下条件：

- 项目活动是对以下类型之一的发电厂或发电机组进行建设、扩容、改造或替代：水力发电厂/发电机组（附带一个径流式水库或者一个蓄水式水库），风力发电厂/发电机组，地热发电厂/发电机组，太阳能发电厂/发电机组，波浪发电厂/发电机组，或者潮汐发电厂/发电机组。

- 对于扩容、改造或者替代项目（不包含风能、太阳能、波浪能或者潮汐能的扩容项目，这些项目使用第 14 页的选项 2 来计算参数 EGPJ）：现有发电厂在为期五年的最短历史参考期之前就已经开始商业运行（用于计算基准线排放，基准线排放部分对此进行了定义），并且在最短历史参考期及项目活动实施前这段时间内发电厂没有进行扩容或者改造。

对于水力发电厂项目，必须符合下列条件之一：.

- 在现有的一个或者多个水库上实施项目活动，但不改变任何水库的库容；

- 在现有的一个或者多个水库上实施项目活动，使任何一个水库的库容增加，且每个水库的功率密度（在项目排放部分进行了定义）都大于4瓦/平方米；

- 由于项目活动的实施，必须新建一个或者多个水库，且每个水库的功率密度（在项目排放部分进行了定义）都大于4瓦/平方米。

如果水力发电厂使用多个水库，并且其中任何一个水库的功率密度低于4

瓦/平方米，那么必须符合以下所有条件：

- 用公式 5 计算出的整个项目活动的功率密度大于 4 瓦/平方米；
- 多个水库和水力发电厂位于同一条河流，并且它们被设计为一个项目；
- 不被其他水力发电机组使用的多个水库之间的水流不能算作项目活动的一部分；
- 用功率密度低于 4 瓦/平方米的水库的水来驱动的发电机组的总装机容量低于 15 兆瓦；
- 用功率密度低于 4 瓦/平方米的水库的水来驱动的发电机组的总装机容量低于用多个水库进行发电的项目活动的总装机容量的 10%。

本方法学不适用于以下条件：

- 在项目活动地项目活动涉及可再生能源燃料替代化石燃料，因为在这种情况下，基准线可能是在项目地继续使用化石燃料；
- 生物质直燃发电厂；
- 水力发电厂需要新建一个水库或者增加现有水库的库容，并且这个现有水库的功率密度低于 4 瓦/平方米。

对于改造、替代或者扩容项目，只有在经过基准线场景识别后，确定的最合理的基准线场景是"维持现状，也就是使用在项目活动实施之前就已经投入运行的所有的发电设备并且一切照常运行维护"的情况下，此方法学才适用。

当项目适用多个方法学的时候，理论上各个方法学都可以选，但从提高项目备案成功率的角度上看，我们还是尽量选择备案项目数较多的方法学进行项目开发。另外，还需要考虑项目规模。因为在方法学中，有一类小型项目方法学，这类方法学只适用于年减排量小于 6 万吨的项目，但是在项目申报过程中的一些手续会简化。所以如果拟开发的项目的减排量小于 6 万吨，且有符合条件的小型项目方法学，那么小型项目方法学则是首选。

对拟开发的项目找不到一个适用的方法学的情况，解决方法有两种。一种是申请方法学更新，也就是对既有方法学做修改。一般方法学是因为有了某个特定项目后才根据项目开发的，所以在适用性方面不可能一开始就考虑

到所有的应用场景，如果拟开发项目确实符合方法学内容，包括基准线、额外性、减排量计算等，或者仅需做细微修改就可以，那么我们可以向主管机构申请方法学更新，把符合拟开发项目的适用性内容加上。另一种方法是开发一个全新的方法学，这种场景出现在拟开发项目与现有的200多个方法学中没有一个沾边的情况，不能说这种情况完全不可能，但很大的可能是要么方法学看漏了，要么项目本身存在一定问题。

5.7 项目设计文件编写

项目设计文件（Project Design Document，PDD）编写是整个CCER开发环节中非常重要的一环，本节会重点介绍这部分内容，在正式介绍内容之前，我们先做一下准备工作。

中国CCER的官方网站上，部分项目会选择公开PDD，所以我们在编写PDD时，可以找到一个已备案的PDD做参考。当然还是需要建立在对PDD内容完全理解的基础上，不然写到后面自己都不知道在写什么。即使CCER官网上找不到PDD案例也不用担心。CCER整个制度基本是参考《京都议定书》下的清洁发展机制（CDM）建成的，包括方法学、PDD编写规范、申请流程等。如果你英文还不错的话，可以去CDM的官网查找对应项目的方法学和PDD。在CDM官网上，项目的PDD是要求强制公开的，那里有来自全世界的优秀PDD案例，所以只要你肯用心，一定能找到拟开发项目的PDD案例做参照。另外，PDD编写一定要使用官方发布的最新版本的PDD模板，使用旧版本模板或者其他模板编写的PDD都不能通过第三方审定。

准备好拟申报项目的《可行性研究报告》（以下简称"可研"）和《环境影响评价报告[①]》（以下简称"环评"）及相应批复文件。可研和环评是建设类项目在申报时必须准备的文件，所以正规项目一定会有这两份报告。如

---

① 若项目对环境影响较小，也可能是环境影响评价表或者环境影响登记表。

果项目没有走相关程序，那么为了申报CCER项目可能需要补充这两份报告。在PDD编写过程中需要用到大量可研和环评里的内容，如果没有可研和环评，项目就可能不合规，那么就失去了CCER申报资格。即使合规，且PDD编写所需的内容业主方都有，但因为在第三方审定核查时需要确认每个内容的出处，在没有可研、环评的情况下去准备这些内容的出处也是异常繁杂且容易出错的事情。所以可研和环评是PDD编写必备的参考资料。当然除了可研和环评，还有许多其他的证明材料，这里就不一一列举了。

做好这些准备后，我们就可以进入PDD编写环节，PDD总共分为五个部分，它们分别是：

- A 部分：项目活动描述；
- B 部分：基准线和监测方法学的应用；
- C 部分：项目活动期限和减排计入期；
- D 部分：环境影响分析；
- E 部分：利益相关方调查意见。

其中B部分是PDD编写的核心，我们将着重介绍B部分，其他部分则只挑重点进行介绍。

项目活动描述

项目活动描述部分主要是对项目自身情况的一个简介，包括项目类型、项目所在地、采用的相关技术和主要设备情况、项目业务情况等，大部分内容在可研里面都有现成的，基本没有什么难度。

基准线和监测方法学的应用

这部分是PDD的核心内容，我们来看看这部分如何编写。

1．方法学适用性分析

方法学适用性分析是为了证明拟开发的项目符合所用方法学的要求。我

们需要对方法学的适用性部分进行逐条分析，以确定项目完全符合方法学。在前面方法学选定部分，已经对这个部分做了充分的分析，这里不再展开讲，将相关内容写入PDD即可。

2. 项目边界

项目边界部分需要通过文字和画图的方式来描述项目边界及基准线的边界。这样做是为了划分我们需要考虑和不需要考虑的排放场景。在边界范围内，所有的温室气体排放和吸收都需要考虑，在边界范围外则都不必考虑。

比如一个新建光伏电站，它的基准线是整个电网供电，所以它的项目边界除光伏电站的物理边界外，还包含整个电网。

前面提到的煤矿乏风瓦斯回收利用项目的边界，假如该项目只是将乏风瓦斯收集起来焚烧掉，焚烧产生的热量并未加以利用，那么该项目的边界只包含煤矿和乏风瓦斯；假如正好隔壁有一个工厂，他们生产时需要蒸汽，在项目实施之前是通过烧燃煤锅炉来产生蒸汽的，在项目建成后，项目利用焚烧乏风瓦斯产生的热量来生产蒸汽并供给隔壁工厂，那么隔壁工厂的锅炉及蒸汽使用设备也将纳入项目边界内。

除此之外，项目边界部分还需要确定每种项目场景所包含的温室气体类型，也就是哪些温室气体需要考虑，哪些温室气体不需要考虑。这部分通常在方法学里已经给出答案，直接写上去就行。

3. 基准线场景识别

关于基准线场景的概念，在本章的开头已经详细介绍过，如果看到这里读者已经忘记了，建议回到本章开头复习一下。真正的基准线场景识别在方法学里有严格的推理步骤，也是新手容易绕晕的地方。

在方法学中，基准线场景识别步骤的通俗解释是，假如没有这个项目，那么哪种场景最有可能替代。在大多数项目中，这种所谓的基准线场景都需要通过严谨的推理推导出来。

所以识别基准线场景的第一步就是穷举可替代项目的所有基准线场景，方法学也非常贴心地把所有的可替代的基准线场景列举出来，我们只需要逐一排除直至只剩最后一个可行的场景，那个场景就是项目的真实基准线场景。

一般来说，所有项目的基准线场景一定会有两个固定的场景，一是我们早就拟定好的基准线场景，这是要在最终的竞争中剩下的场景。另一个是拟定的项目本身，但是不作为CCER项目开发的场景，这个场景是一定要排除的，也就是证明基准线场景不可能出现这种情况，通常这个场景需要通过下一步的额外性分析来排除。

以最简单的光伏发电项目为例，如果光伏发电项目是新建项目，那么根据最新的方法学，是无须进行基准线分析而直接由方法学指定基准线场景的。为了方便介绍内容，我们假定该项目属于既有光伏发电机组的扩容，这种情况则需要进行基准线场景分析，方法学中关于该项目的基准线场景列出了以下三条：

P1：项目活动不进行中国温室气体自愿减排项目开发。

P2：维持现状，也就是使用在项目活动实施之前就已经投入运行的所有的发电设备并且一切照常运行维护。项目活动生产的新增电量可由电力系统中现有及新建的并网发电厂替代生产。

P3：所有其他能够增加项目活动所在地点发电量的可信和可靠的替代方案，这些方案在技术上具有可行性。其中包括对发电厂/发电机组不同程度的替代或改造。只有那些对于项目参与方来说可行的替代方案才可考虑。

其中场景P1就是指前面提到的需要通过额外性分析来淘汰的场景。P2是我们早就拟定好的基准线场景。P3才是我们需要通过论述来排除的基准线场景。

那么对于P3的分析，我们就需要将所有可能的场景都列举出来并逐一排除。比如，在当地新建一个同等级的燃煤电厂，我们可以根据当地政策说明燃煤电厂不会得到许可。又如，新建其他再生能源发电厂，我们可以通过分析当地资源情况进行逐个排除，最终结论就是P3不可行，将P3排除。最后剩下P1和P2。我们只需要再把P1排除，就得到了最终的基准线场景。

乏风瓦斯基准线分析

前面提到的乏风瓦斯回收利用案例中，相关方法学关于乏风瓦斯的基准线场景描述如下：

（1）排空；

（2）利用或者分解VAM，而不排空；

（3）通过火炬进行焚烧；

（4）用于并网发电；

（5）用于自备发电；

（6）用于供热；

（7）进入煤气管网，用于交通工具燃料或者发电供热；

（8）上述方案的可能组合，每个规定选项处理气体以相应比例组合；

这些选项应包括拟提议的项目活动，但是不作为自愿减排项目实施。

尝试找到这些场景中拟定的基准线场景，以及执行该项目但不开发CCER的场景。对于剩下的场景，尝试通过其他思路来将它们一一排除。

4. 额外性论证

前面我们提到，在基准线分析中，经过一系列分析后，一般会留下两个场景：一个是项目正常实施，但不作为CCER开发P1；另一个是最合理的基准线场景P2。如何排除第一个场景，就需要借助额外性分析了。额外性分析的目的就是证明P1因为经济上没有吸引力或者其他风险因素，在没有CCER的加持下，是不可能实施的。这样的话，P1被排除，最终就推导出P2为基准线场景。

关于额外性论证，方法学会要求参考额外性工具进行论证。所以额外性论证的相关指南并不在方法学中，需要去CDM网站下载单独的论证工具。额外性论证流程如图5-3所示。

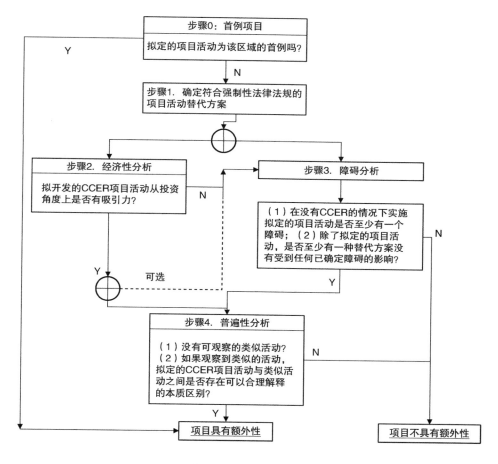

图 5-3 额外性论证流程

（资料来源：CDM 额外性论证工具）

根据额外性论证工具，我们在进行额外性分析的时候需要进行以下几步：

第零步：项目是否为首例，即拟开发的项目是否有先例。如果该项目属于首例，那么可以直接跳过其他步骤，确认其具有额外性，这种情况是极少的，所以在额外性论证时，基本不会考虑通过这一步来论证项目的额外性。

第一步：确认项目是否合法合规。在这一步，我们需要引用相关的法律法规证明拟申请的项目是合法合规的。当然，如果发现不合规，就可以直接

放弃该项目了，所以这一步我们需要得出的结论是项目合法合规。

　　第二步：经济性分析。这一步是通过分析项目的经济可行性来判定拟申请项目在没有CCER收入的情况下是否可行。当然我们需要得出不可行的结论，如果没有CCER收入，项目还有经济性，那么就不能申请CCER了。分析方法也有很多种，较常用的方法是基准收益率分析法。这就与可研里的经济性分析对应上了。在我国，项目的可研是一个项目能否获得政府批准的决定性因素。可研中最重要的内容就是项目的经济性分析，在经济性分析部分，可研会详细计算项目的内部收益率（Internal Rate of Return，IRR）、财务净现值（Net Present Value，NPV）、投资回收期（Payback Period，PBP）等经济指标。其中项目的IRR是判断一个项目是否经济可行的重要指标之一，IRR越高，该项目的经济收益就越好，反之亦然。

　　经济性分析示例如表5-7所示。

表 5-7 经济性分析实例

单位：万元

序号	项目名称	合计	第1年	第2年	第3年	第4年	第5年	第6年	第7年	第8年	第9年	第10年	第11年	第12年
1	现金流入	240824		6116	12233	12233	12233	12233	12233	12233	12233	12233	12233	12233
1.1	产品销售（营业）收入	238542		6116	12233	12233	12233	12233	12233	12233	12233	12233	12233	12233
1.2	回收固定资产余值	1338												
1.3	回收流动资金	944												
2	现金流出	209389	16905	17020	10546	10101	10101	10101	10101	10101	10101	10101	10101	10101
2.1	建设投资	11270	16905	11270										
2.2	流动资金	944		499	445									
2.3	经营成本	195795		5215	10031	10031	10031	10031	10031	10031	10031	10031	10031	10031
2.4	城建税及教育费附加	1380		35	71	71	71	71	71	71	71	71	71	71
3	所得税前净现金流量（1-2）		-16905	-10903	1687	2132	2132	2132	2132	2132	2132	2132	2132	2132
4	所得税前累计净现金流量		-16905	-27808	-26121	-23990	-21858	-19727	-17595	-15463	-13332	-11200	-9068	-6937
5	所得税	2846	0	0	0	0	0	0	0	0	0	0	0	48
6	所得税后净现金流量（3-5）	28589	-16905	-10903	1687	2132	2132	2132	2132	2132	2132	2132	2132	2084
7	所得税后累计净现金流量		-16905	-27808	-26121	-23990	-21858	-19727	-17595	-15463	-13332	-11200	-9068	-6984
8	财务内部收益率（IRR）	所得税前 4.06%					所得税后 3.48%				(ie=8%)			
9	财务净现值	-7349					-8051							
10	投资回收期（年）	15.25					15.4							

而CCER中的基准收益率分析法，就是分析项目的IRR相较于某个公认的IRR基准是高还是低，如果高于这个基准，那么项目就是经济可行的，如果低于这个基准，则可以判定项目经济不可行。比如，发电类项目的IRR基准可以根据《电力工程技术改造项目经济评价暂行办法》定为8%。那么，我们只需要证明项目的IRR低于8%，就可以证明其经济不可行。

但是，这里存在一个矛盾点，可研中的经济性分析是要证明项目在经济上是可行的，CCER里的经济性分析是要证明项目在经济上是不可行的。是否感觉这两者是相互矛盾的？所以，我们还需要解决两者相矛盾的问题。通常来说，项目为了获得政府批复或者投资方的投资，可研中的经济性分析都偏乐观，而CCER中的经济性分析可以偏保守，这样就可以两边都能说得通。所以，我们需要在不违背项目实际情况的前提下，重新计算项目的IRR，以证明在没有CCER收入的情况下项目在经济上是不可行的。

做完经济性分析后，我们还需要选择影响IRR的较重要的几个参数来做敏感性分析。所谓敏感性分析，就是指这些影响项目IRR的重要参数在−10%～＋10%范围内变化时，IRR的变化如果都低于IRR基准就没问题。如果有某个场景高于IRR基准，我们还需要说明该场景在现实中不可能发生。比如当总投资降低10%时，项目IRR超过了8%，那么我们要找出各种原因说明总投资不可能降低10%，比如重要原材料价格趋势，重大设备已经签订合同等，不过要做这些证明需要提供很多证据，比较麻烦。所以，如果可以的话，还是尽量把IRR都控制在基准值以下。

第三步：障碍分析。障碍分析其实是额外性分析的备选项，如果经济性分析已经证明了项目不可行，那么障碍分析可以略过。如果经济性分析证明项目在经济上可行，为了证明项目的额外性，我们还可以将希望寄托在障碍分析上。

障碍分析通常采用一些定性分析来说明项目虽然经济上可行，但是有很大的其他风险，比如项目技术不稳定，当地地理环境会影响项目实施等，所以全靠PDD编写者根据自己的思路去论证。在实际的操作上，通过障碍分析完成额外性论证的可能微乎其微。所以不到万不得已，不要轻易尝试。

第四步：普遍性分析。普遍性分析就是分析项目所在区域是否存在其他类似的情况，有的话是否也申请了CCER或者其他碳减排项目。如果经过分析，发现有很多类似项目没有申请任何碳资产也在正常运营，就证明该项目具有普遍性，既然都是普遍存在的项目，那么项目还有什么额外性呢？所以我们要反向证明项目不具备普遍性，也就是指项目所在地区不存在类似的项目，或者存在类似的项目但都申请了CCER，所以项目不具备普遍性。当然，普遍性分析并不是要求完全没有类似项目，额外性论证工具中有一套完整的分析普遍性的量化分析方法，按照该方法进行计算即可，这里不再展开讲。

经过这四个步骤以后，如果仍证明项目不可行，就可以判定项目具有额外性。前面提到的P1，即项目正常实施但不作为CCER开发就顺理成章地被排除了。排除的理由是，拟申请的项目正常实施但不申请CCER的话，会因为经济不可行而无法实施，所以予以排除。最后只剩下一个基准线场景P2，即电网系统供电。到此，我们的基准线场景分析才最终落下帷幕。

额外性分析是PDD编写的第一个"拦路虎"，很多人不能理解基准线场景分析与额外性之间的关系，即使理解了，也可能被经济性分析中复杂的数据关系绕晕。前者需要较强的逻辑推理能力，后者需要懂一些财务分析的常识并且会做IRR分析。像那些连IRR概念都是第一次听说的人很难编制出符合要求的经济性分析表格。这一点也能体现碳管理横跨多专业的特点。

对于一些特定项目，根据方法学要求，可以跳过基准线场景分析和额外性论证，直接给出既定的基准线场景。这样会给编写者减轻大量的负担。比如可再生能源发电项目只要满足：拟申请项目所在省份采用该技术装机容量占并网发电总装机容量的比例小于或等于2%，或者拟申请项目所在省份采用该技术装机容量小于或等于50兆瓦这两个条件中的一个，就可以默认项目具有额外性，且基准线场景就是电网系统供电。

5．减排量计算

我们在完成基准线场景识别后，就确定了最终的基准线场景，这样一个项目的减排量就可以计算了。怎么计算呢？原理很简单，我们先根据基准线场景计算出基准年排放（Baseline Emission，BE），再计算项目的排放（Project Emission，PE）。两者相减就得到了实施该项目的减排量（Emission Reduction，ER），如图5-4所示。在极少的项目类型中，还会涉及因项目实施产生的泄漏排放（LE）。因为这类项目极少，这里就不单独介绍。

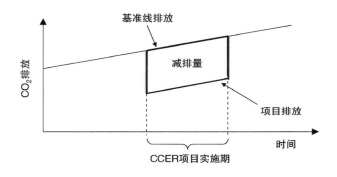

图 5-4　减排量的计算原理

虽然原理很简单，但是根据项目类型不同，计算的难易程度可谓千差万别，像可再生能源发电项目，它是所有CCER方法学中减排量计算最简单的项目，基本两页就能写完；而一些复杂的项目，如前面举例提到的乏风瓦斯回收利用项目，因为涉及的基准线场景复杂，相关的计算过程可能几十页都写不完。为了便于初学者理解及篇幅所限，我们仍然以最简单的可再生能源发电项目的例子来介绍减排量的计算过程。

首先我们需要计算项目排放。根据方法学描述，对于除地热发电、光热发电和水力发电外的可再生能源发电项目，项目排放默认为零，即PE=0。这个不难理解，像光伏发电项目，只要项目开始发电，除阳光外就不需要任何其他能源输入。阳光是不会产生碳排放的，所以项目在运营过程中的排放为零。

在现实中，我们可能会在其他的文献资料中看到风电、光伏发电等可再生能源发电也是有排放的，这是怎么回事呢？主要原因是两者计算的边界不一样。在CCER项目开发规则中的可再生能源发电的核算边界只局限在这些发电设备的运营阶段，而不考虑这些发电设备在制造时产生的碳排放。而提到可再生能源发电也有排放的文献资料，它们的核算边界包含了发电全生命周期的排放，也就是包含了风机、光伏组件等设备在生产及报废时产生的排放。所以我们会看到两者计算的碳排放结果不一样。

对于需要计算排放的项目，可按照下面的公式进行计算。

项目排放=化石燃料燃烧排放+地热发电中不凝性气体释放排放+水电厂水库蓄水产生的排放

其计算方式也都有更进一步的公式描述，需要根据具体的申报项目对应的计算公式进行进一步计算。比如项目是水电项目，则只需要计算水电厂水库蓄水产生的排放即可，其他部分计为零。

计算完项目排放后的下一步是计算基准线排放。对于绝大多数可再生能源发电项目，其基准线排放都是整个电网提供同等电力的排放。

比如光伏发电项目，它的基准线排放就是整个电网发同等电力产生的排放。这涉及连接电网的所有发电站对这部分电力需求做出的反应。我们可能会想，把连接整个电网的所有发电站发一度电的碳排放计算出来，然后乘以光伏项目的发电量，就是基准线排放了吧？

答案是否定的。在真实的电网运作中，并不是所有发电设施都具有同等的概率发这部分电。事实上，电网会对所有发电设施按发电优先级排序，也就是出现一度电的新发电需求时，谁先发谁后发是有顺序的，并非是同等概率的。所以用整个电网的平均排放因子来计算发这一度电的排放并不太精确。在实际的减排量计算中，我们采用的是电网基准线排放因子。如何理解和计算一个电网的基准线排放因子是一件非常复杂的事情，幸运的是我国的主管部门会帮助我们算好并每年更新电网基准线排放因子，所以我国大部分碳资产开发者即使对电网基准线排放因子的数据烂熟于心，也并不知道这个

数是怎么计算出来的。考虑到电网的基准线排放因子在整个碳管理过程中的重要性，建议初学者即使自己不用亲自计算电网的基准线排放因子，也需要理解电网基准线排放因子的计算方法及与其他电网排放因子的区别。

电网基准线排放因子的计算——OM、BM 和 CM

电网基准线排放因子因为不需要计算，人们也就没有了解它的动力，这导致早期不少人将电网平均排放因子与电网基准线排放因子概念混淆，在实际计算过程中也出现了二者混用的情况。直到现在，仍有不少人搞不清楚二者的区别。在这里，我就简单介绍一下电网基准线排放因子的计算过程，以及其中较重要的三个概念：运营边际（Operating Margin，OM）、建设边际（Build Margin，BM）和组合边际（Combined Margin，CM）。

首先我们需要想象一下，对于一个正在运营的电网，该电网下的所有发电设施都按照电网的调度规则在运转。突然，一个光伏电站开始发电并接入电网，那么它对这个电网的其他发电设施会造成什么影响呢？根据CDM发布的"Tool to calculate the emission factor for an electricity system[①]"，我们可以从两个场景来分析光伏电站对电网的影响。

第一个场景是假设整个电网的用电需求是饱和的，即现有的发电设施完全可以满足所有的用电需求。那么这个光伏电站的接入将会让电网内其他发电设施根据电力调度规则少发电。通常来说，一个电网的电力需求是随时间变化的，电网又没有储电功能，所以当电力需求减少时，就需要通过调度减少部分发电设施的发电负荷。而这些被调度的发电设施往往都是发电成本较高的火力发电设施。所以，第一个场景的假设就可以简单理解为：在电网用电需求饱和的状态下，新建可再生能源电力代替了被调度的部分火力发电设施发的电。而这部分火力发电设施的平均排放因子就是OM排放因子。

电网在一年中负荷从高到低变化示意图如图5-5所示。

---

① 我国的 CCER 相关规则与方法学基本从 CDM 机制汉化而来，但部分计算工具并未汉化，需要直接从 CDM 网站获取。

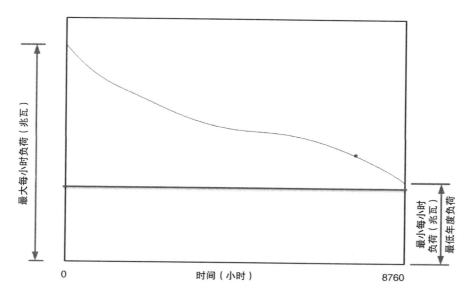

图 5-5　电网在一年中负荷从高到低变化示意图

另一个场景是假设整个电网的用电需求是不饱和的，即现有的发电设施并不能完全满足所有的用电需求。那么这个光伏电站的接入并不会对既有的发电设施造成任何影响，但它会对电网增加的那部分发电容量造成影响。我们设想一下，因为电网的用电需求一直无法满足，所以整个电网的发电容量一定是在扩张的，在扩张过程中，我们可以新建火力发电项目，也可以新建水电项目、风电项目、光伏发电项目甚至核电项目。在这个过程中，新建的光伏发电项目来发了这部分电。那么怎么定义新增电厂呢？电网平均排放因子计算工具中把新增电厂看成一个集合，这个集合规定为最近新建的5个电厂集合和占整个电网发电容量20%的新建电厂集合中发电容量较大者[①]，这个集合的平均排放因子就是BM排放因子。

对于一个电网来说，我们并不能完全判定它属于OM场景还是BM场景，所以我们在计算一度电的基准线排放时，需要同时考虑两个场景对其造成的影

---

① 中国因为电力设施体量太大，无法通过这种方式进行统计，所以对计算方法进行了简化并得到联合国认可。

响，这便有了CM排放因子。所谓CM排放因子，就是OM和BM的加权总和为1的排放因子组合。大部分情况下，CM就是OM和BM的加权平均值，对于风电和光伏发电这两种项目，OM的权重为0.75，BM的权重为0.25。

实际的电网基准线排放因子计算过程比上面介绍的要复杂许多，我们这一生大概率不会亲自计算这个排放因子，所以只需要知道电网基准线排放因子的计算原理，为什么要考虑OM和BM两个场景，以及与电网平均排放因子的区别即可。

在计算基准线排放时，除了确定电网基准线排放因子，还需要确定项目的预期发电量。通常来说，对于发电类建设项目，可研中都会有预期发电量的数据及详细的推算过程，只需引用相关数据即可。

在完成了项目排放PE_y和基准线排放BE_y的计算后，两者相减就可以计算出项目的减排量ER_y。

$$ER_y = BE_y - PE_y$$

6．监测计划

我们在计算过程中会用到许多数据，有些是预测的，有些是引用的。根据方法学要求，我们需要对这些数据做一个监测计划。监测计划的目的就是保证项目在实际运营过程中的监测数据能够如实反映项目产生的减排量，这与组织层面碳排放计算的监测计划功能类似。它主要包括相关数据的测量程序、监测频率、QA/QC程序等。通常来说，方法学会列出所有可能需要监测的数据并对监测设备、监测频次等做具体要求。除此之外，还需要通过图文说明整个项目监测的组织架构、监测仪器所在位置、涉及的监测数据管理系统等。此部分相对简单，我们可以参考相似案例，并根据自身项目的实际情况进行修改。

因为大部分项目在编写监测计划时，项目本身还没有建设或者完工，所以监测程序、监测设备和监测频次等可能会与实际不符，这种不符的情况对项目备案并没有什么影响。但是在项目完成备案、准备编写监测报告和核查时，就会因为实际的监测过程与监测计划不符而被要求做修改。所以在编写监测计划时，为了避免以后出现不必要的麻烦，还是尽量与现场人员多沟通，尽量按照实际情况编写监测计划。

完成监测计划后，相当于整个PDD的主要部分就完成了，剩下的部分是一些补充信息，且所有类型的项目都类似，没有什么难度，零基础都能写。

项目活动期限和减排计入期

这部分主要是确定CCER的实际有效期，主要就是确定两个信息：一是确定从什么时候开始计算减排量，这个时间点称为计入期；二是确定这个减排量可以持续多久，称为项目活动期限。通常来说，项目的减排计入期都选择实际投入运营的那天，但一些特殊情况，如存在很长的试运营时间，在这段时间减排数据不理想，那么可以选择完全稳定后的日期为计入期。而对于项目活动期限，目前有两种选择：第一种是7年更新两次，也就是最长可以获得21年的减排量；第二种是10年但无法更新，也就是只能获得10年的减排量[①]。原则上肯定是选择越长的越好。但是项目在更新时需要重新进行基准线和额外性论证，如果7年后发现无法通过基准线和额外性论证，就无法更新，项目从此失去获得CCER的资格。所以在选择时我们需要预测7年后该项目是否仍具有额外性，如果具有，那么可以选择7年更新两次；如果可能不再具有，则选择10年不更新更为保险。

环境影响分析

环境影响分析部分主要是描述项目在施工及运营过程中对周边环境影响的分析及评价，通常需要考虑废水、废气和固体废弃物排放及噪声、扬尘等对当地环境、居民及生态的影响。这些相关的分析在项目的环境影响评价报告中都有，所以只需要将对应的内容搬过来即可。

---

① 林业碳汇类项目因监测周期长，所以项目周期也较一般项目长，其可更新的项目周期为20年更新两次，不可更新的项目周期为30年。

利益相关方调查意见

这部分的目的是通过调查问卷的形式对项目周边的居民的意见进行收集，通常在调查问卷中需要设定10～20个问题，并让居民对每个问题进行回答。问题内容主要围绕项目对当地居民的生活、就业、经济、环境等方面的影响是积极的还是消极的，其中应包括是否支持项目的建设。

调查文件的数量一般为30～50份，根据项目当地实际居民数量进行调整，我们可以与当地的社区管理部门组织一场会议对项目进行说明，同时发放调查问卷，如果无法组织会议，也可以通过走访的形式来进行调查。完成调查后，需要在PDD中对调查结果进行统计分析，包括受访人的年龄、性别、受教育程度等数据的分布情况，以及对每个问题的回答情况，当然最终的结论一定是当地居民支持本项目的建设。

写到这，一个项目的PDD就完成了。但这只是我们获得碳资产的第一步，PDD对于一个CCER项目来说，相当于它的身份证或作业指导书。接下来的每一步，我们都需要以PDD为基础开展相关活动。

5.8 第三方审定

我们的项目在报主管机构备案时，为了保证项目的真实性、方法学的适用性及减排量计算的准确性，需要寻找一个主管机构认可的第三方机构对项目进行审定。我们通常称这样的第三方机构为DOE（Designated Operational Entity）。我们可以简单地理解为DOE是代表政府来对项目进行审核的。第三方审定的主要步骤包括文件审查、现场审查、澄清与不符合和审定报告的编写与签发。

文件审查

在DOE接到项目后，通常会列一个资料清单要求业主或咨询公司提供，这个清单包括项目的PDD、可研/环评及其批复文件，以及支撑可研/环评中减排量计算和财务分析的所有凭证文件。这是一个很长的列表，少则二十几项，多则五六十项。我们需要将这些资料准备好发给DOE，然后DOE会根据审定相关的指南及清单进行逐一确认。DOE在审定时也是根据审定核查指南开展相关工作的，其中一个重要的工具就是审定清单。审定清单详细列出了项目每一个流程需要审定什么样的内容，如果某一项有问题，需要进一步提供资料或者现场确认，则先标上记号，等待下一步解决。

文件审查根据项目类型不同及PDD自身质量不同，所需时间差异很大，对于项目类型简单、PDD编写质量较高的项目，可能一天就能完成，而对于复杂的、PDD编写质量又很差的项目，则可能需要几周甚至几个月。

现场审查

现场审查是DOE为了确保项目真实存在的一个必要过程。所以现场审查必做的一件事就是确认项目所在地的位置与PDD上描述的一致，如果项目已经建设并投入运营，相关的设备照片、运营日志、计量仪器有效期等信息也是重点审查对象。当然，如果项目还未开工建设，项目所在地还是个不毛之地，也可以不用去现场。

澄清与不符合

在完成现场审查后，DOE会根据现场获得的信息对审定清单进行一次更新。对于还未判定是否符合审定要求的细项，DOE会根据问题的类型出具澄清和不符合项，要求我们进行澄清或者修改。澄清项主要是指PDD内容未达到某一审定细项的要求，需要PDD编制方做进一步的解释，如某些关键内容的缺失、前后矛盾或者描述偏离了方法学要求等。不符合项主要指PDD的内容不符合某一审定细项，需要进行修改，如减排量计算错误、经济性分析描述错误等。对于一些不是很重要的修改项，如错别字、格式错误等，一般DOE会直接在PDD中进行标注，我们只需要对标注部分进行说明或者修改即可。

通常来说，即使再完美的PDD，DOE都会以书面形式提出几个澄清与不符合项，所以当我们收到澄清与不符合项时不用慌，DOE在开具澄清与不符合项时一般都会提前与我们沟通，有些DOE也会口头提出相应的建议。我们需要根据DOE的提示或建议进行书面的回复。对于一些比较重要的问题，可能还会存在第二轮甚至第三轮的回复，直到所有的澄清和不符合项得到满意的答复。

审定报告的编写与签发

在解决了所有的澄清和不符合项后，DOE便会进行审定报告的编写与签发，审定报告的内容就是DOE对整个项目审定的过程描述，包括现场文件审查、现场审查、审定清单的逐条分析，澄清与不符合项的开具及咨询方的应对情况等。在最后确定内容没问题后，DOE审定组长会签字盖章并将审定报告签发给业主单位，表示DOE已经认可了这个项目的CCER资格。

5.9 项目过会

在拿到审定报告后，我们就可以正式启动CCER申报流程了。CCER申报流程一般需要先在当地的省级主管机构备案[①]，并由省级主管机构转报国家主管机构。呈报并确认资料合格以后就可以排队等待项目的评审会了。评审会的召开一般由主管机构发出通知，然后召集对应领域的专家对项目进行评审，评审过程中需要项目业主或咨询机构对项目进行一个简单的介绍，现

---

① 根据《温室气体自愿减排交易管理暂行办法》，国资委管理的央企申报CCER项目无须经过省级主管部门，可以直接向国家主管部门申报。

场专家会翻阅项目PDD及审定报告。如果专家提出了问题，需要现场进行解答，而如果现场无法解答或者解答没有让专家满意，则项目可能需要进行进一步的修改或者补充，只能等待下一次再上会。所以想要一次性通过项目评审，除项目的PDD自身的质量外，现场解答也非常关键。如果顺利通过专家评审会，这个项目就可以成为合格的CCER项目了，不久后我们会收到项目的备案函，正式宣布项目完成CCER备案。

CCER的申报从2017年3月起至今处于暂停状态，之前的主管机构为气候司，重启后不排除主管机构和相关报送流程会有所变更。

5.10　项目监测及CCER签发

在项目完成备案后，项目的PDD的内容就生效了，从PDD中确定的项目计入期开始，项目就正式开始"生产"CCER了。但是CCER并不是流水线作业，随时生产随时出货，而是需要根据某一时间段产出的CCER来编写监测报告，这个报告在通过第三方机构核查及主管机构审查后，才能正式获得CCER的签发。因为从编写报告到最终获得签发不但要经过几个月的时间，而且要消耗人力编写报告，并花钱找DOE来核查，所以虽然项目一旦备案就一直在"生产"CCER，但考虑到CCER"出库"需要时间、人力和财力，一般都是等CCER攒够一定量才去申请签发。绝大部分项目选择一年一申请，部分大项目会选择一季度一申请，也有特别小的项目三五年才申请签发一次。

准备CCER签发的第一步就是编写监测报告。所谓监测报告，就是按照项目的PDD中的监测计划收集相关的数据，并按照PDD中描述的减排量计算方法，计算项目在监测期间产生的减排量的报告。监测报告的编写相对于PDD来说简单许多，有能力编写PDD的人一定能编写监测报告。所以这里就不展开介绍监测报告的编写了。唯一需要注意的是，项目实际的监测情况很难与监测计划保持完全一致，比如计量设备配备不到位、精度不符合要求、监测和记录周期不符合要求等。大部分情况下现场的实际监测人员可能根本不知道监测计划是怎么回事，在这种情况下有两种调整方法：一种是调整PDD中的监测计划，这需要申请PDD内容的偏移，这种方法需要重新提交PDD，所以比较麻烦；另一种是在监测报告中说明因为什么没有按照监测计划的要求进行监测，并表明在以后的监测中将重新按照监测计划的要求进行监测。当然，承诺了以后还是需要切切实实改正的，不然在下一期的监测报告中就没法写说明了。

完成监测报告后仍然需要寻找DOE对报告进行核查。对于小型项目，我们可以找审定该项目的同一家DOE对该项目进行核查，而对于大型项目则必须寻找不同的DOE对项目进行核查。核查的主要内容包括项目是否严格按照监测计划对项目的各项数据进行监测，减排量计算的真实性及准确性等，特别是涉及减排量计算的相关数据，DOE一定会查看原始凭证资料，如发电的电网结算单等。计量仪器是否严格按照监测计划进行年检和校准也是DOE核查的重点。

在拿到DOE的核查报告后，我们就可以申请CCER的备案了。与CCER备案一样，监测报告也需要经过专家的技术评估及主管机构的审查，不过比项目备案要简单很多，完成这一步后，就可以获得CCER的签发了。不过要真正拿到CCER，还需要在国家自愿减排交易注册登记系统上开户，目前所有试点地区的交易所都可以开户。可以进行CCER账户开户的交易所如表5-8所示。

表 5-8　可以进行 CCER 账户开户的交易所

编号	交易所名称	网站地址
1	北京绿色交易所	https：//www.cbeex.com.cn
2	上海环境能源交易所	https：//www.cbeeex.com
3	广州碳排放权交易所	http：//www.cnemission.cn
4	湖北碳排放权交易中心	http：//www.hbets.cn
5	深圳排放权交易所	http：//www.cerx.cn
6	天津排放权交易所	http：//www.chinatcx.com.cn
7	重庆碳排放权交易中心	https：//tpf.cqggzy.com
8	海峡股权交易中心	https：//carbon.hxee.com.cn
9	四川联合环境交易所	https：//www.sceex.com.cn

至此，我们完成了整个CCER从开发到签发的流程（见图5-6），全过程耗时短则一年半，长则两三年，所以是一个长周期项目，过程中有许多的困难等着我们去克服，最后还有备案不成功的风险。所以，从事碳资产开发赚不了快钱，要耐得住性子，一步一个脚印。好在一旦项目备案成功，未来至少10～21年的收益是稳定的。而且在碳资产普遍看涨的将来，开发并持有CCER项目是一种非常好的投资。

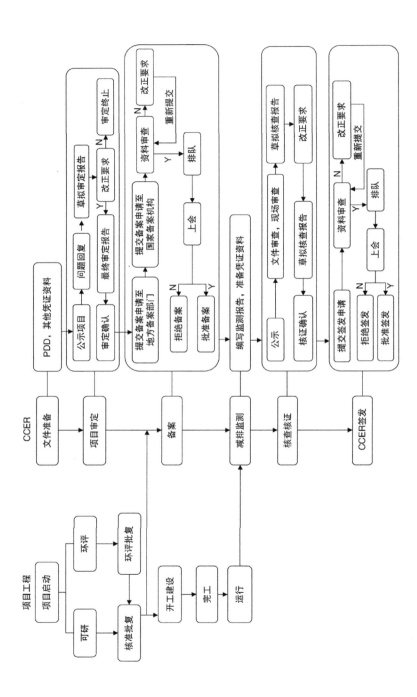

图5-6 CCER项目申报全流程

第 6 章 | Chapter 6

碳交易及碳金融

1. 什么是配额？它是用来干什么的？

2. 什么是MRV机制，它在碳市场中扮演什么样的角色？

3. 全球有哪些主要的碳市场？它们的碳价及体量如何？

4. 找到一个可以开个人账户的碳交易所，尝试开户并交易一次碳资产。

第5章讲了如何开发碳资产，这一章我们来讲讲如何将这些碳资产变现。但本章并不会像前几章一样，对相关业务的每个步骤掰开了、揉碎了来讲。因为碳交易这种事情与股票交易一样，没有绝对的技术门槛和操作流程，资深的交易师未必赚钱，刚入门的新手也未必亏钱。最典型的例子就是三类CCER与一类CCER同权事件。

但对炒股来说，懂得分析产业政策和企业基本盘，懂得看K线图和预测主力操作方向的人，总体还是要比什么都不懂的人更容易获利。同样，对于参与碳交易的人，如果能理解碳市场的运作机制，就能更好地判断和预测市场的供需关系，从而更好地掌握入场和离场的时机，获取更高的利益。所以，在本章，我不会告诉你碳交易过程中什么时候该买进，什么时候该卖出，而是会把碳市场运行的底层运行逻辑解释清楚，并且对影响碳价的要素进行分析，从而为交易者的决策提供参考。在我的另一本书《碳中和时代：未来40年财富大转移》中也对碳市场进行了详细的介绍，为避免过多重复，同时保证内容的完整，我会在本书中对《碳中和时代：未来40年财富大转移》已经重点介绍的内容进行简化，读者可以结合《碳中和时代：未来40年财富大转移》的内容进行学习。

三类 CCER 与一类 CCER 同权——一个碳交易"老人"输给"新人"的故事

在第5章碳资产开发中，我们知道了CCER在整个碳资产体系中的地位，它可以部分替代企业发放的配额用于控排企业履约。有关CCER的整个制度并非完全从零开始建立起来，而是从《京都议定书》[①]中的清洁发展机制

---

① 第三次联合国气候变化大会中签订的一个协议，关于气候政策及国际博弈详见我的另一本书《碳中和时代：未来40年财富大转移》。

（CDM）转化而来。其间有个过渡性政策，用于解决在CDM下已经注册或者已经进入注册程序的项目转回CCER项目的问题。这个政策就是在我国的CCER管理机制《温室气体自愿减排交易管理暂行办法》中，根据申报项目处于CDM各阶段的情况将CCER项目分成了四类。

一类项目属于完全没有申请过CDM的新CCER项目，其他类型的项目都或多或少地参与了CDM项目的申报。我们可以将一类CCER项目比喻为"亲儿子"，其他类型的CCER项目为"养子"，因为其他类型的CCER项目曾经申请过CDM。在实际操作过程中，市场主流产品只有一类CCER和三类CCER两种。

在全国碳市场启动之前，大部分试点碳市场规定三类CCER项目不能用于履约，而一类CCER项目可以。这就导致三类CCER项目虽然能得到签发，但因为没有刚性需求，三类CCER的价值与一类CCER相差甚远，在很长一段时间内，三类CCER的价格都低于1元/吨，甚至是给钱就卖。那时，绝大部分业内人士认为三类CCER项目不可能再翻身，所以持有三类CCER项目的交易商都想尽快处理掉相关资产。因为业内人士都清楚它的价值，所以买的人少，反而是那些刚入行的新手，不清楚三类CCER项目和一类CCER项目的区别，所以大量买进。后来，主管机构发布了一个出乎所有人预料的通知——全国碳市场履约时，不区分一类还是三类，只要是CCER，都可以用于履约。三类CCER的价格在一夜之间暴涨十几倍，让以为把三类CCER处理给新人而占了便宜的交易老手们后悔不已。

6.1 理解碳市场

碳市场总体来说分为两种，一种是基于总量控制的碳市场，这种市场通常是由政府主导，强制让其管辖范围内的某些企业参与进来，未达到排放目标便会受到惩罚的市场，又称为强制减排市场。对于这种市场，有适用于它的整套顶层设计和实施方案，而且通常两个强制减排市场之间无法互通。另一种是自愿减排市场，对于这种市场，并没有明确的参与企业，也可以说，所有的企业甚至个人都可以参加。相对于强制减排市场，自愿减排市场没有那么多的条条框框。参与自愿减排市场的通常是各行业的头部企业及其供应链，为了履行其社会责任而参与。

碳市场建立的目的，一句话概括就是发挥资本在资源配置中的作用。简单点说，就是让钱自动流向减排性价比较高的领域，从而降低全社会的减排成本。我们可以想象一下，对于每个行业、每个企业，它们减少1吨碳排放所需要的投资是不同的，从投资收益最大化的角度来看，我们肯定优先选择减排成本最低的行业和企业实施减排。那我们通过什么方法找到这个减排成本最低的地方呢？引入资本，把减排量变成可量化的资产就是最好的方法，因为资本会自动流向可以产生更多收益的地方。

碳市场是如何通过总量控制来实现减排的呢？首先，我们计算出整个纳入碳市场的控排企业的总碳排放量，假设这个排放量是100亿吨。如果希望在第二年将这个数据降到95亿吨，我们不需要去推敲这5亿吨的减排量通过什么样的减排项目来实现，只需要将来年的排放配额总量定为95亿吨，然后下发给所有的控排企业。等过了这一年，要求企业上缴与其排放量等额的配额就行。这样，如果所有的企业都完成了上缴，并实现了履约，那么它们实际的排放量加起来就等于95亿吨，至于这些控排企业之间谁减排了这5亿吨，我们不用关心。在市场机制下，这种方法是最高效的。原理看起来很简单，但是执行起来，需要一个精密而复杂的体系来维护。

碳市场的总体架构

强制减排市场作为市场的一种，仍然需要具备作为市场的几个基本要素，即市场参与者、供需关系、商品、交易场所和交易规则等。因为碳市场中交易的是人为创造的、看不见摸不着的碳资产，所以要建立一整套体系来实现作为一种市场的几个基本要素。通常，这个体系叫作碳市场的顶层设计。

1．市场参与者

对强制减排市场来说，最基本的市场参与者就是纳入碳市场的企业，称为控排企业，对于哪些企业应该纳入，哪些企业不应该纳入，需要有明确的制度来规定。根据《全国碳排放权交易管理办法》，凡是碳排放在2.6万吨以上的企业，都会被纳入碳市场交易体系，这只是最终的状态，实际上这些企业不会被一次性全部纳入，而是分行业、分批次地纳入。目前，我国只有电力、钢铁、水泥、电解铝、石化、化工、造纸、航空八大行业的企业要求每年报送碳排放数据，而纳入全国碳市场的第一批企业只有电力行业。

除了控排企业，其他的参与方（如金融机构和个人投资者）也可以作为市场参与方，这样可以增加市场的活跃度，为市场注入更多资本。但也存在市场投机者的加入使控排企业的成本额外增加的可能，所以一般主管机构对控排企业以外的参与者是否允许加入持谨慎态度。

2．供需关系

强制碳市场的供需关系来自控排企业的履约需求，正如前面所说，基于总量控制的碳市场通过发放低于控排企业实际排放量的配额，倒逼企业采取措施减少碳排放。而从一个企业的角度来看，为使自己的排放量不超过配额，除了采取措施实施减排，还可以通过直接购买他人的配额来实现履约。这样就产生了供需关系。我们可以简单地认为减排成本低的或者配额有富余的是供应方，减排成本高的或者配额有缺口的是需求方。从这一点我们不难分析出，如何给企业分配排放配额是碳市场中至关重要的一环，所以需要一个科学、严谨的配额分配办法。

上述只是把配额作为纯粹的履约工具来看待时的一个解释。事实上，配额是一个标准化的无形资产，与股票十分相似，所以有很好的金融属性。未来，碳市场允许金融机构和个人投资者参与后，配额大概率会成为资产保值、增值的工具。在这种情况下，碳市场的供需关系就不能仅仅从履约工具这个层面来分析了。

3．商品

既然是市场，那肯定得有交易的东西。前面已经提到，配额是碳市场的主要商品，除了配额，大部分的强制减排市场还会引入补充机制。对于我国的碳市场，其补充机制就是我在本书第5章提到的CCER。CCER可以部分替代配额用于履约，这个替代的比例，在我国，全国碳市场总比例是5%；在我国的地方试点碳市场的数值则各不相同，在5%～10%范围内浮动。关于CCER项目的开发，也需要另一套完整的管理体系，这套体系已经在第5章进行了详细的介绍。

4．交易场所

由于碳资产是虚拟商品，为确保每吨碳资产的唯一性，需要中心化的管理方式，也就是需要一个中心化的注册登记系统和交易所，这有点类似于股票交易系统。目前，全国碳市场的注册登记系统在湖北，交易所在上海。各地方试点碳市场的交易所都在试点地区内。

碳市场的要素组成示意图如图6-1所示。

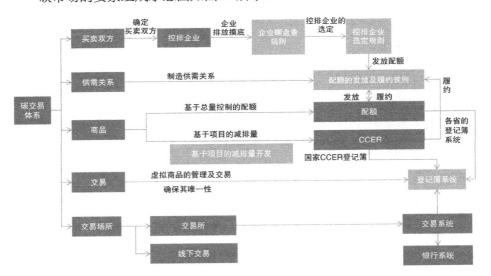

图 6-1　碳市场的要素组成示意图

碳市场的 MRV 机制

作为市场参与者，虽然我们不用完全理解一个碳市场是如何运转起来的，但其中影响市场价格和市场活跃度的重要机制，我们必须掌握，这样才能在相关政策变动时预判市场的变化。

第一个重要规则就是碳市场的MRV机制。MRV机制就是碳市场相关数据的监测（Monitoring）、报告（Reporting）与核查（Verification）机制的总称。M是指对企业（或设施）碳排放相关数据及信息进行监测，以保证碳排放数据的来源真实、准确；R是指企业（或设施）将其碳排放相关数据提交至第三方核查机构及政府主管部门；V是指第三方核查机构对企业（或设施）报告的数据进行真实性、准确性和完整性的核查。

碳排放相关数据的质量是碳市场运行成败的关键，而MRV机制的目的是为数据质量提供重要的保障。为了达到这个目的，MRV机制需要在以下三个方面保证碳排放相关数据的质量。

（1）准确性：保证目标企业（或设施）在确定的碳排放计算或监测规则下得出的碳排放数据的真实性与完整性。为了保证准确性，首先，要保证碳排放计算规则完善，不能出现错误的或者模棱两可的计算规则；其次，要保证碳排放计算所用原始数据的真实性，即要有明确的数据监测方法，保证提供的计算数据的相关信息真实与准确；最后，要保证计算过程完整与计算结果准确。

（2）一致性：保证设施与设施之间、企业与企业之间、行业与行业之间碳排放相关数据的质量相同。为了保证一致性，首先，要保证企业内部同类排放设施计算方法的一致性；其次，要保证不同行业之间对于同类排放设施计算方法的一致性；最后，要保证不同行业之间在计算方法上对精确度要求的一致性。

（3）透明性：保证企业（或设施）涉及碳排放相关数据计算的所有信息都是可重现和可追溯的，并且在一定规则的允许下是可公开的。

为了从这三个方面保证碳排放数据的质量，主管机构需要发布一系列的文件来规范MRV机制，这些文件统称MRV机制文件。MRV机制的法律框架如图6-2所示。

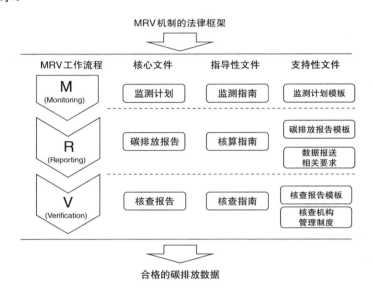

图 6-2　MRV 机制的法律框架

MRV机制对碳市场的影响主要表现在碳排放数据上。前面提到过，碳市场实现减排的主要机制就是通过发放低于企业排放量的配额，促进企业实施减排。但企业的碳排放数据是根据MRV机制计算出来的，若MRV机制变动或者有计算漏洞，则会导致企业计算出来的碳排放高于或者低于实际排放量。若高于实际排放量，则会导致市场的配额需求增加，碳价上升。若低于实际排放量，则会导致市场的配额需求减少，碳价下降。

在全国碳市场的碳核算规则中，曾经出现过一次小调整，在该次调整中，要求控排企业在计算煤炭燃烧排放量时，若其单位热值含碳量[①]这个参数没有进行实测，则必须采用高限值来进行计算。这样直接导致企业计算出来的碳排放高出实测值10%～30%。对一个大型发电企业来说，相当于多出上千万元的

———————————
① 关于碳排放计算部分，可以查看本书 2.5 节内容。

成本。本次调整的初衷是，倒逼企业实测煤炭的单位热值含碳量。但也带来了另一个后果，就是人们发现单位热值含碳量的实测过程并不在MRV机制的监管范围内，所以别有用心的人利用这个漏洞伪造单位热值含碳量数据，以此非法获取上千万元的收入，对碳市场造成了严重的负面影响。

碳市场的配额分配规则

一个参与碳市场的控排企业最关心的就是两个数据，一个是自己的碳排放数据，另一个是分配到自己手里的配额。从碳排放履约成本最小化、碳交易收益最大化的角度出发，企业都希望自己的碳排放越少越好，配额则是越多越好。碳排放的多少受MRV机制的约束，配额的多少则受配额分配方法的约束，这个方法就是配额分配规则。

前面提到过，分配的配额总体来说要低于总碳排放量才能促进减排。但落实到具体的操作上，配额到底低于总碳排放量多少，是免费发放还是有偿发放，是一次性发放还是分阶段发放，每个企业是按照企业自身排放比例发放还是按照行业的平均值比例发放，这都直接影响到整个市场的表现。

对于配额的分配方法，一般来说，主流的配额分配方法有两种：历史法和基准线法。

1. 历史法

历史法就是根据企业的历史排放量数据来计算并分配配额。例如，某个企业上一年排放了100吨，如果希望这家企业今年能减少10吨的排放量，那么可以给这个企业分配90吨的配额。如果它自身确实减少了10吨的排放量，那么90吨的配额对它来说就刚好够用。采用历史法来分配配额简单、易操作，早期的碳市场基本都采用这种方法。但历史法的缺点也很明显，就是对本来碳减排就做得好的企业不公平，反而"奖励"了原来不重视碳减排的企业。

我们可以设想一下，同样水平的两个企业，它们的排放量都是100吨。其中，A企业很重视碳减排，在其被纳入碳市场之前的碳排放已经从100吨降到了50吨；B企业不重视碳减排，碳排放仍然是100吨。如果采用历史法，要求企业碳排放每年下降10%，那么A企业需要减排5吨，B企业需要减排10吨。虽然A企业需要减排的量比B企业少，但A企业已经将减排做到极致，基本没有减排空间了；而B企业有很大的减排空间，可以轻松减排10吨，甚至努努力还可以减排15吨。A企业反而可能向B企业去购买它富余的那5吨配额。这种方法显然对A企业很不公平，明明自己付出了更多的努力，却还要出钱去买他人的配额。为了防止这种情况的出现，就有了第二种方法——基准线法。

2．基准线法

基准线法就是让企业不跟自己的历史排放量比，而是跟整个行业的排放水平比。简单点说，就是在整个行业的排放水平上画一条线，行业内企业的配额统一根据这条线来分配。显然，排放水平高于这条线的，配额肯定不够，需要到市场上买，排放水平低于这条线的，会有富余配额，可以拿到市场上卖。这条线要低于行业平均排放水平，这样才能起到促进企业减排的作用。

还是上面那个例子，A企业和B企业属于同一个行业，假如该行业划分的基准线为80吨，那么A企业因为之前已经做了减排努力，实际排放量只有50吨，所以即使它不需要再做额外减排，也会有30吨的富余配额。而B企业需要减排20吨才能满足要求。

历史法和基准线法的比较如表6-1所示。

表 6-1　历史法和基准线法的比较

分类	历史法	基准线法
说明	以企业的历史排放水平（通常为最近三年的平均值）为基础乘以减排目标系数得出	以某行业或者某产品的公认排放基准为基础乘以减排目标系数得出
优点	- 简单、易操作 - 绝对客观，避免人为影响造成的分配不均	使企业前期做的减排努力得到认可，减少前期做过减排的企业的减排压力，使配额发放更加合理
缺点	- 历史的企业排放量对配额分配影响很大 - 对前期做过减排努力的企业不公平	- 需要各行业的排放基准数据 - 对于多产品跨行业的企业，在配额分配时较为困难

经过上面的介绍，我们可以很容易得出基准线法比历史法好的结论。但现实中仍然有许多使用历史法的案例，因为基准线法对产品和数据的要求非常高。通常来说，基准线都是根据单位产品的碳排放来划定的。例如，1度电，我们统计完所有发电企业1度电的碳排放以后，就可以根据平均碳排放划定一条基准线。假如这条基准线为1度电0.5千克的配额。但因为发电类型和地区差异，导致这条基准线很难执行下去，如燃气发电和燃煤发电的碳排放差异本身就很大，发电机组容量的大小对碳排放的影响也很大，还有燃料类型、负荷率、冷却设备类型等，都会对碳排放造成影响。如果不考虑这些因素，就会导致不公。如果将这些因素都考虑进去，那就成了每个企业都有一个独一无二的基准线，跟历史法也就没了区别。

无论是历史法，还是基准线法，最终都是为了实现总量控制这个目标。如果我们往上追溯，会发现最初的配额分配是将整个地球可向大气排放的温室气体总量按照国别来进行分配的。然后，国家建立碳市场，并对纳入碳市场的控排企业进行配额分配。只不过国家之间的配额分配并不能简单地用历史法或者基准线法来分配。

目前，关于地球碳排放的配额总量和分配方法尚未正式提出，但相关基础工作已在推进过程中。首先是地球的碳排放总量，因为我们已经设定了1.5℃的升温控制目标，所以可以通过科学的方法反推人类可向大气排放的温室气体总量，这个数据大约是4000亿吨。其次是全球几乎所有国家都签署了《巴黎协定》，承诺将为完成1.5℃的温控目标量化自己的减排目标并落地执行，这就是后来各国提出碳中和目标的背景。但这自下而上的排放目标在汇总后与1.5℃的温控目标相差甚远。所以，在未来全球范围内，一场自上而下的排放配额分配势在必行。一个公平、合理，让多数国家同意的分配方案是分配成功的关键。想象一下，如果你是这次配额分配的执行者，你将按照什么原则将这4000亿吨分配下去？

电力行业还好，因为至少每个企业生产出来的产品（也就是电）没有任何差异。而其他行业生产出来的产品多少都有些不同，如何公平地给这些产品不同、产地不同、生产工艺也不同的行业定基准线是一项非常大的挑战。另外，虽然各行业的配额是互通的，但各个行业的基准线划分方式不一样，所以即使行业内的企业在基准线划分上得到了公平对待，也可能存在行业间配额分配不公平的问题。

MRV机制与配额分配机制可以说是碳市场中最核心的两个机制，如果我们深度挖掘，就可以了解这两种机制建立背后的原因，均是让市场上交易的每吨配额都是标准的产品，不会因为这吨配额出自某个特定的企业或特定的时期而不一样。只有大家都觉得这个配额是完全公平、可互换的，这个市场才会走得更健康、更长远。MRV机制及配额分配机制在碳市场中的作用如图6-3所示。

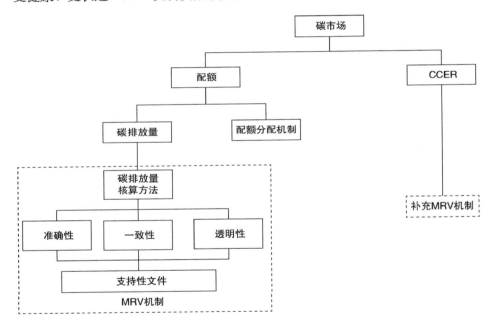

图6-3　MRV 机制及配额分配机制在碳市场中的作用

碳市场的交易规则

对一个交易市场来说，交易规则的科学性与合理性对市场表现的影响是非常直接的。我们以股票交易市场为例，影响股票交易市场表现的几个核心规则包括交易时间、交易涨跌幅和买入卖出制度。凡是炒过股的朋友对这几个规则都非常清楚，我国股票交易市场的交易时间为工作日的上午9：30～11：30，下午1：00～3：00。交易涨跌幅限制值为±10%。买入卖出制度为当日买入、次日卖出，即"T+1"。这样设置，总体上看是为了控制金融风险，也会影响到股票交易者的交易策略。假如这些交易规则改成可以全天24小时交易，并且不设交易涨跌幅限制值，当日买入、当日卖出，即"T+0"。那么，整个交易的逻辑就会发生大的变化，交易策略也需要随之变化。

碳市场是一个与股票交易市场极其相似的市场，所以目前我国的全国碳市场和地方试点碳市场的核心交易规则与股票交易市场类似。

全国碳市场政策体系如图6-4所示。

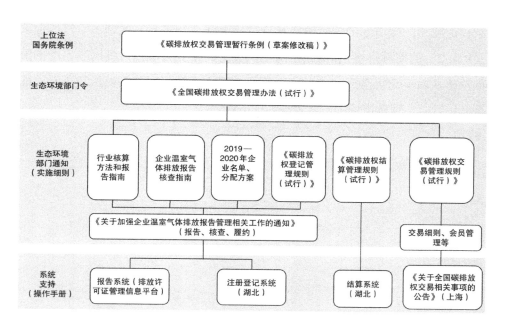

图6-4 全国碳市场政策体系

（资料来源：各政府机构官网，北京中创碳投科技有限公司整理）

6.2 全球碳市场概要

根据国际碳行动伙伴组织（ICAP）发布的全球碳市场进展2022年度报告，碳市场在全球范围内迅速发展，数量不断增加，覆盖范围加速扩大。目前，全球已建立25个碳市场，覆盖17%的温室气体排放，并有22个碳市场正在建设或考虑中，主要分布在南美洲和东南亚。全球将近1/3的人口生活在碳市场活跃的地区。全球范围内气候关注度的提高使得几乎所有碳市场的碳价在2021年呈上涨趋势，反映出市场参与者对未来各碳市场进一步收紧总量目标的预期。

2021年底，欧盟碳市场的配额价格突破100美元，创下历史新高，2021年全年市场拍卖收入达到367亿美元，同比增长近63%。从北美到亚太地区，几乎所有碳市场的配额价格和拍卖收入都呈现上升趋势。在北美地区，美国加利福尼亚州的碳市场的配额价格从18美元上涨至28美元，区域温室气体倡议（RGGI）的配额价格从8美元上涨至14美元。在亚太地区，韩国碳市场的配额价格从21美元上涨至30美元，而新西兰碳市场的配额价格也从27美元上涨至46美元。全球碳市场的价格表现如图6-5所示。

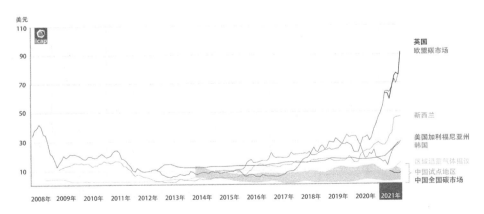

图 6-5 全球碳市场的价格表现

（资料来源：ICAP）

从交易金额来看，由于各交易市场的体量、价格及交易活跃度差异巨大，全球实际的交易额更加放大了碳市场的差距。全球碳市场的总交易额如图6-6所示。根据路孚特公布的相关数据，2021年全球碳市场的总交易额约为7600亿欧元，这个体量看起来不算小，但光是欧盟碳市场就占了90%以上的体量。其他真正称得上有实质性贡献的碳市场，也就英国、北美、中国、韩国和新西兰这几个市场。其中，中国碳市场2021年的交易额大约为89亿元，约占总交易额的1‰，几乎可以忽略不计。

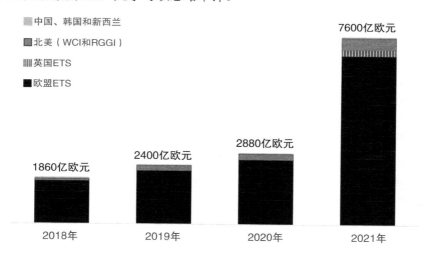

图 6-6　全球碳市场的总交易额

（资料来源：路孚特）

实际上，中国的碳市场不止1个，早在2011年，中国就发文批准了7个地方试点碳市场的建设，分别是北京、天津、上海、广州、深圳、湖北和重庆。2016年，福建也被批准建立地方试点碳市场，所以中国总共有8个地方试点碳市场。

上述碳市场虽然都在中国，但各自都是独立的市场，都有独立的市场规则，所以碳价也各不相同。从2013年中国第一个地方试点碳市场成立以来，这些市场的碳价总体在10～100元范围内波动，因为体制不完善、市场体量小等，这几年碳价并没有出现明显的上涨趋势，甚至有些市场的碳价相较于开

盘价还跌了不少。

2021年7月，中国又启动了全国性的碳市场，启动后，那8个地方试点碳市场并没有关闭，而是与全国碳市场并行，所以中国现在运行的碳市场有9个。全国碳市场启动后，碳价基本维持在40～60元这个水平，价格并未明显上涨，但这并不是因为这个市场不被看好，主要原因是市场参与者太少，目前只允许控排企业参与交易。从交易量来看，大部分的交易量都集中在履约的前几周，因为履约时，控排企业需要清缴与其碳排放等同的配额，对于配额不足的企业，必须在履约期前采购足额的配额，所以交易量自然就起来了。图6-7所示为2021年下半年全国碳市场交易价格及交易量。

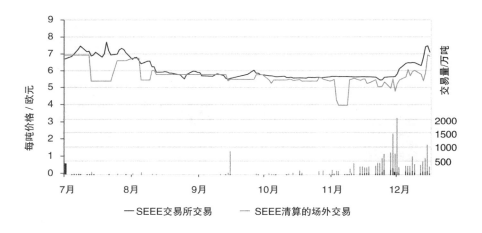

图6-7 2021年下半年全国碳市场交易价格及交易量

（资料来源：路孚特）

整个2021年，中国所有的碳市场累计约3.5亿吨的碳配额，成交额约为89.5亿元。虽然相较于欧盟碳市场，这点交易额尚显太小，但中国碳市场尚处于起步阶段，无论是碳价，还是交易活跃度，都还有很大的提升空间。就市场配额总量来说，中国碳市场要比欧盟碳市场大好几倍，欧盟碳市场每年发放的配额总量也就17亿吨左右，而中国碳市场仅电力一个行业的配额总量就超过了40亿吨，在陆陆续续地把其他行业纳入后，中国碳市场的配额总量有望接近100亿吨，比欧盟碳市场的5倍还多。所以，不出意外的话，在不久的将来，中国碳市场的交易体量也会超过欧盟碳市场，成为全球真正意义上的第一大碳市场。

6.3 中国碳市场发展的几个关键节点

正如前面所说，虽然中国碳市场的年交易体量目前不足一百亿元，但中国碳市场尚处于起步阶段，在未来总配额体量可能超过一百亿吨的预期下，中国碳市场的交易体量还有很大的发展空间。在未来碳市场的发展过程中，有几个关键节点，可能会让中国碳市场产生质的飞跃。对投资者来说，需要密切关注这几个未来可能发生的事件。

CCER 项目的重启

CCER是碳市场中配额以外的一种可以用于控排企业履约的资产，它与控排企业的碳排放无关，而是来自一些可以产生减排的项目，如风电、光伏、林业碳汇等。可以说是很好地拓宽了碳市场的边界，让任何人都有可能参与到碳市场中来，碳市场自然就会活跃很多。然而，由于种种原因，CCER项目的备案、签发工作于2017年暂停，至2022年中期也没有开放。虽然现在全国碳市场允许用CCER来履约，但因为长达5年没有新的CCER项目签发，市场已经基本没有可履约的量了。如果CCER项目能够重启，那么全国碳市场就会变得更加活跃。预计CCER项目重启后，中国碳市场的交易体量就能从现在的不到一百亿元达到数百亿元。

扩展碳市场纳入的行业

目前，全国碳市场只纳入了电力行业的2000多家企业，虽然是2000多家，但中国"五大四小"发电企业[①]就占据了绝大部分的份额，所以实际市场参与者远远低于这个数字。如果再纳入其他行业，那么参与者的数量将大大增加，交易自然也会慢慢活跃起来。根据全国碳市场总体规划，中国至少有八大行业将在未来几年内被纳入碳市场，除了电力行业，其他行业分别是建材、钢铁、有色、造纸、化工、石化和航空。预计最快明年，建材行业中的水泥行业和有色行业中的电解铝行业将会被纳入碳市场，其他行业也有可能在"十四五"规划期间被纳入，预计将所有八大行业纳入后，中国碳市场的体量将会达到千亿元级。八大行业被纳入全国碳市场的预测如图6-8所示。

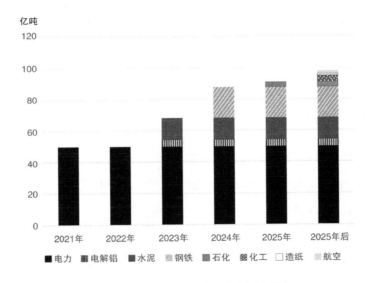

图 6-8　八大行业被纳入全国碳市场的预测

（资料来源：北京中创碳投科技有限公司）

地方试点碳市场与全国碳市场的合并

我国早在2011年就出台了政策启动地方试点碳市场的建设，其主要目的

---

① "五大"包括中国华能集团有限公司、中国大唐集团有限公司、中国华电集团有限公司、中国国电集团公司、国家电力投资集团公司。"四小"包括国投华靖电力控股股份有限公司（国投电力）、中国神华能源股份有限公司国华电力分公司（国华电力）、华润电力控股有限公司（华润电力）、中国广核集团有限公司（中广核）。

是为全国碳市场的建设积累经验。经过约十年的发展，这些碳交易试点地区都发展出了各自的特色，在试点建设过程中积累的大量经验和教训，为全国碳市场的建设提供了重要参考。

但是在全国碳市场启动后，地方试点碳市场作为"为全国碳市场建设探路"的主要目的已经不复存在。如果不与全国碳市场合并，地方试点碳市场反而会影响全国碳市场的发展。当然，两种市场的合并牵扯到多方面的利益，不是一件容易的事情。中国正在制订全国碳市场与地方试点碳市场的融合方案，如果实现了地方试点碳市场与全国碳市场的合并，那么将明显提高市场的活跃度，并提高中国碳市场的总体交易体量。预计实现地方试点碳市场与全国碳市场合并后，中国碳市场的体量就会达到数千亿元。

引入碳期货

期货交易可以明显提高市场的活跃度，因为如果没有期货交易，可能绝大部分控排企业只会在临近履约的时候才打开自己的账户，看看配额是不是够用，是不是需要去市场上买点配额——无论那时的碳价是高还是低，其他的时间可能连想都不会想起有碳市场这件事。

有了期货市场，就可以跨越周期确定碳价，为了最大程度地规避风险或者获得收益，随时都需要考虑买卖，自然交易就频繁了。事实上，在欧盟碳市场，有80%以上的交易都来自期货交易，可想而知，碳期货对于活跃碳市场的重要性。中国的广州期货交易所已经在碳期货方面做了充分的准备，相信在不久的将来就会上线。预计引入碳期货后，中国碳市场的交易体量就会达到万亿元级，可以和欧盟碳市场的交易体量"掰一掰手腕"了。

允许金融机构和个人投资者参与交易

这一举措可能是使碳市场真正走向大众的举措，不排除会出现全民进入碳市场的壮观场面。根据现行的《碳排放权交易管理办法（试行）》，金融机构和个人投资者是允许参与碳市场交易的，只是目前还没有开放。我想管理部门也是出于谨慎考虑，因为个人投资者的大起大落可能会引起系统性的金融风险，所以会等整个碳市场相对完善和稳定后，再引入金融机构和个人投资者。预计在允许金融机构和个人投资者参与碳交易后，中国碳市场的体量会达到十万亿元级，那时其交易额将超过欧盟碳市场，成为名副其实的全球最大碳市场。

6.4　影响碳价的几个关键因素

我们已经知道了如何参与碳市场，也知道了碳排放权是长期上涨的产品，所以迫不及待的你，可能已经摩拳擦掌，准备去碳市场一试身手了。但只要是一个自由交易的市场，无论长期如何看好，短期也可能有大的波动。如果你不打算把钱投进去十年以后再取出来，那么你在投资碳市场之前，还需要对短期影响碳价的关键因素有所了解。

首先，正如前面所说，碳市场的操作跟股票交易市场是十分相似的，也有K线图，股票交易市场那一套操作技术也可以拿到碳市场来用。只是这个市场里大体就只有两个品种：配额和CCER。这两个品种都是可以被控排企业用来履约的，不同的是，配额履约没有比例的限制，而CCER有限制。所以，配额的价格要比CCER高一些，一般情况下，配额的价格打7折就是CCER的价格。

影响市场价格的关键因素早期是市场供需关系，即控排企业对碳资产的需求量与市场能够供应的量之间的关系。这涉及市场的排放均值、配额分配方法及变更、产品的市场行情等信息。那这些信息是如何获得的呢？目前，相关数据的披露还做得不到位，但随着碳市场的规范化，相关的碳排放数据的披露也会更加规范和完善。不过，即使控排企业对碳排放数据披露得非常彻底，对一般人来说，也很难分析出对市场是利好还是利空。这就需要碳管理专业人士来分析了，我相信，碳市场发展起来后，类似的研报会有很多，跟现在股票交易市场的个股研报一样，可以多关注一下。

广东碳市场配额分配基准值变更情况（部分）如表6-2所示。

表 6-2　广东碳市场配额分配基准值变更情况（部分）

行业	行业分级		2013 年	2014 年	2015 年	2016 年	2017 年	2018 年	2019 年
发电 /（克 /兆瓦时）	燃煤	1000 兆瓦	770	825	825	825	800	800	800
		600 兆瓦 超超临界	815	850	850	850	825	825	825
		600 兆瓦 超临界		865	865	865	845	845	845
		600 兆瓦 亚临界		880	880	880	880	880	880
		300 兆瓦 非循环流化床机组	865	905	905	905	905	887	887
		300 兆瓦 循环流化床机组		927	927	927	927	908	908
		300 兆瓦以下 非循环流化床机组	930	965	965	965	965	946	946
		300 兆瓦以下 循环流化床机组		988	988	988	988	968	968
	燃气	390 兆瓦	415	390	390	390	390	398	398
		390 兆瓦以下	482	440	440	440	440	440	440
		分布式热电联产机组	/	/	/	/	/	/	/

到了后期，影响碳价的就不一定是供需关系了。我预计 5～10 年后，碳资产会成为从大基金到普通老百姓的主流资产配置之一，那时的碳资产会像石油一样，脱离了供需关系，而成为保值、增值的资产配置工具。2020 年的欧洲碳市场，在新冠肺炎疫情的影响下，碳资产成了部分大基金的避险资产，由此可见一斑。

影响碳价的另一个关键因素是碳资产的年份，这是跟股票交易市场不一样的地方，配额和 CCER 的价值根据出产年份可能会很不一样。早年中国地方试点碳市场对 CCER 就进行过年份限制，如对 2013 年以前的 CCER 限制使用，那么 2013 年以前的 CCER 基本就不值钱了。

另外，对于 CCER，项目类型也对价格的影响较大，如造林、风电、光伏的价格一般较高，水电和其他领域的 CCER 价格就要低一些。市场的偏好也不是一成不变的，造林项目在很早以前也曾经不被市场认可。

6.5　碳市场的主要业务模式

由于目前无论是地方试点碳市场，还是全国碳市场，交易量都不够活跃，成交不活跃，因此大部分的交易商是通过先线下撮合，再线上交易的方式来实现赢利的。碳市场的主要业务模式包括以下三种。

一般交易

一般交易就如同股票交易一样，在碳价低点建仓，在碳价高点卖掉。理论上，这种交易模式无门槛，无须专业知识，只要有钱就可以参与，也是大部分非业内人士唯一能参与碳交易的方式。这种方式也是大机构获取收益的主要方式之一。虽然全国碳市场目前还不允许金融机构和个人投资者开户，但地方试点碳市场基本都允许个人投资者开户。从地方试点碳市场启动到现在约十年的时间里，曾有多个市场经历过一两年内五倍甚至十倍的波动。如果找准时机入场，那么将获得超额的收益。不过对新手来说，把握入场时机并不是一件容易的事情，所以如果刚了解碳市场不久，建议先拿点小钱出来参与交易，赚钱了固然好，亏了就当交学费，也不会太心疼。

中介交易

因为目前碳市场线上交易清淡，所以真正有购买和销售碳资产需求的人都很难在线上自动撮合成交，造成了供需双方的信息不对称。这就给了中介们线下撮合的机会。有资金实力的中介会先逢低大量收购低价的碳资产，再转手卖给有购买需求的人。没有资金实力的中介则是做纯粹的撮合，并从中收取中介手续费。特别是在履约的前一个月，会出现大量的需求急单，在市场缺乏供应的情况下，通过线下的中介撮合，有助于买到足够的碳资产用于履约。2021年，全国碳市场履约前的最后一个月，出现了大量的配额需求急单，一些中介抓住这个机会获取了不少利益，最高曾出现过每吨5元中介费的报价，撮合一单交易就能获得上百万元的收益。这种纯粹通过信息差来获取收益的方式，会在控排企业逐渐熟悉市场规则及线上交易活跃后消失。

配额置换

配额置换是碳金融中风险最小的业务模式，因为控排企业可以使用约5%的CCER来履约，而配额与CCER有一定差价，所以去市场购买CCER，先和控排企业置换5%的配额出来，再到市场上卖掉，就可以赚取中间的差价。这几乎是一个稳赚不赔的业务，所以只要有周转资金和控排企业资源就能开展相关业务，这也是开展碳金融业务的公司常规的业务之一。这种业务模式比较适合本身持有CCER的人，因为不需要再去找CCER资源，配额置换相当于变相卖掉了自己的CCER。

6.6 CCER的价值及未来发展

CCER作为全国碳市场的补充机制，其价值已经得到肯定。相对于控排企业的配额交易，因为CCER涉及的行业覆盖面广、开发产业链长、可参与人员多，所以对一般企业或者个人来说，参与碳市场更容易的方式是参与CCER项目的开发及交易。但是，由于我国CCER项目的备案、签发从2017年3月暂停至2022年中期一直没有恢复，以及CCER存量持续降低，导致当前CCER的价格已经接近甚至有的已经反超配额的价格，这种扭曲的价格可能会使人对CCER抱有过高的幻想。所以，我觉得有必要对CCER的价值及其与碳市场的关系详细介绍一下。

CCER 项目的重启

CCER项目一定会重启，因为各级政府发布的相关文件都提到了要发挥可再生电力、林业碳汇等项目在碳市场中的作用。这些项目想进入碳市场，只有通过CCER项目。只是CCER项目在重启后，是否仍然按照以前的制度执行是个未知数。这就使当前准备申报的CCER项目增加了不确定性，假如CCER项目重启后，规则大变，原本可以申报的项目在规则改变后不再适合申报CCER项目，那将让做了多年准备的申报者前功尽弃。在我看来，林业和农业类的CCER项目属于国家重点支持的方向，保留下来的问题不大。而可再生能源发电类项目存在较大的不确定性。幸运的是，可再生能源发电类项目即使不能申报CCER项目，也可以通过申请国际／国内绿证的方式来实现自己的环境权益价值。

CCER 的体量及价格

目前，CCER的价格几乎与配额持平的主要原因是，2017年3月以来，CCER都是净消耗而无产出，导致当企业想拿出5%的配额用于置换CCER来赚取差价时，无CCER可置换。根据前面的碳市场规则，全国碳市场中的控排企业允许使用5%的CCER。也就是说，如果CCER的价格比配额的价格低，控排企业就可以先购买5%的CCER来履约，然后把置换出来的配额拿去卖掉。从供需关系的角度来看，在不考虑自愿减排市场的情况下，仅当CCER的供应量高于总碳排放量的5%时，CCER的价格才可能低于配额的价格。按照我国碳市场当前体量40亿吨来计算，只有每年CCER的供应量超过2亿吨，CCER的价格才可能低于配额的价格。如果未来全国碳市场将所有行业都纳入进来，碳市场的配额总量将达到100亿吨，那么CCER的需求量将达到5亿吨。现在市场上的CCER存货已经低于2亿吨，在CCER项目重启之前，CCER的价格将会无限接近但不会超过配额的价格。假如CCER的供应量超过2亿吨，那么CCER的价格将随着CCER的供应量的增加而降低，最终与主流自愿减排量的价格持平。

那么，CCER项目重启以后，CCER的供应量会是怎样一个体量呢？根据我国目前CCER项目的审定及备案信息，截止到CCER项目停止备案，我国共有约3000个项目进入备案程序，这些项目预期的年减排量约为3亿吨，如果只考虑已经备案的项目，其年减排量是1.3亿吨左右，如果把水电、风电、光伏三大可再生能源发电项目去掉，其年减排量大约是4000万吨，离2亿吨的

CCER需求越来越远。可见三大可再生能源发电项目在CCER项目中的占比非常大，如果将这部分项目移出CCER机制，那么将大大增加CCER项目的稀缺性，满足全国碳市场2亿吨的需求基本不可能，间接提高了其他CCER项目的价值。

但我们还需要注意的是，CCER项目一旦完成备案，这个项目至少在未来的10年内，每年都将产生减排量，CCER项目的年减排量将随着年份的增长而增加。一旦CCER项目重启，积压了这么多年的项目进入申报通道，届时可能在短时间内签发大量CCER，导致CCER的价格下跌，但总体来看，如果CCER机制不剔除可再生能源电力项目，那么预计每年CCER的签发量会快速增加到3～5亿吨，届时CCER的价格可能会跌至配额的50%～70%。如果CCER机制剔除可再生能源电力项目，或者市场的配额容量扩张至100亿吨左右，那么CCER可能会长期保持略低于配额的价格。

配额与 CCER 之间的价格影响

我在前面分析CCER的价格时，始终提的是以配额价格作为参照的相对价格，因为CCER相当于一个低配版的配额。控排企业在进行履约时，配额可以无限制使用，而CCER只能按照企业总碳排放量的5%来履约。所以，理论上，在当前的碳交易机制下，CCER的价格永远不可能超过配额的价格。但在未来，可能还有其他因素对配额和CCER的价格产生影响，如有效期。假如今后对配额设置了有效期，过期作废，而CCER的有效期长于配额，那么CCER的价格可能高于配额的价格。目前，全国碳市场还未对有效期有过规定，所以默认配额和CCER均为长期有效。

CCER可用于履约的比例只占总碳排放量的5%，即使CCER的供应远远大于需求，也不会影响配额的价格。但配额发放的多少会影响CCER及配额自身的价格。

那么，CCER的价格和配额的价格是如何相互影响的呢？我们可以把CCER的供应增加分为三个阶段。第一个阶段是CCER加上配额的总量低于总碳排放量，且CCER总量低于总碳排放量的5%的阶段。这个阶段的配额和CCER都完全不够用，所以CCER与配额等价，且不会影响配额的价格。

第二个阶段是CCER加上配额的总量高于总碳排放量，但CCER总量仍低于总碳排放量的5%的阶段。这个阶段虽然CCER需求还未达到上限，但CCER加上配额的总量超过了总碳排放量，就会有部分履约的碳资产溢出。所以，总体的碳价会下跌，无论是CCER还是配额。

第三个阶段是CCER加上配额的总量高于总碳排放量，CCER高于总碳排放量的5%，这个阶段就只有CCER溢出了。配额的价格并不会再因CCER供应的增加而下跌，但CCER的价格会随着供应的增加而下跌。

以上分析都是建立在配额的发放量低于排放总量的基础上的。如果配额的发放量高于排放总量，那么CCER无论供应多少，都不会影响配额的价格，而只会影响自身的价格。CCER签发量的增加对配额及CCER的价格的影响如图6-9所示。

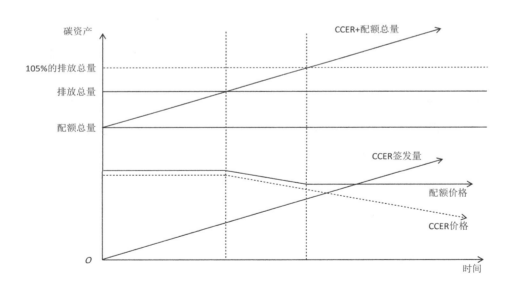

图 6-9 CCER 签发量的增加对配额及 CCER 的价格的影响

6.7 自愿减排市场及其未来发展

自愿减排市场是企业及个人为实现自身的减排目标而自愿参与碳交易的市场。随着"双碳"议题的发酵，自愿减排市场的规模扩张速度要比强制减排市场快很多。根据路孚特公布的数据，2021年11月初，全球自愿减排市场交易额达到10亿美元，创下历史最高值，同时交易量达到了历史新高，1—11月的交易量达到3亿吨。成交价格也实现了稳定增长，2021年的平均价格约为3欧元／吨。自愿减排交易所CBL的交易数据[①]如图6-10所示。

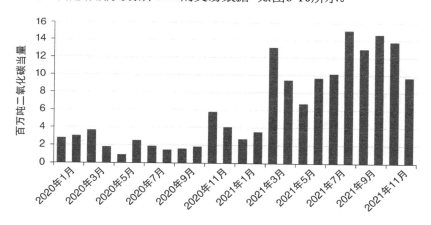

图 6-10　自愿减排交易所 CBL 的交易数据

（资料来源：CBL Markets App）

在自愿减排市场中，自愿通过购买碳信用实施减排的企业，具体购买哪种碳信用来做抵消，全靠企业自己的偏好。除了VCS、GS、REDD+等纯粹为自愿减排市场建立的企业碳信用机制，CDM下的CER及我国的CCER都可以成为这些自愿减排企业完成减排目标的手段。

对我国来说，在我国提出"双碳"目标之前，国内几乎没有非控排企业

---

① 自愿减排市场因没有统一的交易市场，所以无法进行完整统计，CBL是最大的自愿减排交易所，约占自愿减排市场总额的40%。

提出自愿减排目标。但国内的VCS、GS等自愿减排项目，因CCER项目申报的暂停，反而得到了蓬勃的发展。即使是现在，开发这些国际性的自愿减排项目，并将开发出的碳信用卖给国外买家，也不失为一种选择。在我国提出"双碳"目标之后，国内也开始有一些头部企业宣布了碳中和目标，并且开始采购可用于实现其减排目标的碳信用。从目前来看，国内自愿减排市场的主要采购需求是CCER，目前尚处于起步阶段，预计在未来的3～5年内，将成长为千万吨级的市场。所以，在我国，除了强制减排市场，自愿减排市场也会消耗掉一部分CCER。

6.8 《巴黎协定》第六条对碳市场的影响

2021年，在英国格拉斯哥召开的第26届联合国气候变化大会（COP26）上，《巴黎协定》第六条（国家之间减排量转让的规则）机制得到了初步的确定，这标志着未来将建立起一个跨国的碳市场。这也将对当前国内碳市场（无论是强制减排市场，还是自愿减排市场）产生深远的影响。

ITMO 的提出

根据COP26的决议，未来将建立起一套类似于CDM的国际减排量认证机制。在该机制下，会产生一种称为国际可转让减排成果（ITMO）的国际通用减排量。ITMO将直接影响交易双方国家的国家自主贡献（NDC）。

简单点说，转出ITMO的国家，需要相应提高转出部分的减排目标；转入ITMO的国家，则可以相应降低转入部分的减排目标。例如，A国转移了100吨的ITMO给B国。那么，A国根据其NDC的排放额度需要下调100吨，而B国根据其NDC的排放额度可以上调100吨。

在这种机制下，ITMO将成为全球最硬通的碳资产。我们也不难想象，ITMO将会是全球最大的碳市场交易品种。

对既有碳市场的影响

《巴黎协定》第六条相关机制的落地，对于既有碳市场的影响主要表现在以下三个方面。

首先，全球碳价会以ITMO为准绳相互靠拢，最后形成一个统一的碳定价体系。因为ITMO适用于所有国家的NDC，所以它将拉平各国的碳价。为了防止巨量低价碳市场的ITMO向高价碳市场冲击，造成ITMO的倾销，不排除各国会设定ITMO的使用上限。这个类似于我国强制减排市场中5%的CCER使用上限。

其次，跨国自愿减排市场可能被瓦解。一些跨国公司在制定其碳中和战略时，通常会考虑将采购自愿减排量作为实现碳中和的手段之一。这种出于履行企业社会责任而购买并抵消碳信用的方式，是受到认可并且鼓励实施的。但如果考虑到今后每个国家都要考核其NDC的实现情况，并且在考核过程中，对于国际减排权的转移，只承认ITMO时，其他的自愿减排碳信用就变得尴尬。

例如，美国A公司采购了中国1万吨VCS减排量，并宣传通过碳抵消实现了碳中和。但美国和中国并不会将这笔账记在自己国家的NDC上。这将减弱企业实施自愿减排的意义。当然，如果企业愿意购买ITMO来实现自己的碳中和，那就不存在这个问题。总之，当前纯粹为自愿减排市场服务的减排机制在《巴黎协定》第六条机制落地后可能面临巨大挑战。

最后，中国可能会对任何形式对外出售的碳资产进行强管控，因为无论出口的碳资产是否得到了《巴黎协定》第六条机制的认可，只要产生了交易，在未来都有可能影响到国家的NDC。

机遇

对我国来说，《巴黎协定》第六条机制的落地可以说是个重大利好。它除了可能拉高国内的碳价，我国作为曾经最大的碳资产出口国，ITMO机制也可

能让我们续写往日的辉煌,让我国的碳市场参与者将买卖做到国际上去。虽然现在相关制度还没有完全落地,但我们可以从以下两个方面提前做好准备。

根据COP26的相关决议,ITMO大概率会基于CDM进行改进,并且明确了2013年以后注册的CDM项目产生的CER[①]可以用于首次NDC。所以,这些项目有可能成为第一批合格的ITMO,我们可以通过各种形式锁定这部分权益,密切关注相关制度建设的进展,等到相关制度建立起来后,迅速申请签发,成为第一批ITMO。

此外,对于我国在海外开发的具有碳减排属性的投资类项目,现在也可以提前布局,按照申报CDM项目的要求进行资料准备。等相关规则确定后,可作为新项目申报。

6.9 碳金融业

碳金融就是以碳资产本身为工具的业务,传统金融市场五花八门的业务和衍生品理论上都适用于碳金融。但目前我国碳金融的发展还处于早期阶段,碳期货目前还没有启动,所以可开展的业务也相对较为简单。目前,较为成熟的碳金融业务包括配额置换、配额托管和配额融资,还包括二级市场的碳资产交易。

配额托管

配额托管就是让控排企业把配额交给你打理,赚了钱一起分,这个跟股票交易市场里面的交易员帮你打理股票账户或者购买股票型基金是一个意思。相当于交易员拿着控排企业的配额筹码去碳市场里面"炒",为了防止交易员直接将配额转走,交易所会充当第三方监管的角色,如上海环境能源交易所推出的借碳交易业务。这类业务风险较大,非常考验交易员的专业知

---

① 关于CER的来龙去脉请参考我的另一本书《碳中和时代:未来40年财富大转移》的第6章,这里不再赘述。

识，还需要一点运气，配额持有者是部分承担风险的，所以此类业务当前主流的合作方式对业主的承诺是"保本但不保收益"。

配额融资

2021年7月，中国人民银行发布了行业标准JR/T 0228—2021《环境权益融资工具》。在该标准中，介绍了三种环境权益融资的典型流程，涉及的三种融资工具包括回购、借贷和抵质押贷款。

回购是指交易双方同时达成出售和回购协议，其中一方同意出售环境权益，另一方可以抵质押品交换。回购条款通常约定以特定的价格，在协议约定的未来某一日期购回相同或等同的环境权益。这种模式有点类似当铺，就是先以一个约定的价格把配额卖出去，换来流动资金，然后在约定的时间以约定的价格买回来。图6-11所示为国泰君安碳回购交易流程。

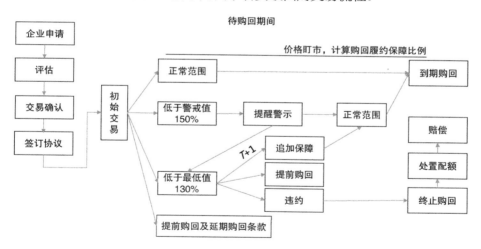

图 6-11　国泰君安碳回购交易流程

（资料来源：国泰君安）

借贷是指交易双方达成一致协议，其中资金融出方同意向资金融入方借出环境权益，资金融入方可以提供担保品附加借贷费作为交换。同时，资金融出方依然保留所借出环境权益的部分权利。这种模式类似于抵押贷款，不

过贷的不是钱，而是碳资产，目前市面上尚未听说实际案例。

抵质押贷款是指资金融入方以环境权益作为抵质押物向资金融出方申请获得贷款的融资活动。这种业务也类似于抵押贷款，不过这次抵押物变成了碳资产，贷的是钱。这种业务在很多银行及金融机构已经是成熟的业务了。例如，2017年，四会市骏马水泥有限公司通过抵押125万吨配额从四会农商银行融资600万元，用于企业的节能减排技术改造。

配额融资存在一个比较大的缺点，因为企业在每年的固定时间点需要履约，配额一年至少需要回笼一次，所以利用配额进行融资的方式只适合有短期资金需求的情况。

其他碳金融业务

2021年2月8日，全国首批6只碳中和债券在银行间债券市场成功发行，合计发行规模为64亿元。这是全球范围内首次以"碳中和"命名的贴标绿色债券产品。碳中和债券是指以投资碳减排项目为目的而发行的债券，其性质与绿色债券没有区别，但债券能否发行成功主要看发债主体的信用等级。

2021年5月，国泰君安发行了首单挂钩碳排放配额的收益凭证，这类收益凭证是收益率与特定碳市场价格挂钩的金融产品。挂钩标的为广州碳排放权交易所广东省碳排放配额（GDEA）。除此之外，有用于投资减排项目和碳市场的碳基金等金融业务。随着"双碳"目标的推动和全国碳市场的启动，未来将会有更多的碳金融产品出现。

第 7 章 | Chapter 7

企业碳管理

1. 企业碳管理的主要工作内容有哪些？

2. 如何为企业设定一个合理的碳目标？

3. 如何搭建一个完整的碳管理体系？

4. 设想自己是一个大型集团公司的碳管理负责人，尝试安排一下第一年的工作。

从宏观角度来说，人社部之所以将从事"双碳"相关职业的人统称为碳排放管理员，而不叫核算员或者交易员，是因为核算员也好，交易员也好，都只是我们管理好企业碳排放的一个职位，而要管理好一个企业的碳排放，还需要将这些业务在更高的层次组合成一个体系。所以，本章的内容会将前面的具体业务组合起来，最终形成一个管理企业碳排放的总体方案。

企业碳管理按照管理的目的来分，可以分为两种：一种是作为控排企业，为了实现其参与碳市场过程中的履约成本最小化、碳资产收益最大化而进行的管理；另一种是作为非控排企业，为履行企业社会责任或完成利益相关方要求而制定碳减排或碳中和目标，并制定一套支撑其完成碳目标的管理制度。二者在实际操作过程中，因为目的不同，所以管理的形式差别较大。

控排企业的碳管理，因其目的较为单一，且我国的地方试点碳市场已经运行了约十年，积累了大量的实操经验，也培养了大量的管理人才，所以控排企业的碳管理不是急需解决的问题。而非控排企业的碳管理对于我国，可以说是处于新起步阶段，因为在我国提出"双碳"目标之前，我国几乎没有非控排企业在公开场合提出过减排目标，也就没有碳管理的需求。但在"双碳"目标提出后，在短短两年的时间里，几乎所有行业的头部企业及上市公司，都在考虑建立或者已经建立了专门的碳管理部门，用于制定公司未来几十年的碳战略，并建立一系列的制度来保证公司碳战略的落地。因为碳管理属于全新的业务，所以大家都尚处于尝试和摸索的过程中。本章将以大型非控排企业的碳管理为重点，以一个刚成立的碳管理部门负责人的角度，结合我对企业碳管理的认识和经验，来介绍企业如何实施碳管理。表7-1所示为控排企业与非控排企业在碳管理业务方面的区别。

表 7-1　控排企业与非控排企业在碳管理业务方面的区别

业务领域	控排企业	非控排企业
组织层面碳核算	必须严格按照指定的核算指南进行核算和报告	无特定要求，可按照国际核算指南进行核算和报告
产品层面碳核算	无要求	国内尚无官方指南，可按照国际核算指南进行核算和报告
碳目标、指标及实施方案	无要求，以政府发放配额的形式控制企业碳排放	基本要求
碳管理体系	根据监测计划建立简单的碳核算管理体系	无成熟指南，需要制定一套囊括碳管理所有业务的操作体系
碳资产管理	基本要求	无固定要求，若企业有开发碳资产的潜力，则可以纳入管理
碳资产开发及碳交易	基本要求	主要作为采购方参与
外部影响及沟通	无要求	基本要求，需要建立外部影响及沟通机制

7.1　企业碳管理需要开展的工作

身处公司一个全新设立的部门，在当前状态下，未来需要开展哪些业务，公司内部应该是没有任何人可以能给你提出建议的。所以，未来的工作计划完全需要你自己来制订。我们可以按照最终目标的达成来反推需要开展哪些工作。

要想实施碳管理，对公司的碳排放情况进行摸底一定是第一步。考虑到公司需要实现全产业链的碳中和，我们需要按照国际标准对公司范围一、范围二、范围三的碳排放都进行摸底。同时，考虑到未来可能需要申请产品碳标签及开发碳中和产品，在进行前期碳排放摸底时，也需要对每个产品的碳足迹进行摸底。

对一个大型企业来说，可能会有很多的分支机构及产品。对于这些机构和产品中的大部分，可能是首次进行碳排放相关数据的收集及计算。所以，我们不期望第一次摸底就能得到满意的碳排放数据。特别是范围三和产品碳足迹部分，它们还涉及供应链的上下游。我们需要制订一个详细的计划，先摸清当前的企业数据状况，再进行初步摸底，然后根据当前的数据质量制定质量提升的短、中、长期规划。

完成数据摸底后，我们下一步需要根据企业的碳排放情况制定短、中、长期的减排目标，通常最终的目标是实现全产业链的碳中和。为实现这个目标，我们需要制定分领域、分阶段的细分目标及指标。这是一个需要与生产部门和公司决策者共同讨论的过程。我们需要先对公司的行业特性及碳排放特点进行充分的认识，然后根据公司的实际情况，将碳目标分解成决策者和其他执行部门可以理解的非碳目标，最后在其他执行部门和决策者一致同意的情况下，确定最终的碳中和目标、指标及实施方案。

通常情况下，为了实现碳中和，相关目标、指标及实施方案需要持续采用数十年的时间。我们需要一套碳中和实施效果的目标考核和追踪机制，以保证我们制定的碳中和规划能够按照既定计划实施。这套机制将涉及碳中和相关绩效考核机制的设计、各种指标的计算方法、对应的奖惩机制等。

在实现企业减排目标的措施中，通常会涉及对外采购绿色电力、绿证或者碳资产等环境权益，所以我们还需要预测每年需要采购环境权益的量，制定相应的采购策略，提前确定采购预算。

非控排企业实施碳中和，无论是自身社会责任的驱使，还是利益相关方的要求，都需要非控排企业在各种场合公开展示自己在碳中和领域所采取的措施及成就。所以，非控排企业对外展示自己的碳中和工作也是碳管理的重要一环。通常来说，发布碳中和的年度进展报告是常规业务，我们可以随企业的ESG[①]报告或者可持续发展报告一起发布，也可以单独发布碳中和的年度进展报告。除了报告，参与碳披露（CDP）、科学碳目标倡议（SBTi）等国际倡议组织，并在这些组织里获得较好评级，也是提高企业在碳中和方面影响力的必要手段。

为了让这些措施得到落地，参与制定、实施这些措施的人都需要具备较为丰富的碳管理知识。而对于非控排企业，绝大部分人可能连碳管理这个概

---

① 环境、社会、公司治理的统称，是当前企业可持续发展的一种主流评价方式。

念都没听说过。所以，整个公司相关人员的碳管理能力建设也是一件比较紧迫的事情。为此，我们需要制订详细的能力建设计划，确定什么样的岗位必须掌握什么类型的碳管理知识和技能，然后设计相关培训课程，邀请讲师进行培训，并且设计合理的考核机制，确保培训切切实实提升了相关人员的碳管理专业水平。

以上工作将涉及许多部门、许多人员，前后历时会长达数十年之久。完全靠一两个人很难将工作持续地推动下去。所以，我们需要制定一套碳管理体系，将每项业务所涉及的每个人，应该在什么样的时间、什么样的地点做什么样的事情给规定下来，这样才能让碳管理的工作持续下去。

身处一个大型集团的碳排放管理部门，我们的任务并不是把上述任务揽下来全部自己做，因为我们不可能是全能型选手，什么业务都做得很好。我们需要做的是，对于每项业务，选择有实力的供应商为我们提供服务，我们要做好项目的管理及质量把控。做到这一点并不比自己做轻松，如果你对这些业务没有清晰的认识，就无法辨别供应商提供的服务质量是好是坏，最终呈现的整个企业的碳管理水平就可想而知了。

7.2　碳排放摸底

摸清碳排放家底是一切碳中和规划的基础，摸清企业碳排放家底最基本的要求是量化企业的碳排放。正如前面所说，企业想要摸清碳排放家底，需要从组织层面和产品层面开展工作。这正好对应了本书第2章和第4章的内容，所以这里不再展开讲。

对于组织层面的碳核算，我们需要选定特定的碳核算指南来开展碳排放摸底工作。在实操指导方面，只有国际上的《温室气体核算体系》和国内的《行业企业温室气体排放核算方法与报告指南（试行）》（以下简称《核算指南》）能够胜任。两者的内容又有一些细微的差别，如目前国内的《核算指南》并不包括范围三的排放，而国际上的《温室气体核算体系》已经对此进行了更新；国内的《核算指南》对一些排放因子提出了明确的要求，国际上的《温室气体核算体系》却没有相关数据。

对于想要实施碳中和的非控排企业，因为考虑到要计算范围三的排放和基于供应商的范围二的排放，所以首选国际上的《温室气体核算体系》。但随着全国碳市场对控排企业的纳入范围逐渐扩大，这些企业也很可能在不久的将来被纳入全国碳市场交易体系。所以，建议企业在最初摸清自身碳排放家底时，同时按照两套核算方法来计算企业碳排放。其中，国际上的碳排放数据应包含基于区域的碳排放数据和基于供应商的碳排放数据两种，以便企业后期在提高可再生能源电力使用比例时能反映在温室气体排放数据上。表7-2所示为国际和国内企业温室气体核算体系的异同。

表 7-2　国际和国内企业温室气体核算体系的异同

编号	分类	《温室气体核算体系》（GHG Protocol）	《行业企业温室气体排放核算方法与报告指南（试行）》
1	应用场景	国际温室气体排放数据披露	国内碳市场配额分配及履约依据
2	核算边界	股权比法、财务控制权法、运营控制权法	以法人主体为核算边界
3	运营边界	范围一和范围二必报，范围三选报	范围一和范围二必报[①]，范围三不涉及
4	基准年的设定	需要设定基准年，以便长期跟踪碳排放变化	不涉及
5	排放源的识别	需要自行识别排放源	对照相应行业指南进行排放源的识别
6	排放数据的获取	按照准确性原则采用企业活动数据	
7	排放因子的采用	无特定要求，主要参考 IPCC 2006	采用相应行业指南中规定的排放因子
8	排放量化方式	通过活动数据 × 排放因子	
9	排放数据质量管理	实施排放清单质量管理体系	编制监测计划
10	可再生能源电力使用的认可	在计算电力排放时，可以报送基于区域的碳排放和基于市场的碳排放两种，其中基于市场的碳排放认可可再生能源电力的使用为零排放	不认可

① 国内的《行业企业温室气体排放核算方法与报告指南（试行）》中并未引入范围一和范围二的概念，但其能源直接排放、能源间接排放的意义分别和范围一的排放、范围二的排放等同。

对于产品层面的碳核算，目前国内尚无官方的核算指南，所以在选择上可以参考 ISO 14067，但对一些数据的选取规则、副产品的排放分配规则等还需要进行细化。最好的办法是企业内部建立一套契合产品特性的产品层面碳核算企业标准，在国家发布官方的产品碳足迹标准之前，可以采用企业自己制定的核算标准。

7.3 碳中和目标的制定

在完成碳排放摸底后，我们需要根据企业碳排放情况及行业特点制定碳中和目标。在碳中和目标制定方面，并非提出"到××××年实现碳中和"就算完成了目标的制定，因为这种单薄的目标并不能让他人信服。一个好的碳中和目标，涉及企业在时间和空间上的、契合自身行业特点和企业特点的一个综合性目标和指标。目前，国内外已经有不少企业提出了各具特色的碳中和目标，这些目标的提出方式都可以作为不错的参考。除此之外，SBTi 发布了净零目标的标准，提出了一套科学设定碳中和目标的方法，这个标准也可以作为我们制定碳中和目标的参考。

碳中和目标的空间范围

碳中和目标的空间范围是指，我们的碳中和目标需要包含哪些范围的碳排放。对于一般企业，范围一和范围二排放的中和属于最基本的要求。目前，主流的碳中和目标及 SBTi 的净零目标标准都要求提出范围三的碳中和目标。范围三包含的范围非常广，我们可以根据自身特点选择占比较大的领域实施碳中和。其中，有一种介于范围一、范围二与范围三之间的产品碳中和目标，可以根据企业自身产品的情况提出，如果企业的产品属于快消品，那么产品的碳中和目标是个不错的选择，因为让消费者知道自己买的是碳中和的产品，除了可以彰显企业在碳中和方面的成就，还可以培养消费者的零碳消费习惯。除此之外，未包含在范围三内的，因企业的业务影响产生的碳排

放，也可以纳入我们的碳目标范围，如阿里巴巴集团提出的让其业务生态圈企业减少15亿吨碳排放的目标。更进一步地，可以提出中和掉企业自成立以来的所有温室气体排放的目标。这个目标非常激进，也比较特殊，目前只有微软公司提出。如果我们公司的历史排放水平并不高，也可以考虑提出这个目标。

碳中和目标的时间范围

在我们所有的碳中和目标、指标中，每种目标实现的时间是一个非常关键的指标。如果我们的碳中和目标的实现时间定在2060年，那么目标即使定得再详细，也没有任何意义。因为中国整个国家的碳中和目标的实现时间都是2060年，我们作为一个企业，奔着中国碳中和的截止日期去提碳中和目标又谈何先进性？所以，对一个企业来说，任何维度的碳中和目标的实现时间都尽量不要定在2050年以后。根据国内外已提出的碳中和目标，通常情况下，自身运营的碳中和（范围一、范围二）目标的实现时间一般定在2030年，全产业链碳中和（范围一、范围二、范围三）目标的实现时间一般定在2050年。中间的年份可以适当穿插阶段性目标。图7-1所示为碳中和目标在时间与空间序列的延展。

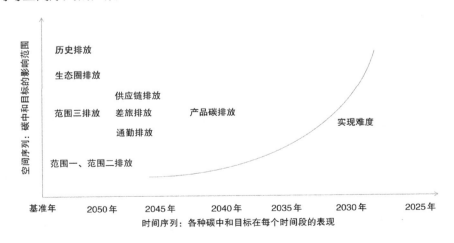

图 7-1 碳中和目标在时间与空间序列的延展

碳中和目标的行业特性

我们在制定碳中和目标的时候，如果不考虑行业特性，就会发现同样一个目标在某一行业几乎无法实现，而在另一行业实现起来不费吹灰之力。例如，火力发电行业，要实现其自身运营的碳中和将付出巨额代价；而金融行业，其自身运营的碳排放低得可以忽略不计，自然实现运营层面的碳中和就不是什么难事。所以，根据企业性质的不同，在实现碳中和的路上，各自需要结合自己企业的行业特性提出目标。

不同行业在碳中和目标方面的侧重点如图7-2所示。对于高能耗行业，减少自身排放量将成为其为国家实现碳中和所做的主要贡献；对于终端消费行业，减少整个供应链的排放量才是其实现碳中和的核心；对于金融行业，比起自身的碳中和，从投资的角度，将资本引向更低碳的领域则更为重要；对于高科技行业，利用自身在科技领域的技术优势助力其他领域的减排，则更能发挥其在实现国家碳中和中的作用。

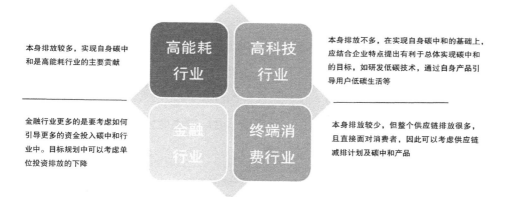

图 7-2 不同行业在碳中和目标方面的侧重点

碳中和目标的制定流程

在实际的碳中和目标的制定流程中，我们可以从两个方面出发。一方面，要通过搜集同行企业提出的主要碳中和目标的内容及时间节点，如果没有同行提出，那么将范围扩大至供应链上下游。通过这个动作，我们可以掌握行业内各企业提出碳中和目标的时间节点及它们各自的特点。这可以保证我们提出的碳中和目标在不脱离行业目标的同时，领先其他企业。另一方面，根据企业自身的排放特点，分析出主要的降碳路径，然后将这些路径"翻译"成非碳的项目，与相关负责人讨论实现的可行性，以及达成的时间。这样，我们对企业长期目标和短期指标的认识就有了一个轮廓。

下一步，我们需要细化目标，从而将轮廓变得清晰。首先，对于长期目标，我们需要确定几个主要目标，一般为运营层面碳中和、产品层面碳中和、全产业链碳中和。然后，对照着我们的碳排放数据清单，列出每个排放源实现净零排放的方法。再将这些方法转化成非碳的次级目标和指标。这些目标、指标通常包括节能、电能替代、零碳电力等。最后，将这些指标以实现最终碳中和目标为终点，倒推以5年左右为一个时间节点的目标。至少前5年的目标、指标需要再进行细化，这点需要与执行部门讨论可行性，并得到其同意。

这里需要重点注意的是，对于运营层面的碳中和目标，可以设定碳排放的绝对值目标，也可以设定碳强度目标。如果企业本身属于实现全球碳中和目标的支撑行业（如风电、光伏、储能、新能源汽车等行业），那么未来很可能会扩张，其绝对碳排放可能会增加，所以更适合以碳强度为碳中和目标的衡量单位。企业碳目标矩阵示例如表7-3所示。

表7-3　企业碳目标矩阵示例

目标类型	2025 年	2030 年	2040 年	2050 年
运营层面	新能源比例 50%	新能源比例 100%		
	能效提升 30%	能效提升 50%		
		产品碳强度下降 50%	产品碳强度下降 70% 实现企业碳中和	
产品层面	开发碳中和产品 A	开发碳中和产品 B		
全产业链		供应链减排 30%	供应链减排 50%	供应链碳中和

7.4　碳减排实施方案的制订

虽然我把制订碳减排实施方案的步骤放在碳中和目标的后面，但在实际操作层面，两者是互为因果、不分先后的。在摸清企业碳排放情况后，有些企业可能会先定目标，再细化方案；有些企业则可能会先把可实施的方案全部罗列齐了，再根据方案定目标。但都不会一蹴而就，企业可能在定目标和定方案两者之间反复权衡后，才能给出最终的目标和实施方案。

那么，企业又应该如何制订碳减排实施方案呢？对于一般的企业，企业可以从内部降碳和产业链降碳两个方向考虑碳减排的实施方案。

内部降碳实施方案

对于企业内部降碳实施方案，主要从管理减排、节能增效、提高可再生能源用电比例、设备电气化、原燃料替代及非能源碳减排几个方面开展工作。这些工作并不全是零基础开展，如节能增效工作，它本来就是一个企业常年都会开展的工作，我们只是将其纳入降碳总实施方案。而其他的相关工作，就需要从零开始考虑如何实施了。企业内部降碳路径示例如图7-3所示。

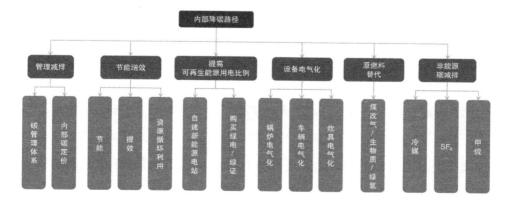

图 7-3　企业内部降碳路径示例

1. 管理减排

管理减排是通过制定一系列的管理规则，避免企业在生产经营过程中出现不必要的碳排放浪费。简单的，如随手关灯、空调温度设置相关管理规定；复杂的，如主要能耗设备的能耗指标考核办法等。其实在能源方面，企业通常都有成熟的能源管理机制，我们只需要把非能源部分的碳排放纳入管理就行。其中，较为创新的管理办法就是企业的内部碳定价机制。

内部碳定价属于通过管理实现减排的一种措施，其目的是将碳排放相关的成本和收益直接传达到一线生产部门，刺激一线人员更加积极、主动地实施减排。CDP的一份报告显示，全球有超过2000家企业建立了或即将建立内部碳定价机制，企业实施内部碳定价机制是实现碳中和的重要手段之一。内部碳定价的方式有很多种，需要根据企业性质及本身的管理水平来确定合适的定价方式，下面列举几种内部碳定价的方案。

1）简单方案

对所有的技术改造项目进行减碳评估，将减排收益纳入经济性评价。公司将对应的环境权益收益奖励给相应的实施部门。此举可以加速生产部门的节能技术改造和技术创新进程。此方案简单易行，无须做过多培训便可实施，而且实施部门采用激励机制，推行起来便不会受到阻碍。

2）中等方案

将碳排放作为生产成本计入成本核算，包括在新上项目的经济性分析中加入碳成本，并将这些成本纳入考核机制。此方案类似于碳税，它可以将碳价深入企业每个设备的每吨碳排放中，让各部门像控制成本一样地严格控制碳排放。但要起到较好的效果，需要整个公司对碳排放都有较高的认知水平，而且对实施部门相当于增加了一项考核，在推动过程中会受到一定阻碍。

3）复杂方案

建立企业内部碳交易机制，以市场化机制引导碳减排，可以促进各分／子公司之间在碳减排方面形成良好的联动，有利于企业从总体上发掘碳减排空间，实现高效、低成本的减排。此方案适合大型集团公司，但设计一套完善的、能平稳运营的企业内部碳交易机制，对设计人员的专业能力要求非常高。

关于碳定价的价格区间，世界银行发布的报告*State and Trends of Carbon Pricing 2021*显示，在其调研的几百家内部碳定价企业中，最低的碳单价低于1美元，最高的碳单价则突破了1800美元，总体均价在28美元左右。

2. 节能增效

节能增效方案的优点是显而易见的，即使对碳排放没有任何概念的人都能提得出来，况且，对工业企业来说，节能增效这项工作并不陌生。因为一是节能增效本来就是降低企业成本、提高产品质量的主要手段之一，二是主管工业的政府部门也会追着这些企业实施节能项目。从"十一五"时期（2006—2010年）开始，对于能耗在1万吨标准煤以上的企业，政府便对其下达了节能目标，并要求其每年提交节能自查报告，阐明该年度的节能情况。所以，对于这个措施，企业应该都是轻车熟路，该怎么做还怎么做，只是需要加大投入，对于之前节能效果并不明显的项目，需要综合考虑碳中和目标后，确定是否需要实施。

3. 提高可再生能源用电比例

从前面的企业碳中和案例可以看出，提高可再生能源用电比例几乎是所有企业碳中和的实施方案之一。原因很简单，所有的企业都会用电，在当前的技术条件下，无论采用什么节电技术，都不可能将耗电量降低为零。所以，要实现碳中和，就需要让所使用的电力为绿色电力。企业可以根据自身条件投资一些风电、光伏发电项目，如利用厂区屋顶建设光伏电站。

提高可再生能源使用比例并不是要求企业一定要自建电站。根据国际倡议组织RE100关于可再生能源电力的判定标准，除了自建电站，表7-4中的选择也能得到认可。

表7-4　RE100认可的可再生能源电力类型

分类	编号	电力类型
自发电力	1	公司自有设备生产的电力
	2	购买供应商在公司设施中安装的设备生产的电力
	3	直接与一个在公司设施外的发电设备连接（没有通过电网转换）
购买电力	4	直接向在公司设施外的上网的发电设备采购电力
	5	与供应商签订绿色电力直购协议
	6	购买非捆绑的绿证

从表7-4可以看出，企业使用可再生能源电力的路径并非建电站一条，还可以与可再生能源电力供应商签订绿色电力直购协议，或者只需要购买绿证就行。

4．设备电气化

从能源使用的角度看，几乎所有使用化石能源的地方都有改造成使用电能的可能性。所以，实施方案中，设备电气化也是很重要的一环。企业可以针对每个使用化石能源的设备，考察其电气化的可行性，如有没有成熟的技术，成本是否能接受，对企业生产是否产生影响等。最常规的电气化就是车辆的电气化和炊具的电气化，这两个使用化石能源的设备的电气化技术已经十分成熟，企业可以马上制订相应的实施方案。一些小型产蒸汽或热力的锅炉可能已经由以前的燃煤锅炉改造成了燃气锅炉，今后往电锅炉改造也是趋势，企业可以结合自身情况制订改造计划。至于大型窑炉（如水泥窑），目前还没有电气化的相关研究，也是最难实现电气化的部分，企业可以延后考虑。

关于零碳就绪

零碳就绪是指现在虽然没有实现零排放，但是已经具备了实现零排放的条件，电气化就是零碳就绪的主要措施。虽然目前我国70%以上的电力来自煤电，如果我们当前情况下用电力全部代替天然气，产生的碳排放不但不会减少，反而会增加，但是电力会在今后通过风、光等可再生能源实现零碳，而化石能源永远不能。所以，我们只要将现在使用的能源改成电力，就相当于做好了实现零碳的准备。剩下的事情不用我们操心，等过若干年，整个电力结构全变成可再生能源电力，我们就自动实现了零碳，这也属于零碳就绪。

我们现在大力推广的电动车也不能称作零排放，只能称作零碳就绪，原因同上。以我国当前的电力结构，电动车单位行驶里程的碳排放只比燃油车低一些，但这并不妨碍现在电动车气势如虹的发展。

除了电力，我们使用的通过电力转化而来的能源（Power to X）也属于零碳就绪的能源，如氢能、甲醇、氨能等。它们现在都不能称作零碳能源，但当电力实现零碳以后，这些能源也自动转化为零碳能源。其中，甲醇含有碳元素，若想成为零碳能源，组成甲醇的碳元素需要来自空气或者生物质。

有人会说，搞什么零碳就绪？电力结构都没调整好就搞电气化，这不是冒进吗？等电力结构调整得差不多再搞电气化不行吗？确实，从短期来看，搞电气化基本不能实现减排，甚至可能增加排放量。但我们必须考虑两个问题：产业惯性和产业机遇。

首先是产业惯性，所谓"船大难调头"，一个大的产业想要实现彻底转型是非常耗时间的，动不动就几十年。举个简单的例子，一般投资建厂都是按20年使用周期来计划。从现在往后推20年就是2042年，那时候大概率电力系统的排放量已经极低，甚至实现了零排放。假如你现在投资建厂生产的产品是使用化石能源的，如燃油车或者燃油发动机，在预测了上述情况后，你还会建吗？

其次是产业机遇，当我们以终为始，确定电能替代一定是最终的道路时，无论当前的电力结构是什么样的，都会有人不遗余力去投资未来的产业。如果等我们将电力结构调整好，再去发展电能替代的产业，恐怕在相关技术方面早都被他人甩了一大截。错过产业起步时的发展机会，今后想要赶超就没那么容易了。

5．原燃料替代

原燃料替代是指企业可以考察自身使用的原料和燃料，在满足同等功能的情况下，有没有更低碳的原料或燃料替代方案。如同样需要1吨煤的能量，用煤大约排放2.6吨二氧化碳，用石油大约排放2.2吨二氧化碳，用天然气大约排放1.2吨二氧化碳，用生物质和绿氢不排放二氧化碳；生产同等数量、同等质量的水泥熟料，采用电石渣做原料和采用石灰石做原料产生的碳排放相差一倍；而同样制冷效果的制冷剂，高GWP冷媒与低GWP冷媒之间的碳排放差距甚至高达上千倍。

6．非能源碳减排

非能源碳减排主要针对两部分，一部分是工艺过程的排放，如钢铁行业还原过程的排放、硝酸生产过程的氧化亚氮排放等。这些过程的排放需要考虑采用新的工艺避免温室气体的产生，或者添加装置对非二氧化碳温室气体进行销毁。另一部分是企业组织范围内的烈性温室气体逸散排放，如制冷设备的冷媒排放、变压器高压开关的六氟化硫排放、污水设施的甲烷排放等。对于这部分的排放，同样可以考虑用新的工艺或者材料来替代原有的工艺或者材料，以减少或者消除温室气体的排放，或者将这些温室气体收集并回收利用或者销毁。

产业链降碳实施方案

对于整个产业链降碳的实施方案，除了推动产业链上下游企业也实施内部降碳，还需要从产品的设计、采购、物流、销售和回收等环节采取降碳措施。产业链降碳路径示例如图7-4所示。

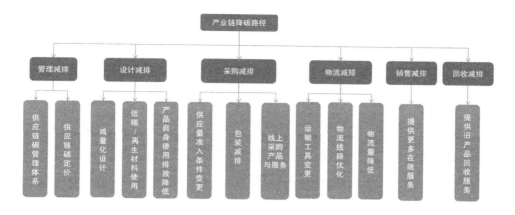

图 7-4　产业链降碳路径示例

1．管理减排

对于产业链降碳路径，管理减排同样适用。只是对于产业链上下游企业，我们不能对它们直接出台管理办法或者规章制度。但可以通过发起绿色供应链倡议、建立共同降碳联盟组织等，把有关降碳的要求和措施写在倡议书上，并积极推动措施等的落地实施。同样，供应链的碳定价机制也可以写在倡议书里，如在采购时针对供应商的降碳情况适当调整采购价格等。

2．设计减排

设计减排是指，从产品设计的初始阶段，就考虑到在不影响使用功能的情况下，尽量减少产品生命周期的碳排放。这种设计思路叫作生态设计（Ecological Design）。从降碳的角度考虑，主要包括以下三个方面。

（1）轻量化设计。轻量化设计通常代表使用的原材料更少，这样做不但节省了钱，还减少了因生产这些原材料而产生的碳排放。轻量化设计也不是材料越少越好，如果已经影响到产品性能了，那就不是轻量化设计，而是偷工减料。

（2）低碳／再生材料的使用。我们在选择材料时，最好要求供应商提供其碳足迹报告，在性能相差不大的情况下，采用碳足迹更低的材料。再生材

料的碳足迹通常比原生材料的碳足迹少，所以在不影响性能的情况下，尽量多地采用再生材料。

（3）如果产品本身在使用过程中会消耗能源，应将其尽可能设计成非化石能源产品。例如汽车，我们在做新车研发时，首先要考虑的是尽量研发使用非化石能源的车，如电动车、氢能车、甲醇／氨能车等。可喜的是，在汽车领域，这个趋势已经形成，无论是新型能源车企，还是传统车企，现在进行新车研发时，几乎都只考虑新能源车，而非传统的燃油车。但是在其他领域（如家用厨具、家用热水器等领域），还没有做到这一点。

3．采购减排

采购减排是指通过调整采购策略实现产品全生命周期减少碳足迹的措施。例如，通过改变供应量准入条件，要求供应商必须提供产品的碳足迹报告，或者加入我们发起或组织的减碳联盟等。另外，在采购时，可以要求供应商采用可循环利用的包装或者尽量不使用包装。还有，采购服务时，如果有可以在线上完成的服务，那么尽量采购这种线上服务，以减少"碳足迹"。

4．物流减排

物流是一个产品生命周期碳足迹不可或缺的一环，对于一些产业链较长的终端消费产品，物流的碳排放可能会占总碳排放量的一半以上，所以不可小觑物流的减排。对于物流方面的减排措施，主要考虑以下3个方面。

（1）降低物流量。降低物流量最好的方式就是就近采购，也就是尽量采购离工厂近的原材料。要实现这一点，可能需要从工厂选址就开始考虑。尽量选择相关产品上下游企业比较集中的地方建厂。

（2）运输工具的低碳化。常见的运输方式有空运、铁路运输、陆运和水运。水运碳排放最低，铁路次之，碳排放最高的是空运。所以，在条件允许的情况下，应尽可能采用水运的方式，且尽量不采用空运。

（3）物流线路的优化。一些企业存在多个不同地区的工厂共同生产一个产品部件的情况，所以会有原材料及半成品来回运输的情况。因此，设计一个最优的生产流程和物流线路可以有效解决重复运输造成的碳排放。

另外，如果运输的产品需要冷链物流，对运输车辆的制冷设备也可以要求采用更低GWP的冷媒，以降低冷链运输因冷媒逸散造成的碳排放。

5．销售减排

传统的销售是：工厂把产品生产出来后，将产品批发给经销商；经销商再将产品批发给零售商；零售商把产品放在柜台陈列许多天后，最终才被客户买走。期间不但产生多次物流，而且零售商为了陈列产品还需要店铺，店铺在运营过程中也会产生碳排放。

如果能减少销售的流转次数，并且将产品的陈列和用户对产品的体验甚至交易都放在线上，那么将大量减少销售环节的碳排放。通过电商平台直销、通过虚拟现实的形式线上体验产品等方式都能达到这个效果。

6．回收减排

只要是实体产品，在用户使用后都会存在一定的残值，但大部分情况下，用户都会把旧产品当作垃圾扔掉。如果被当作垃圾扔掉，这些产品将最终被填埋或者焚烧。如果生产企业能够主动通过各种渠道回收这些废弃的产品，并将其用于再制造，那么产品的报废阶段不但不会产生排放，而且会减少产品整个生命周期的排放。目前，已经有很多电子产品开通了回收渠道，其目的之一就是为了减少产品的碳足迹。

虽然本节中列举了各个方向的实施方案，但并非要求企业面面俱到。从众多国外先进企业的碳中和报告案例可以看出，它们并不会像记流水账一样罗列在每个环节做出的减排努力。通常，只需要在2～3点上做出自己的特色，这样的碳中和实施方案就是一个出众的方案。

7.5　抵消方案的制订

我们之所以讲的是企业碳中和而非企业零排放，就是因为绝大多数企业目前无法实现零排放，需要通过外部减排来抵消内部的排放。对于要实施碳中和的企业，通过获取外部的环境资源来抵消内部剩余排放是一条必经之路。在这一节，我主要讲一讲环境权益的选择。

首先，我们要知道，涉及碳中和的环境权益分为碳信用和绿证。前者的单位为吨，1吨碳信用代表的是1吨碳的减排量或碳汇，它可以抵消企业的1吨碳排放；后者的单位为张，1张代表的是1兆瓦时的可再生能源电力属性，它可以让企业申明其使用的1兆瓦时电力为零排放的绿色电力。两种环境权益根据项目类型、注册机构和项目地区优先序的不同，又分为许多的细分品种。环境权益的分类如表7-5所示。

表 7-5　环境权益的分类

环境权益类型	按注册机构分类	按项目类型分类	按项目地区优先序分类
碳信用	CER	风电、水电、光伏发电、生物质发电、沼气回收利用、煤层气回收利用、甲烷回收利用、原燃料替换、高效施肥、造林、再造林、太阳灶、节能灶等	本国 最不发达地区 其他地区
	CCER		
	VCU		
	GS-VER		
绿证	国内绿证	风电、水电、光伏发电	电力直购 同一电网 同一国家 其他国家
	I-REC		
	TIGR		

由表7-5我们可以看出：风电、水电和光伏发电项目既能够申请绿证，又能够申请绿证，但因为适用范围和申请难度不同，所以碳信用和绿证的申请都有不少案例。碳信用的申请难度高、周期长，所以价格要高一些；绿证的申请难度低、周期短，所以价格要低一些。原则上，企业在进行碳抵消时，

用电产生的排放尽量通过采购绿证进行抵消，其他的直接排放通过碳信用来抵消。

碳信用的选择

我们可以从表7-5看出，碳信用无论按注册机构分类，还是按项目类型分类，种类都非常多。从原则上说，任何类型的1吨碳信用都只能抵消1吨的碳排放。而区别在于，选择注册机构要考虑认可的范围，选择项目类型要考虑协同效应。CER的签发机构是联合国气候变化框架公约（UNFCCC）组织，国际认可度要高一些；VCU和GS-VER的签发机构属于非政府组织，也受到了国际上的普遍认可；CCER则是由国内机构签发，在国内的认可度高于其他类型，但在国际上认可度不高。所以，企业在选择注册机构时，要考虑碳中和的受众，如果只打算在国内宣传，那么优先考虑CCER；如果打算在国际宣传，那么优先考虑GS-VER[①]。

对于项目类型的选择，主要是看项目除了减排，还能带来什么好处，如造林可以带来额外的生态效应，太阳灶、节能灶能够提高贫困地区的生活水平等。需要特别注意的是：造林项目属于直接从空气中吸收二氧化碳，其产生的碳信用叫作碳汇而不叫作减排量，从直观上更符合"将企业排放的二氧化碳重新吸收"的设定。因此，大部分企业都倾向于通过直接造林或者购买林业碳汇来实现自身的碳中和。

对于项目地区的选择，因为中国的碳信用项目是全球最多的，所以一般情况下，选择国内的碳信用就可以了。如果有国际宣传的需求，企业对成本控制又不那么严格，可以考虑购买最不发达地区的碳信用（价格偏高），以支持当地的发展。而对于其他国家，除非有特定业务在该国，否则没有必要。

---

① 因为 CER 是京都机制下的产物，CER 账户的开设和交易受京都机制的限制，且京都机制预计会在巴黎机制下取消或进行较大改动，所以 CER 不是优选项。

绿证的选择

与绿证相关的环境权益不多，其中中国虽然存在绿证，但由于无法交易、无法注销，不能算是严格意义上的环境权益。而I-REC和TIGR都是由国外非政府组织发起的标准，目前I-REC的认可度相对来说要高于TIGR。在目前缺乏碳中和相关标准的情况下，三种环境权益都能使用，只是中国的绿证因为不能注销，需要做额外的声明。

绿证的项目类型只有风电、光伏发电和水电三种，其中国内绿证只有风电和光伏发电两种。一般情况下，绿证价格是光伏发电＞风电＞水电。所以，在没有特别要求时，可以考虑买水电。

绿色电力项目地区的选择与碳信用不同，一般考虑就近原则，如果企业参与了直购电，而且所购电力本身就是清洁电力，那么购买这些电力的绿证是最优选择。其次是购买同一电网的绿证，再次是购买同一国家的绿证。不到万不得已，尽量不要购买与用电地区不同国家的绿证。

对于绿色电力，需要特别提醒的是：根据SBTi和RE100等知名国际倡议组织对绿色电力的定义，绿色电力的环境属性即使不去任何的注册机构注册，在获得发电方的环境权益的唯一转让申明后，也可以宣称使用了绿色电力。这一方式目前也受到普遍认可，但缺乏一定的公开性，预计在未来的碳中和标准中会予以规范。

除了上述需要注意的事项，也需要关注环境权益产生的年份。根据当前的一些标准要求和国际惯例，企业在进行碳中和时，一般只考虑将碳中和年份前三年的环境权益进行中和。换句话说，虽然环境权益对时效性没有硬性要求，但已经形成了"三年"这个隐形的时效性。这个时效性预计未来也会写在相应的碳中和标准中。

无论是碳信用，还是绿证，都要用来抵消企业碳排放，实现碳中和，光是购买还不能达到目的，还要去与环境权益相关的注册签发机构注销。注销就是将这些环境权益永久清除。这样才能代表企业产生的碳排放被抵消了。

而对于不能注销的国内绿证，只能通过自我声明来实现名义上的注销。

7.6 外部影响及沟通

对于非控排企业，实施碳减排及碳中和并非政府的强制要求，而是利益相关方及自身社会责任的要求。因此，让更多的人了解和认可企业在碳中和方面所做的工作，也是碳管理的重要工作之一。

公开发布碳中和相关报告

公开发布碳中和相关报告是提高企业在碳中和方面的影响力最为直接的办法。我们需要在报告中公开自己的碳排放情况，然后宣布碳中和目标，同时说明达成目标的各项措施，并且每年公布碳减排措施的进展及目标达成情况。这样能够让所有的利益相关方通过报告了解到企业在碳中和方面所做出的努力，更容易得到利益相关方的认可。碳中和相关报告既可以单独发布，又可以随公司的可持续发展报告一并发布。

与政府积极沟通，争取政策和资金支持

在目前各级政府都对碳中和高度重视的情况下，企业通过与政府积极沟通，展示自身在碳中和方面的亮点工作，在帮助政府实现政治诉求的同时，可以争取一些对企业有利的政策支持，包括争取成为碳中和示范试点及相关配套政策。这些政策可能会在今后的企业生产经营中起到不小的帮助作用，如助力碳排放考核达标、限电豁免等，这些都是企业实施碳中和可能带来的实实在在的好处。

即使我们在碳中和方面做得很好，如果不与政府积极沟通，政府有可能忽视我们的工作成果，在制定"双碳"相关优惠政策或者遴选"双碳"示范试点时，可能会忽略掉我们。所以，对政府，我们需要积极、主动地去报告我们在碳中和方面所做的工作。

加入国际倡议组织

这是一个一举多得的方法，与碳中和相关的国际倡议组织一般都有一些比较先进的指南及标准，可以帮助企业提升自己对碳中和的认知水平及碳管理水平；另一方面，能够按照这些倡议实施碳中和的企业，其做法更容易得到国际、国内的认可，避免碳中和成为形式化的"漂绿"行为。而且加入国际倡议组织相当于与国际知名企业同框，自然而然就站上了国际舞台，可以为企业国际化提供支持。在我的另一本书《碳中和时代：未来40年财富大转移》中，已经详细介绍了目前国际上在碳领域比较知名的国际倡议组织，这里就不再赘述。

制定碳中和相关标准

标准的制定是公司软实力的体现，也是公司展现其在整个行业、在"双碳"领域领导力的方式之一。因为碳中和是一个新兴概念，所以如何认定企业碳中和及产品碳中和，是每个行业都需要继续解决的问题。对制定相关认证和评价标准的需求也随之出现。如果我们本来是所属行业的龙头企业，又是行业内先行开展碳中和相关工作的企业，那么由我们制定行业内碳中和相关标准属于理所当然。

除提升企业影响力之外，企业率先制定碳中和相关标准就相当于掌握了碳中和评判标准的话语权，这样在制定规则时可以根据自己的实际情况设定门槛，在保证自己能够通过标准的同时，可避免其他企业设置对自己不利的指标而加大我们实现碳中和的难度。

碳减排公益活动策划

碳中和相关行动本身具有一定的社会责任性质，从国外先进企业的碳中和实施经验来看，策划一个具有社会影响力的减排类公益活动，一方面能够彰显企业社会责任；另一方面能够产生环境权益用于实现碳中和，如从"森林碳汇""海洋碳汇""光伏扶贫"的角度出发进行策划。同时，因为活动的核心目的为社会传播，所以建议活动策划时取一个朗朗上口、易于传播的口号，如"青山计划""绿水计划"。

7.7 碳管理体系的搭建

实现公司自身及整个产业链的碳中和，需要整个产业几十年的努力才能达成。在这个过程中，我们需要确保碳核算，目标、指标的制定及更新，减排绩效考核，以及内、外部沟通等相关工作的落地及跟踪。这种情况下，通过纯粹的人力管理很难实现相关措施的一致性与持续性，所以我们需要制定一套可行的管理体系，规定碳管理各级岗位上的人，在什么时候，按照什么样的要求，做什么样的事情。这套体系就是碳管理体系。

同质量管理体系等其他管理体系一样，碳管理体系也遵循PDCA循环，即计划（Plan）、执行（Do）、检查（Check）、调整（Action）管理的循环。管理体系［如质量管理体系（ISO 9001）、环境管理体系（ISO 14000）、能源管理体系（ISO 50001）等］都是按照这套原则建立的。但碳管理体系属于新兴事物，目前，无论是国际，还是国内，都没有较为完善的体系指南，所以我们需要参考其他管理体系来建立碳管理体系。在既有的管理体系中，能源管理体系（ISO 50001）最接近碳管理体系，所以我们可以参考能源管理体系的内容来建立碳管理体系。

碳管理体系文件的架构

根据成熟的管理体系文件架构，我们可以将碳管理体系文件分为三级，一级文件是整个管理体系的总纲领，它的内容包括公司实施碳管理的总体方针，组织架构，碳核算，碳目标、指标制定，碳减排方案，碳绩效考核，碳资产管理，内、外部沟通等；二级文件则为程序文件，它对一级文件中的每个子任务按照PDCA循环建立详细的执行程序，也就是，规定谁在什么时候应该做什么事；三级文件则是为了二级文件的落地而编写的各种模板和表格。碳管理体系文件示例如表7-6所示。

表 7-6　碳管理体系文件示例

一级文件	二级文件	三级文件
碳管理手册	法律法规及合规性评价控制程序	适用碳排放管理法律法规清单及合规性评价表
	组织环境、相关方需求分析及风险和机遇管理程序	内、外部问题，相关方需求与期望，风险、机遇及相关应对措施计划表
	企业温室气体碳核算控制程序	碳核算及报告模板 碳盘查清册 碳排放监测计划模板
	产品碳足迹核算控制程序	碳足迹核算计算表 碳足迹报告模板
	碳资产管理控制程序	碳资产识别表
	碳排放基准目标、指标控制程序	碳中和规划文件 碳排放基准、目标、指标发布文件
	碳减排实施方案控制程序	减排机会和优先减排机会识别表 减排方案实施情况汇总表
	能力建设控制程序	培训计划 职业能力认定机制
	信息系统管理控制程序	碳管理软件需求书 / 说明书
	内、外部沟通程序	主要沟通机构及组织列表
	文件控制及记录程序	文件控制流程图
	内部审核控制程序	碳排放管理体系内部审核计划 内部审核评价检查表 碳排放管理体系内部审核报告
	管理评审控制程序	管理评审计划 管理评审报告

碳管理的组织架构

　　碳管理的组织架构用于确定整个公司在实施碳管理时，各个岗位的职责分工。这也是碳管理体系在搭建时首先要考虑的事情，特别是大型集团公司，碳管理的组织架构首先要确定是集权式还是分治式。集权式就是集团总部包揽一切碳管理的业务，各下属公司及生产基地只需要根据要求执行。这样做的优点是，整个集团的碳排放能够得到统筹安排，使得资源利用最大化；缺点是，下属公司参与积极性不高，不能灵活应对突发事件。分治式就是让每个下属公司都成为碳管理的独立单元，自负盈亏，这样做的优点是，能够调动基层碳管理的积极性；缺点是，资源分散，从集团层面讲，无法得到资源的最优利用。同时，分治式对下属公司碳管理人员的专业素质要求很高，若专业能力不过关，则会产生反面效果。碳管理的组织架构示例如图7-5所示。

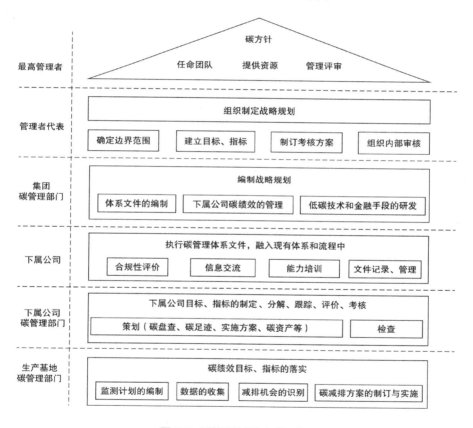

图 7-5　碳管理的组织架构示例

浙江吉利控股集团的碳管理组织架构

2021年，经浙江吉利控股集团董事会批准，在董事会层面成立了环境、社会治理及管制委员会，即ESG委员会。ESG委员会下设由ESG工作组、碳中和工作组和协同指导小组组成的ESG联合工作组。其中，碳中和工作组作为集团碳中和相关工作的责任部门，主要负责制定集团总体的碳中和战略规划，以及建立各种体制、机制来保证规划的落地，如碳管理体系、能力建设机制、绩效考评机制等。

各子业务集团在ESG委员会的指导下，也成立了对应的碳管理部门。在集团碳中和战略规划的总体框架下，子业务集团可以根据自身特点对碳中和战略规划内容进行进一步细化，以形成各自独立的碳中和战略规划并报集团碳中和工作组通过。

各研究及生产基地作为碳中和战略规划的落地及执行部门，由对应子业务集团碳管理部门负责分配任务及考核。

此外，在集团层面还依靠集团在碳金融及数字科技方面的优势，分别成立了碳金融业务板块和碳管理数字科技板块（简称碳数科板块），作为集团碳中和工作组的支撑机构。其中，碳金融业务板块负责支持集团内部及供应链企业的碳资产开发、碳交易及碳金融工具开发；碳数科板块负责支持集团内部及供应链企业的碳管理信息化建设。浙江吉利控股集团碳管理组织架构如图7-6所示。

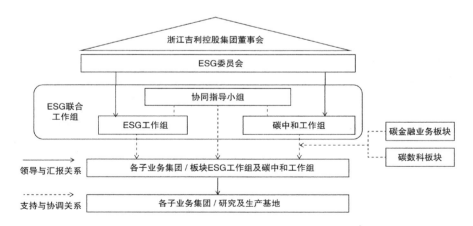

图 7-6　浙江吉利控股集团碳管理组织架构

碳核算程序

碳核算程序包括组织层面和产品层面的核算程序，关于企业的碳核算程序，如果我们在早期进行碳排放摸底时已经确定采用某个既有的核算指南（如国际上的《温室气体核算体系》或者国内的《行业企业温室气体排放核算方法与报告指南（试行）》），那么我们可以参考相关指南的要求建立内部的核算程序。需要注意的是，为了确保碳排放数据的一致性，我们需要在公司级别的核算程序中，将《行业企业温室气体排放核算方法与报告指南（试行）》中未确定的排放因子确定下来。这个可以通过编写碳核算程序的三级文件——监测计划来实现。

碳减排策划及实施方案

碳减排策划及实施方案用于确定我们为达成碳中和目标，应设定什么要求的细部指标，以及说明为达成这些指标，应制订怎样的实施方案，也就是对碳中和目标的进行分解和落实。它的最终产物是公司的碳中和规划和为达成规划而制定的绩效考核机制。

碳资产管理程序

公司无论自身是否有开发碳资产的潜力，只要最终目标是实现碳中和，那么公司一定会与碳资产打交道。而且通过碳资产的交易，就变相实现了公司碳排放的定价。例如，公司为实现某年的碳目标，以50元／吨的价格购买了减排量。那么，我们可以说公司的每吨碳排放都可以定价为50元。在这种情况下，碳排放有了资产属性，就需要有一套将其作为资产管理的程序。编写这套程序的最终目的是实现公司履约成本最小化、资产收益最大化。围绕这个目的，程序内容可能包括内部碳资产开发程序、权益归属及分配、碳预算及成本控制、碳交易申报流程、碳资产审计等。

内部、外部沟通程序

内部、外部沟通程序对应7.6节，编写该程序文件的主要目的是更好地实现内、外部的沟通，包括如何实现内部的沟通，如何与当地的政府沟通，以及如何通过发布报告、制定标准、参加国内外有影响力的国际组织和活动等来提高公司在碳中和方面的影响力。

第 8 章 | Chapter 8

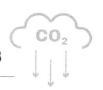

碳管理进阶业务

1. 我听说过这些业务中的哪些业务？其中哪些业务我有所了解？

2. 根据我既有的资源，我可能开展哪些业务？

3. 除了这些业务以外，我是否还听说过其他业务？

4. 设想自己是一个初创企业的创始人，尝试对公司的业务发展做一下布局。

　　为了让读者感受更真实的碳管理从业者状态，我曾经发起过一个采访活动，采访不同程度参与碳管理行业的人，讲述他们在这个行业的心路历程，这些内容会在本书的最后一章呈现。在采访过程中，我遇到不止一个人说，进入这一行后，不知道有什么业务可做，认为碳管理除了搞搞碳核查、做做碳资产开发就没有其他业务了。我国的CCER目前还未重启，碳资产开发也就没法开展，所以"四舍五入"后，这个行业就基本没业务可做。这些人里面，除了一些新人，甚至有很多老从业者也这样认为。我听到的最极端的一个例子是，一个对这行一知半解的人，一看到"双碳"火起来，自己就火速成立了公司，招了几十个人进去。然后想推推碳盘查，发现推不动以后便成天无事可做，员工内心都极度迷茫，最后熬不下去，纷纷离职。这充分体现了新兴事物出现后"一拥而上""再一哄而散"的现实情况。

　　事实上，真正对碳管理行业有所研究的人，即使刚刚入行，也能在其中找到不错的业务机会。其中有一位投稿者，进入碳管理行业仅仅一年的时间就开发了大量业务，并成功从原来的公司"跳"出来，开始自己创业。其实，对于任何一个行业，如果仅是浅尝辄止，一般不会有好的结果。在本章中，我将根据我的经验，介绍一些目前相对成熟的进阶业务，为读者拓展一下眼界，希望能为读者未来的职业发展提供参考。

8.1　"双碳"规划

　　"双碳"规划可以说是我国"双碳"目标提出后，碳管理业务领域需求增长最快、市场规模最大的一项业务。在"双碳"目标提出之前，此项业务可以说基本不存在，而在"双碳"目标提出的第二年，其市场规模就达到了十亿元以上。各级政府、企业、产业园区都出现了制定"双碳"规划的需求。

通常来说，地方政府及产业园区当前的需求是制定碳达峰的规划及行动方案，最重要的是测算达峰时间。不过在经过一段时间的各地政府攀比达峰时间被上级政府叫停后，现在的达峰行动方案只考虑细部行动方案，达峰时间的测算仍是需要的，但不会再对外公布。大型央企、国企在制定"双碳"规划时，会同时考虑碳达峰和碳中和两个目标。而民营企业一般只提碳中和目标、不提碳达峰目标的原因并不是太保守，而是对企业来说，达峰的先后并不能说明其在碳减排方面的先进还是落后。事实上，产能落后的企业，因为在市场上竞争力弱，产能收缩，反而更容易达峰。

对于企业的碳中和规划，本书的第7章已经进行了详尽的描述，所以这里重点讲一下地方政府碳达峰规划。

对于地方政府碳达峰规划的编制，首先需要做的事情是对当地的碳排放情况进行摸底，也就是编制区域温室气体清单，即本书第3章的内容。然后，需要对当地的碳排放情况进行分析，结合当地政府的规划提出各领域、各行业的发展目标。因为我国已经从国家层面提出了碳达峰行动方案，并且该方案明确指出，要上下联动制定地方碳达峰方案，所以地方政府在制定自己的碳达峰规划时，要以国家的碳达峰行动方案为主要参考，并对国家的碳达峰行动方案中的量化指标进行分解。例如，在国家的碳达峰行动方案中明确提出，到2025年，非化石能源消费比例达到20%左右，单位国内生产总值能源消耗比2020年低13.5%，单位国内生产总值二氧化碳排放比2020年低18%。我们可以结合自身的情况和对未来的规划来制定自己的量化目标。

在国家的碳达峰行动方案中，提出了能源绿色低碳转型行动、节能降碳增效行动、工业领域碳达峰行动、城乡建设碳达峰行动、交通运输绿色低碳行动、循环经济助力降碳行动、绿色低碳科技创新行动、碳汇能力巩固提升行动、绿色低碳全民行动、各地区梯次有序碳达峰行动，统称"碳达峰十大行动"。地方的碳达峰行动方案也需要逐条分析上述行动方案在当地的目标、指标分解。我们不用照搬所有的行动方案。如果当地没有任何可再生能源资源，那么我们可以在这一点上考虑如何实施区域联动，从可再生能源资源丰富的地区调入可再生能源。要将"碳达峰十大行动"在地方落实不是一件易事，因为里面有许多量化指标，我们要根据当地的温室气体排放清单数据，与相关主管部门逐一讨论各量化指标落地的可行性。在完成这一步后，事实上，一个地区的达峰时间就自动完成了预测。

在完成上述工作后，整个碳达峰行动方案就有了基本的骨架，但想要使其在众多的方案中脱颖而出，我们还需要结合当地的资源，提出创新措施。这些措施一般不仅仅局限在为区域内的碳达峰提供支持，还要为全国的碳达峰及碳中和提供支持。这些措施在资源布局上的亮点如以锂矿为基础的电池产业园，在产业布局上的亮点如建立氢能或CCS产业园，在制度上的亮点如碳普惠制度、碳标签制度，在人才培养上的亮点如在高校设立碳管理专业、规范碳管理职业培训体系等。

8.2　第三方机构业务

我在前面的章节中，曾经多次提到第三方机构这个名称。第三方机构的作用就是作为独立的一方，客观判断某份报告或者数据是否真实、可信。在碳管理行业中涉及的业务有碳核查，CCER项目的审定核查及其他国际碳减排项目的审定核查，低碳／碳中和认证，以及产品认证等。第三方机构业务的特点：为了保证权威性，一般对技术人员的要求较高；为了保证第三方机构的独立性，第三方机构的业务范围较窄，不能参与与碳资产相关的任何业务。

碳核查业务

碳核查业务是指第三方机构作为独立的一方，对企事业单位的碳排放数据的真实性及准确性进行核查，以保证其符合相关核算指南的要求的业务。我国的碳核查业务主要来自国家每年对八大重点排放行业中约8000家企业的核查需求。因为碳核查业务是由地方政府出钱，对核查机构的要求由地方政府来定，一般没有强制的资质要求，所以参与碳核查的机构就很多。从2015年我国开始启动重点排放企业强制报送碳排放报告以来，大大小小开展碳核查业务的机构有上千家。碳核查业务是为我国培养碳管理人才的主要业务之一。

因为碳核查业务的核查依据是企业的碳排放报告，而碳核查业务是碳管理业务中最为简单的业务，所以碳核查业务也相对容易上手。在2015年以后进入碳管理行业的人，大多数从业者接触的第一项业务便是碳核查业务。即使是现在，碳核查业务也是入门碳管理行业较为友好的业务之一。

虽然碳核查业务较容易上手，但它仍然属于第三方机构型业务，作为第三方机构，需要保证其权威性，这就得要求核查员在开展业务特别是现场核查时，当面临各种预料之外的情况时，要灵活处理，并保证其权威性。

碳核查根据其业务的特点为政府定价，导致我国即使在提出"双碳"目标后，其他业务的报价水涨船高的情况下，碳核查的收益也没有太大的变化。碳核查业务的成长天花板很低，所以很少有人将碳核查作为其终身的职业。

CCER 项目的审定核查业务

CCER项目的审定与核查相对于碳核查要难很多，主要难点在于，我们需要审定核查的对象PDD相对于核查报告要复杂许多。CCER项目的审定核查机构的资质是由国家主管部门统一发放的，所以能够从事CCER项目审定核查的机构并不多。目前，我国从事CCER项目审定核查的人员，大多来自CDM时期国外的审定核查机构培养的审定核查员，他们的素质普遍较高，CDM时期的审定核查员的收入水平也非常高。但因为我国的CCER项目自2017年3月起停止申报，所以CCER项目的审定核查没有业务来源，大多数的审定核查员都转行去做其他的"双碳"业务。

如果CCER项目重启，CCER项目的审定核查业务就会随之爆发。因为CCER项目的审定核查业务的能力门槛要远高于碳核查，所以我认为在CCER

业务回归正常后，CCER项目的审定核查业务将会是一个收益不错的业务来源。

另外，国际碳减排机制（如CDM、VCS、GS、GCC等）的审定核查与CCER项目的审定核查差异不大，而且大部分机构同时拥有这些减排机制的审定核查资质。唯一不同的是，这些国际减排机制的工作文件所用的文字为英文，所以相应的门槛比CCER的门槛更高，如果未来《巴黎协定》第六条落地实施，那么英文能力强的CCER项目审定核查员将会是抢手的人才。虽然当前CCER项目的审定核查业务不能产生什么收益，但从长远来看，可以利用这项业务进行终生的职业能力培养。

低碳 / 碳中和认证业务

自从我国提出"双碳"目标，我们会经常从新闻上看到某某公司或某某产品获得低碳 / 碳中和认证。这种认证一般需要第三方机构出具证书，以证明上述认证的可靠性。但是目前是行业之初，碳中和相关认证标准其实并不完善，所以第三方机构出具的证书也不大具备权威性。然而市场需求已经出现，并且会随着时间的推移越来越多，所以对于第三方机构，低碳 / 碳中和认证业务是一项成长性很强的业务。在相关标准出台前，我们可以配合需求方制定标准；在相关标准出台后，我们可以按照相关标准开展低碳或者碳中和的第三方认证业务。开展低碳 / 碳中和相关认证的第三方机构是不错的选择，其他的机构就不用考虑了。

8.3 国际碳资产开发

国际碳资产开发主要涉及VCS、GS及最近兴起的GCC机制，这些机制都属于自愿减排机制，也就是指不能用于任何一种强制减排市场履约的碳减排机制。从2017年起，我国的CCER项目申报暂停已经超过五年，未来什么时候重启无法确定，国内的碳减排项目为了变现，可以考虑申报国际碳减排项目——虽然从目前来看，国际碳减排项目的价格低于CCER的价格。

国际碳减排项目的申报流程与CCER项目的申报流程基本一致，主要的区别在于，申报国际碳减排项目的所有工作文件都用英文，所以对从业人员的英文水平有一定要求。如果你有开发CCER项目的能力，且英文不错，只需要稍微再研究一下有关碳减排机制的规则，就有可能开发国际碳减排项目。

VCS

VCS是由美国的VERRA机构发起的一项自愿减排标准，它是全球最早也是目前认可度最高的自愿减排标准。通过VCS签发的减排量为VCU，目前已经有超过1700个项目在VCS下获得注册，并累计签发了9.6亿吨的减排量。

GS

GS是由世界自然基金会和其他国际非政府组织发起的一项自愿减排标准，它早期是为了在其他的自愿或强制减排标准上附加可持续发展议题的一项认证制度。在这个制度下，已经注册了其他减排标准的项目可以再次申请黄金标准认证，使得项目可以获得GS和原减排标准的双重认证，如GS-VCS。后来，GS也允许单独申请注册和签发。GS因为除了一般减排项目的基准线和额外性论证，还附加了可持续发展的论证，所以对项目的质量要求更高，项目价格也相对高一些。

GCC

GCC是由海湾研究与发展组织（GORD）成立的一个独立的合法实体，是中东和北非地区的第一个自愿性温室气体抵消项目，旨在帮助组织减少碳足迹，通过低碳途径帮助企业实现经济多样化，并实地推动气候行动。在该机制下签发的碳信用为ACC，每单位代表账户持有人拥有一吨二氧化碳当量的温室气体减排或去除的权利。该机制于2020年正式启动，目前尚没有项目获得签发。

8.4　绿证开发

对于我国的新能源发电项目，在CCER项目申报暂停的情况下，其环境权益想要变现，除了申请国际碳资产开发，还有一个途径，那就是绿证开发。相对于CCER项目的开发，绿证的开发就要简单许多，既没有冗长的申报流程，也不需要编写复杂的PDD和监测报告。目前，国内的新能源可以申请的绿证有国内绿证，以及国际绿证I-REC和TIGR。国内绿证目前不具备交易和注销功能，所以尚不能作为产品来开发。如果想把可再生能源电力开发成绿证，并且可以像产品一样自由交易，那么只能开发I-REC和TIGR两种，我们统称为国际绿证。

I-REC是由总部位于荷兰的非营利组织I-REC Standard发起的认证标准，符合该标准的可再生能源项目可在该组织进行绿证的注册、签发、交易、转让或注销。TIGR是总部位于美国加州的非营利组织TIGR Registry发起的认证标准，它与I-REC一样，也能实现绿证的注册、签发、交易、转让或注销功能。目前，国内的可再生能源项目在这两个组织都有注册案例。

各类绿证比较如表8-1所示。

表8-1 各类绿证比较

分类说明	国际 I-REC	国际 APX	国内 GEC
可申请项目类型	风电、光伏发电、水电，2021 年 5 月 31 日以后只有无补贴平价项目可申请	风电、光伏发电、水电中无补贴平价项目	列入国家可再生能源电价附加补助目录内的陆上风电和光伏发电项目，不含分布式光伏，不含水电
申请难度	相对容易	相对较难	非常容易
当前价格	2～5元/兆瓦时	25～30元/兆瓦时	约50元/兆瓦时
中国项目签发量（截至 2022 年 2 月）	约5000万兆瓦时	约50万兆瓦时	约3000万兆瓦时
中国项目交易量	约2500万兆瓦时，约占签发总量的50%	NA	约150万张，约占签发总量的5%

国际绿证的开发流程非常简单，就是找到相应的注册机构进行可再生能源发电设备注册，然后提供发电量相关凭证，就可以获得绿证的签发。唯一的门槛就是，因为注册机构是国际机构，所以需要用英文沟通。

国内的可再生能源项目选择国际标准进行注册的主要原因并不是国际标准的认可度更高，而是目前国内绿证制度本身的设计缺陷。为了弥补这个缺陷，一方面国家正在考虑对现行的绿证制度进行调整，另一方面地方的电力交易平台也在尝试充当绿色电力权益的注册和交易平台。至于国内的绿证注册和签发制度会朝什么方向发展，还有待观察。

8.5 碳管理信息化

以项目孵化为目的的腾讯产业加速器曾经举办了一次"双碳"创业的专场选拔大赛，在入围决赛的60个项目中，有近一半的项目与碳管理信息化有关。从这一点我们可以看出，碳管理信息化已经被很多人视为"双碳"领域的一个重要细分赛道。但从另一面我们也会发现，这个赛道上的选手们还没起跑，似乎就已经人满为患了。不过，就像我在本章开头讲的故事一样，对于新赛道，人们"习惯一拥而上，然后一哄而散"。真正在这个赛道留下来的，是潜心研究、深挖需求，最终让用户满意的产品。

碳管理软件的功能多种多样，可以小到只提供公司的排放数据，大到能自动更新数据库，自动进行减排潜力分析及得出减排计划，自动生成各种报告，甚至自动与国家碳排放监管体系或交易体系对接。所以，同样叫作碳管理软件，其功能可能会天壤之别。根据软件开发的难易程度，我对碳管理软件功能进行以下分类。

组织层面碳核算功能

这个是最基础的功能，如果这个功能都没有，就可以把碳管理软件卸载了。其实这种功能通过Excel表格就能实现，只不过加了一个可视界面。不过

管理起来比Excel方便，如果在数据输入的时候可以自动导入Excel表格就更好了。

除此之外，需要具备一些简单的数据分析功能，至少Excel能实现的，软件也能实现，只是不用自己花时间去做，按一下按钮就行。例如，想看看公司或者某个车间的排放趋势图，看看各个车间的排放量与产量的比较等，以及如果有强制控排目标，再看看与强制控排目标的比较等。

另外，因为国内外组织层面的碳核算标准不一，所以组织层面碳核算功能最好能实现在不同标准下的碳核算。

产品层面碳核算功能

实现产品层面碳核算功能相对于实现组织层面碳核算功能的难度要大一些，但在未来，计算产品碳足迹将会是每个企业的刚需。产品层面碳核算功能也会是一个强大的碳管理软件的基本功能。

因为产品层面的碳核算涉及背景数据库和供应链上下游的数据填报，所以想要实现产品层面碳核算功能，一是需要对接或者购买国内外权威的数据库数据，二是要实现外部企业也能通过某种方式来填报数据的功能。

数据实时自动抓取功能

碳排放计算相关的数据不通过手动录入，而是通过自动抓取既有的监测数据，或者新上监测设备，并将监测数据上传至系统，以实现系统对碳排放数据的自动填报和自动计算功能。

如果公司已经有能源监测系统，那么将相关数据发送至碳管理系统，就能够基本实现数据实时自动抓取功能。此功能的好处是，可以实现监控碳排放的变化曲线，对于出现碳排放的情况，可以及时发现并处理。

减排潜力分析功能

自动进行减排潜力分析是个非常强大但难度系数也很高的功能。减排潜力分析的内容就是分析目前排放设施相对市面上最先进设施在排放量上的差距，除了设施，还包括管理模式、经营模式、燃料系统等的整合，所以需要一个强大的信息系统做支持，而且要随时更新，因为减排技术是随时可能更新的。对于这个功能，我再举个例子进行形象描述。

例如，对于一家水泥厂，当输入从原料加入到成品出货的相关数据（如原料、燃料、工艺流程、设备型号等数据）时，软件会自动分析水泥厂在最优情况下的最低排放量为多少，为此你需要投入多少钱，改造哪些东西等。或许，你还可以选择性输出结果，如性价比最高的减排方案、固定减排目标的方案等。

其他功能

除上述功能外，我在第7章提到的碳管理体系中的所有碳管理工作，理论上都可以通过碳管理系统来进行线上操作。例如，法律法规识别，碳减排目标、指标跟踪及考核，减排项目的实施跟踪，碳资产管理，对外组织沟通管理等。总体来说，目前市面上绝大部分碳管理软件仅仅停留在组织层面碳核算功能上，虽然碳管理信息化这个赛道上的选手很多，但目前真正强有力的选手很少，肯努力研究，把产品做好，未来会有广阔的市场在等着我们。

8.6 国际倡议组织咨询

"双碳"议题兴起以后，加入全球著名的国际倡议组织成为各大头部企业比较热衷的一件事情。但大部分倡议组织并非随便交个会费就能加入，像CDP、SBTi、RE100等倡议组织，想要加入，相关加入程序对碳管理方面的专业能力要求很高，而且加入后需要每年定期报告相关进度。通常来说，如果企业的碳管理部门没有碳管理方面的专家，加入国际倡议组织都需要委托外部咨询机构来代理，目前能够提供相关咨询服务的机构并不算多。

1．CDP

CDP是全球最大的碳排放数据披露平台，该平台入驻了全球投资金额超过100万亿美元的投资者。平台每年向全球各大资本市场（如股票交易市场）排名靠前的企业或者受到投资方邀请的企业发放调查问卷，询问企业在应对气候变化和碳管理方面的行动，以此帮助投资者识别被投企业在应对气候变化方面存在的风险及机遇。除此以外，CDP评级本身属于全球主要ESG评级之一，CDP也被全球最有影响力的ESG评级机构明晟（MSCI）列为单独评分项，所以含金量非常高。

CDP的评级从上到下分为A～F共9个等级，其中F级是最低级别，表示未回复或者回复的内容达不到最低评级。因为是被动评级，所以只要你是CDP的调查对象，无论你回复与否，CDP都会给你评级。不回复的话，就是F级，因此中国评级为F级的企业非常多。如果你的公司是中国上市企业500强或是国际知名企业的供应商，那么去CDP网站搜寻你公司的名字，很有可能会在列表当中。

因为CDP调查问卷的内容非常全面，包含了公司气候治理及碳管理的方方面面，所以回复CDP调查问卷对于全方位识别公司在气候变化下面临的风险与机遇，建立碳管理体系，实施减排计划等方面，都能起到非常大的指导作用。可以这样说，如果CDP调查问卷里面的每个问题你都能够正面回答出来，那么你的碳管理水平就达到了中上水平；如果能达到A级评分，那么恭喜你，你已经走到世界前列了。

2．SBTi

SBTi是由CDP、联合国全球契约组织、世界资源研究所等机构联合发起的倡议，讲的是如何按照最新的气候科学，公司的温室气体减排目标才能达到实现《巴黎协定》目标所需的水平，该目标被视为科学碳目标。加入者在加入后2年内需提交自己的减排承诺（基于2℃或者1.5℃），并提出短期、中期及净零的承诺目标，以及达成减排目标的实施路径。

说得更直白点就是，帮助企业科学地制定减排目标。正如前面所说，只提出一个空洞的碳中和目标，看起来是比较苍白的，会被怀疑"蹭热点"或者"花钱买影响力"。而科学碳目标是以实现《巴黎协定》2℃或者1.5℃目标为基础，根据不同行业、不同企业的发展规律，帮助企业设定更加令人信服的碳目标。SBTi里面有很多关于目标设定的指南，即使不加入SBTi，根据这些指南设定自己企业的碳目标也很有帮助。同样，国外那些加入SBTi的企业在提出碳目标的时候，都会特别强调"该目标是通过SBTi审定的目标"，以彰显其目标的科学性与可信度。

3. RE100

RE100，意思是促进加入者使用100%的可再生能源电力的组织。它是由CDP和气候组织联合发起的一个全球倡议，旨在推动企业所使用的电力100%来自可再生能源。RE100规定加入的组织最迟2050年实现100%可再生能源电力的使用，如果加入的企业本身是可再生能源电力的设备制造商，那么要求其在加入RE100后8年内实现100%可再生能源电力的使用。由于RE100的发展壮大对整个新能源行业的发展有巨大帮助，即使RE100对新能源电力企业的要求要比其他企业高出很多，它们参与的积极性也非常高，国内远景科技集团、隆基绿能科技股份有限公司、阳光电源股份有限公司等新能源企业都加入了RE100。

4. EP100

EP100，意思是能效提升100%。EP100是由气候组织等发起的一个全球倡议，旨在推动提高企业能源使用效率。EP100具体分为能效倍增、能源管理系统全覆盖和零碳建筑三个子目标。能效倍增是指，在加入后25年内要实现单位能耗的经济产出翻倍。能源管理系统全覆盖是指，在加入后10年内实现能源管理系统对能耗部门的全覆盖。零碳建筑是指，最迟在2030年实现企业所拥有建筑的自身排放量为零（允许使用新能源电力）。

5．EV100

EV100也是由气候组织发起的一个全球倡议，旨在从企业层面推动新能源车的使用。加入者被要求，最迟在2030年实现公司层面3.5吨以下的车100%采用新能源、3.5～7.5吨的车50%采用新能源，采取激励措施促使员工更换新能源车，以及安装足够的充电桩保证公司及员工的新能源车的正常使用。

除了国际倡议咨询，随着国内一些企业（特别是中小企业）被动受到碳边境调节税（CBAM）、PEF或者下游客户的要求，这些企业没有能力应对，专门建立一个碳管理部门或者设立一个碳管理岗位的成本又很高，它们就倾向于有需求时借助外部咨询机构应对。这样的咨询需求将会随着国内外相关规则的落地及利益相关方需求的增加而增加。

8.7　碳普惠

碳普惠机制，顾名思义，就是利用碳减排机制来普惠那些践行低碳行为的大众。简单点说，就是建立一套机制，让践行低碳行为的人可以获得相关权益，这个权益可以是金钱、荣誉，也可以是某些其他收益。因为碳普惠机制是兼顾居民低碳行为培养的一种机制，所以无论是各地政府，还是"双碳"创业团队，都对这个机制十分推崇。目前，我国推出的大大小小的碳普惠机制有近百种，大部分的碳普惠机制还是以政府为主导，事业单位或国企承担运营。虽然总体居民直接参与度不算太高，但这并未阻挡其他还未开展碳普惠的地方政府热情高涨地开展碳普惠体制的建设及项目实施。所以，在未来很长一段时间内，碳普惠项目的实施都会成为各级地方政府的一个需求。

碳普惠项目的建设从大方向来说分为三部分：低碳场景开发、程序开发和商业模式开发。

低碳场景开发主要是建立一套低碳行为准则，让居民根据此准则践行的低碳行动来产生减排量，并根据减排量的多少获得相应的权益。例如，骑共享单车出行，我们界定用户每骑行1千米的共享单车可以获得100克的减排量，由此获得100克减排量对应的权益。类似的准则可以设置很多，如开电动车，完成垃圾分类，开展二手物品交换等。低碳行为准则的设置难点在于，如何衡量一位用户的行为是否低碳，以及如何量化该用户低碳行为产生的减排量。目前，全世界范围内都没有较为权威的核算准则，所以各种碳普惠机制在同一低碳行为的减排量计算方面会有很大偏差。

因为碳普惠机制与现实生活中的每位居民有关，所以为了与居民的低碳行为进行交互，需要开发一套程序，这套程序最好是以App或者小程序的形式让用户可以随时参与，同时也为个人低碳行为数据的量化提供工具，如前面提到的骑共享单车1千米。为了这个数据，我们可能需要用户的定位信息或者共享单车运营公司的数据，这些数据最好的载体都是手机。

商业模式是指为了让居民持续参与碳普惠机制而设计的一套符合商业逻辑的模式。要想碳普惠机制长久运行，光靠政府提供补贴或者用户的低碳环保情怀是不行的，因为它们不符合商业逻辑。我们要假设大部分用户参与碳普惠的是可获取利益的，而这个利益通过政府补贴实现就没有形成商业闭环。一旦政府不补贴，项目就会搁浅。目前，常见的方式是通过找到品牌赞助商提供产品的赞助，让用户通过低碳行为获得的权益可以兑换这些产品。只是目前提供的产品较少，用户的权益变现的渠道少，所以参与度不高。

在目前的碳普惠机制中，最为成功的碳普惠机制是蚂蚁集团旗下的蚂蚁森林项目。在蚂蚁森林项目中，以上提到的三个要素都设计得非常好。首先是低碳场景方面，如蚂蚁森林的低碳场景（见表8-2），蚂蚁森林目前已经设计了四十余种低碳场景，覆盖了居民日常生活的方方面面，而且低碳行为的减排量量化方法也是通过相关专家反复论证才确定的。然后是程序方面，蚂蚁森林直接以小程序的形式内嵌在支付宝App内，不但操作简单，还可以直接从支付宝用户中引流。同时，蚂蚁森林小程序中添加了大量的社交场景，可以极大地提高用户的参与感和获得感。最后是商业模式方面，用户的低碳行为产生的权益（能量）可以通过浇水的方式获得真的树，这种成就感是普通的小商品无法比拟的。虽然为了种植真的树，蚂蚁森林需要付出大量成本，但蚂蚁森林小程序大大增长了支付宝的打开率及打开时间，支付宝可以通过其他形式回收这些为了种树而花出去的成本，不过这个商业模式是其他碳普惠机制难以复制的。

表 8-2　蚂蚁森林的低碳场景

绿色出行	行走	共享单车		绿色包装	线下支付
	公交出行	地铁出行		电子支付	环保减塑
	新能源车	公共充电桩		直饮水	环保杯
减少出行	网购火车票	网络购票	减纸减塑	绿色外卖	电子小票
	绿色政务	生活缴费		电子发票	电子账单
	绿色医疗	绿色办公		扫码点单	扫码购票
	车辆停驶	绿色银行		网上寄件	电子签约
	信用卡还款			电子保单	信用住
节能节约	ETC 缴费	共享充电宝		国际退税	无纸化阅读
	自助停车缴费	绿色家电	循环利用	绿色回收	绿色入住
	临期食品处置				

8.8　针对不同客户的业务开发思路

本书介绍了碳管理领域大大小小的业务不下二十种，但这些业务各自潜在的客户群体是不一样的。而且在面对同一客户群体时，各类业务的推进也存在一定的先后顺序。如果我们有幸开发出一个客户，那么比起做完一个业务就匆匆结束，然后去跑其他企业来说，抓住这个客户，深挖客户需求，把一个客户的客单做大，才是业务方面更加可持续的方法。本节就针对不同的目标客户提出一些业务开展和深度挖掘的建议。

控排企业

这里说的控排企业除了目前已经纳入全国及地方碳市场的企业，还包括将要纳入碳市场的其他行业企业，也就是本书前面所提到的八大行业企业。这些企业的特点是高能耗、高碳排放，并且迟早会被纳入碳市场，这代表它们碳排放的高低直接与金钱挂钩。所以，针对这类客户，我们在开发业务时的要点就是如何帮客户赚钱及省钱。

首先，我们需要通过访谈、培训等方式让对方知道对方所排放的二氧化碳是一笔不小的资产。这种资产可能是正的，也可能是负的。正的代表企业能赚钱，负的代表企业要亏钱。通常情况下，描绘一个能让对方赚钱的场景更容易达成合作。

如何让对方重视碳资产的访谈示例

感谢各位领导能抽出时间参与这个会议。碳交易作为一个新兴事物，我想各位领导可能了解得不够全面，或者对其有一些误解，所以我想借此机会，先给各位领导说明一下，重视碳交易的重要性。

我想先强调的是，碳交易跟环保达标完全是两码事，比如说排污指标，如果我们达标了，那么政府最多不对我们进行处罚；如果我们不达标，那么政府会对我们处以各种处罚！环保达标对我们企业来说是一种负担。

而碳交易不一样，虽然它发的配额也是像环保指标一样，每年必须达标。但是政府赋予了碳配额一个资产属性，这个资产完全是有价的、可流通的金融资产！就跟股票期货一样！

这个资产值多少钱呢？像我们企业的情况，一年的碳排放量在100万吨左右，按照目前全国碳价60元／吨来说，这个资产规模就是6000万元。如果未来碳价涨到300元／吨，我们企业的碳资产规模就是3亿元！3亿元是一个什么样的规模？各位领导可以对比一下我们企业的营收和利润。我想，如果这是现金资产，我们企业肯定会非常重视，并且派专业团队来管理这个资产。

这个资产不是政府直接给我们的，而是相当于"借"给我们的，因为每年政府会按照我们企业的实际的碳排放量来回收这个资产，这个就是我们所说的履约了。假如政府发放了100万吨配额给我们，我们企业的碳实际排放量也是100万吨，那么，我们不赚不赔。

如果我们通过采用各种节能减排技术节约了10万吨配额，那么我们可以把剩下的配额拿到市场上卖，大概可以赚600万元。所以说，在碳交易体系下，企业积极、主动地实施减碳项目，除了可以获得项目本身的收益，还能获得盈余配额的收益。

但是，如果实际排放量是110万吨，多排放了10万吨，那么我们得花600万元到市场上买配额，相当于亏了600万元，所以说，碳管理是"逆水行舟，不进则退"。

刚才说的只是一种比较基本的碳管理方式，实际上，就算是我们排放了110万吨，也有可能实现不花钱履约，甚至还能赚钱。为什么呢？因为我刚才说了，碳资产属于金融资产，它是可以通过资产运作来实现保值、增值的。

举个例子，要是我们拿到的不是100万吨的配额，而是6000万元的现金，要求1年以后必须归还。在这一年期间，我们会如何处理这个资产？锁地保险柜？我想再傻的人也不会这样干，最差也得存银行赚个利息，是不是？

或者激进一点的买个股票、基金、债券什么的，让专业的资本团队帮我们打理这些钱。而对碳资产来说，已经出现了类似的服务：我们把资产给到专业的资本团队运作，他们会承诺一定的收益，配额置换、配额低买高卖、资产抵押贷款等方式都可以，这个就是碳金融。

对我们来说，就算我们不需要搞懂碳资产是如何通过运作赚钱的，至少也得知道这个是可以赚钱的，而且要积极、主动地找碳资产管理公司合作，对吧？所以说，积极、主动地管理碳资产跟消极、被动地管理碳资产带来的效果是有天壤之别的。

既然我们企业已经或者即将被纳入控排企业行列，与其像环保达标一样被动应付，不如把它当成一个业务，通过积极运作，不说我们通过这个赚大钱，不亏钱或者赚点小钱还是可以的。

在对方意识到碳排放是一个重要的资产后，我们就可以开展相关的业务。最开始可以开展的业务是碳盘查及碳管理体系的搭建。其目的是让企业将碳排放像财务管理一样做到进出分明、管理有序。

完成这一步以后，我们下一步便可以开展碳资产管理业务，即在保证企业可以履约的前提下，让企业将其配额交由我们来管理。我们可以通过配额置换业务及参与二级市场交易获取相应收益。再将获取的收益以约定好的比例与控排企业共享。如果企业有融资需求，我们还可以通过配额抵质押、配额回购等方式帮其实现融资。

这里可能存在目标客户还未被纳入碳市场的情况，这没有关系。提前签订合约对双方都没有什么损失，所以即使目标客户没有被纳入碳市场，只要它们属于八大行业企业，越早签约越好。

在确定了碳资产管理业务的合作后，我们还可以从节能项目上开展业务。控排企业的碳排放普遍属于高能耗行业，这些企业一般都有一定的节能降碳空间。我们可以联合相关的技术公司，帮助其开展节能降碳的工程。在节能项目实施的过程中，需明确由此带来的碳资产（盈余配额收益）双方共享。这样，大家都可以在获得节能收益的同时，获得节能带来的降碳收益。控排企业业务开发思路如图8-1所示。

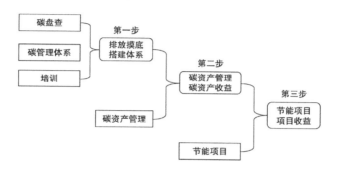

图 8-1　控排企业业务开发思路

减排项目企业

减排项目企业是指那些拥有可开发成CCER项目的企业，如风电开发商、光伏生产服务企业、各地造林部门及企业等。这类企业的业务模式较为单一，主要就是将其所拥有的减排项目开发成碳资产。

在减排项目开发的过程中，为了顺利与项目业主达成合作，我们需要根据项目业主对碳资产的认知程度调整对应的谈判策略。在第5章中，曾介绍过CCER项目开发常见的几种合作模式。对碳资产开发一无所知的项目业主基本不会在收到第一笔收益前掏钱来开发项目。所以，我们不用考虑在前期向项目业主收取咨询费，前期的所有费用由开发方承担，相应地可以将我们收益分成的比例适当提高。如果项目确实比较优质，我们甚至可以提前支付一小部分预付款来确保项目谈成。

对于本身就对CCER项目开发非常熟悉，甚至自己有能力开发CCER项目的项目业主，他们大概率愿意支付开发费用，并且只提供非常小比例的项目分成甚至不分成。这种情况下，我们就是纯粹的咨询方。如果我们的主营业务是碳资产开发，且无太多其他的资金来源，承接适当比例的纯咨询类项目来保证现金流，也是个不错的选择。

ESG 类企业

我将不以政府履约或碳资产收益为目的，而是以履行社会责任而实施碳管理和碳减排，以达到更良好的ESG表现为目的的企业称为ESG类企业。一些大型的控排企业也非常注重ESG。对于这类企业，我们仍然按照控排企业的模式去开展业务。

为ESG而开展碳相关业务的企业都有一些共同的特点，它们基本都是各行各业的龙头企业，且多是上市公司，通常属于终端消费品生产企业，涉及较长的供应链和较多的供应商，而自身的碳排放往往相对偏低。这类企业最核心的诉求就是，要在"双碳"方面做出足够多的宣传亮点，并获得更好的ESG评级。所以，我们的业务也需要围绕这个核心诉求来开展。

随着全球知名企业纷纷宣布碳中和目标并制定碳中和规划，ESG类企业开启了在碳领域展开角逐的表演大赛。而制定自身的碳中和规划报告，可以说是进入这场大赛的入场券。所以，对ESG类企业来说，编制一个出色的碳中和规划报告是它们最首要、最核心的诉求。

ESG类企业因为本身碳排放较低，所以大多不是控排企业。那么，为了科学、合理地编制碳中和规划报告，首先需要进行碳排放摸底，再根据企业的排放特点执行一系列的减排规划。与控排企业不一样的是，ESG类企业的碳排放摸底除了组织层面，还需要产品层面的碳排放摸底，也就是产品碳足迹计算。这样，一个基础版的碳中和规划报告就完成了。为了让我们的报告更具有宣传性，我们还需要在目标、指标的制定和减排项目的实施方面，挖掘契合企业特色的亮点。

碳中和报告的编制可以说只是一个业务的开头。我们可以根据企业对碳中和的认知程度进行下一步的业务开拓。首先，如果企业确实想要把碳中和规划落地执行，那么管理体系的搭建和能力建设是必需的。因为通常ESG类企业都是大型集团公司，涉及的下属子公司及部门众多。而因为大部分人对于碳管理都是初次接触，所以需要首先对相关人员进行系统的培训，然后建立体系，让相关人员严格按照体系要求进行碳管理和碳减排。在碳中和规划的实施过程中，会涉及对外开发或者购买碳资产或绿色电力／绿证的需求，我们可以代理相关业务。为了对组织及产品碳排放进行更好的管理，碳管理软件也是必不可少的，所以还可以开展碳管理软件相关业务。

为了企业的碳中和表现得到更多利益相关方的认可，加入国际倡议组织（如CDP、SBTi、RE100等）也是一个必要的过程。我在第7章也介绍过，加入这些国际倡议组织对碳方面的专业能力要求非常高，所以需要咨询机构辅助支持。

除了ESG类企业自身，另一条业务线路是其供应链企业。因为大多ESG类企业为终端消费品生产企业，整个供应链的碳减排需要它来号召和组织。这样，它的上游供应链企业就会存在和它一样的业务诉求。顺着供应链这条线索，我们又可以开发很多客户。ESG类企业业务开发思路如图8-2所示。

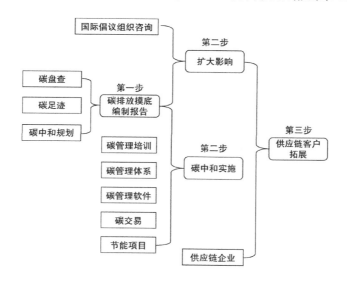

图 8-2　ESG 类企业业务开发思路

政府机构

政府机构的业务相对来说领域多、范围广、分散性强。但相对于企业，政府机构的好处在于，每年都会有固定的"双碳"业务放出来。如果我们的能力得到了政府的认可，那么只要是"双碳"相关的业务，我们都有机会承接。目前，政府常见的一些业务有以下几种。

1. 碳核查

这是每年固定的政府业务，除了国家规定的重点排放企业的碳核查由各省级单位来负责，许多地级市也会扩展企业核查范围，扩展部分的业务由地市级政府负责。

2. 温室气体清单

这也是每年相对固定的政府业务，说"相对固定"的原因是，这个并不是国家强制的，所以并不是所有的地方政府都会做。不过，随着我国"双碳"目标的提出，地级市以上及部分区县每年编制温室气体清单已经成为常规业务。

3. 政府"双碳"信息化系统

"双碳"和信息化这两个元素都是政府近来在主推的事情，所以许多地方都有"双碳"信息化的需求，一般会与温室气体清单项目一起开展。

4. 碳达峰实施方案及衍生研究课题

目前，政府相关部门在编制碳达峰实施方案，这个方案一般还会衍生出许多子研究课题，如果有我们擅长的，可以承接一些课题来做。如果能力足够强大，也可以承接所有的工作。由于碳达峰方案涉及温室气体清单，因此也会与温室气体清单项目一起开展。

5. 碳普惠

为了促进普通居民积极参与碳中和，碳普惠机制成为许多政府的选择，所以碳普惠项目的开发也逐渐成为政府"双碳"相关的常规项目之一。

第9章 | Chapter 9

那些在"碳圈"浮沉的人

1. 我最想成为本章中的哪一位从业者？
2. 根据我自身的条件和未来计划，我最有可能成为本章中的哪一位从业者？

在我国，在"双碳"目标提出以前，碳管理行业只能算是一个小众行业，行业的发展非常不稳定。如果把我国碳管理行业正式启动的时间定义为2005年CDM正式生效日，那么从CDM时期的光辉岁月，到《京都议定书》失效的一落千丈，再到全球碳市场兴起的峰回路转及国内碳市场启动与延期之间的来回拉扯，这个行业在将近20年的时间里已经经历了几次浮沉，它从市场的热潮中逐渐冷却，在冷却到冰点以后回暖，在孕育着新的生机的土地上又开始生根发芽。

为了完成本章内容的写作，我采访了多个有不同程度碳管理行业从业经验的人，并将采访内容整理成文章。在本章，我们将通过他们真实的心路历程，从不同角度去观察、了解碳管理行业的发展历程与真实面貌。如果你立志成为碳管理行业中的一员，那么了解这些在碳管理行业里真实存在的个人经历，一定会对你未来的职业发展有所帮助。

9.1　硕士回国却成促销员，碳管理行业助我重新起航

姓名：斯理

年龄：37岁

学历：留学硕士

碳管理行业从业年限：14年

目前职业：某世界五百强企业碳金融技术负责人

目前年收入：50万元+

2008年正逢金融危机，我在国外进修完前沿领域的硕士学位归国后，在所在城市很难找到对口的工作，为了维持生计，我甚至故意改低了自己的学历，仅仅是为了找一份超市促销员的稳定工作。后来在学校师兄的引荐下，我成为"碳圈"的一员。

记得师兄在电话中提到CDM时，我一脸茫然。挂了电话后立刻上网搜索，原来CDM是Clean Development Mechanism的缩写，即清洁发展机制。做这份工作还要与联合国打交道，听起来很"高级"的样子，工作中还会频繁用到英语，对于留学归来而又"四处碰壁"的我来讲非常适合。

没有经历过黑暗，哪知光明的可贵。我用了2年的时间，在公司从一名小助理成长为项目负责人，后又晋升为带领10人左右的部门负责人，一切似乎来得顺理成章，但过程中所付出的艰辛只有自己知道。

我依稀记得，刚到公司就跟着公司的前辈们熬通宵应对联合国CDM一个水电项目的Under Review（审查，是指联合国气候变化框架公约下的执行理事会在审核项目时，针对有疑问的项目提出一系列的问题，这些问题需要业务或咨询机构在规定时间内回答并提供相应的支撑文件）。当时前辈们的策略是全体分工应对，有的写中文的答复内容，有的收集项目证据材料，有的收集学术论文书刊佐证，全部整合后翻译成英文。通宵达旦地赶在截止日期前发出，之后同事们结伴回家休息，前辈们则留下来继续面试新人。2009年年初，CDM发展如火如荼，那时从办公室能看到南北高架桥上来往车辆形成的两条灯带，特别美，那几年几乎天天都看到……

2012年《京都议定书》到期，伴随着全球金融危机背景下的经济下行、市场供求关系不平衡及我国成为最大碳排放国等一系列因素，欧盟宣布2012年3月后只允许LDC（Least Developed Country，最不发达国家）申请注册项目，也就是把中国的项目排除在外了，自此CDM跌落神坛。直至2014年年初，我都在无所事事中度过，那时其实我国的碳市场已经开启，国内CCER市

场也应运而生，我劝老板放弃CDM市场转战CCER市场，但始终没有得到老板的支持。当有国内大型国企准备全力投入国内碳市场招兵买马之时，耐不住寂寞的我，毅然决定跳出舒适圈，投身CCER的蓝海市场。

CCER基本上借鉴了CDM，并结合我国国情做出相应调整，它让我找到了主攻国内碳减排项目开发的新方向。然而造化弄人，随着国家部门机制改革等的实施，2016年年底CCER审批已实质停止，2017年3月15日正式下达了通知，暂停CCER审批，CCER自此进入调整期，时至今日仍未重启。

我在2019年10月跳出"碳圈"，加入了一家国际非政府组织，以期在公益方面做一些有意义、有价值的事情。我的主要工作内容是农林产品的可持续供应链项目集管理。遗憾的是，该公益组织并没有让我感受到自我价值的提升。

2020年9月我国明确提出"双碳"目标后，碳管理行业再次迎来高光时刻。2021年年中，我的前两任老板都喊我回原公司帮忙，市场上的机会也不断找到我，最后我选择了一家大型民营企业，再次回归"碳圈"，也期待能做更多真正有价值、有意义的事情。

行业感悟：

如今"碳圈"似乎又复现了CDM时期的辉煌，圈外人人聊碳，想从中获益。"碳圈"的红火带动很多产业呈现一片欣欣向荣的景象，怎奈专业人才稀缺，并且需要时间培养，无法快速衔接。不过我坚信碳管理行业的发展一定会越来越好。一起加油吧，新老"碳圈"人！

老汪点评：

这位朋友是CDM时期碳管理行业从业者，CDM时期因为要跟联合国打交道，工作语言为英语，所以海外留学归国人员在这个行业中占了很大比例。那时CDM的收益也配得上他们的学历，不过CDM没落后也有不少从业人员转行，坚持下来的人心路历程与这位朋友大抵相近。如今碳管理行业重新走上正轨，这部分脱离碳管理行业的前辈如果能够重操旧业，对自身价值的实现及为祖国"双碳"事业添砖加瓦都大有裨益。

9.2 做了几百家企业的碳核查后，我开始寻找职业上升通道

姓名：林晓

年龄：30岁

学历：本科

碳管理行业从业年限：5年

目前职业：某大型核查机构技术经理

当前年收入：10万元+

我大学读的专业是再生资源科学与技术，毕业后一直未找到合适的工作，在一个偶然的机会下我通过朋友介绍进入一家公司成为碳核查员。那时我连碳核查是什么东西都不清楚，但没想到就这样进入了"碳圈"，并一直待到现在。

我进入这个公司后，先作为核查组组员跟着前辈们一起去企业开展现场核查，然后前辈们指导我计算碳排放量并编写碳核查报告，之后不久，我就被公司安排独自开展碳核查工作了。虽然我在独自核查前几个企业的碳排放时还比较忐忑，但慢慢熟练后，我就可以独立负责一个企业的碳核查工作了。

因为我们公司属于第三方核查机构，所以除了核查任务，其他可开展的业务较少，在没有核查任务的时候，我就在公司打杂并且自学专业技能。在有核查任务的时候，我就会切换成"战斗模式"，整月在外出差，白天去企业现场核查，晚上在酒店赶制报告，非常辛苦。还好每年出差核查的时间最

多也就半年，其他时间可以修整充电。

2020年，我国提出"双碳"目标以后，碳管理人才成为相关企业争抢的"香馍馍"，而作为核查了几百家企业的碳排放的我，却并没有因此从中获益。我的薪酬涨了一些，但远谈不上质变，只能说在普通行业随着资历增长有正常的变化。我想这或许与我多年来只做碳核查这一项业务有关，但在这个公司确实没有接触其他业务的机会，也没有可以带着我一起做其他业务的人。因此，如果我的职业生涯能够重来一次的话，我希望能够找到真正掌握核心技术的老师或公司，通过不断学习更快速地成长。

行业感悟：

首先，我觉得基础工作很重要，但往往没人重视。其次，现在很多企业把重点放在碳交易的操作上，减碳技术还不是其考虑的重点。还有，碳管理的可操作空间大，处罚力度轻，有的企业在进行碳核查时连最基础的燃煤消耗量都未进行计算。最后，就碳核查而言，各方的压力都施加给核查机构，但核查机构营收较低，长此以往不利于行业发展。殷切希望有关的制度能越来越完善，进而推动整个行业的健康有序发展。

老汪点评：

碳核查员可以说是整个碳管理行业基数最大，也是很辛苦的一个群体。每当启动碳核查时，碳核查员基本都要在企业现场来回奔波，出差强度非常大。而"双碳"目标的提出并未给这个群体带来实质性的好处，反而增加了他们对碳核查质量责任承担的要求，这使得大量优秀的碳核查员更倾向于离开碳核查行业，转而去做其他碳管理业务。碳核查数据是整个碳市场的数据基石，碳核查行业需要留住优秀的人才。如果现在碳核查的定价模式不改变，我想会有更多的人考虑离开碳核查这个行业。

9.3 集齐中美欧碳管理项目经验，如今开启碳中和创业之路

姓名：小龙

年龄：29岁

学历：留学硕士

碳管理行业从业年限：6年

目前职业：某咨询公司创始人

当前年收入：30万元+

我最初接触这一行是在美国读大学的时候，当时就接触过跟climate science and climate economy相关的课程，还参与过整个波士顿地铁系统碳核算体系和降碳方案的制定。大学毕业后我首次参加跟碳相关的工作是在2016年。当时我还在荷兰读研究生，为了完成毕业论文，我需要了解中国碳市场，所以通过别人介绍加入北京一家碳管理公司实习了半年。该公司是最早的一批做CDM开发和交易的公司。我加入后主要的业务重心是做CCER开发。当时该公司也是几个省市的第三方核查机构，所以我也做了不少的第三方核查工作。同时也了解了中国碳市场的架构，认识了不少圈内的人。

实习完成后，我在2017年回到荷兰，跟随导师完成我的毕业论文，期间跟随他走访了很多欧洲的控排企业，特别是钢厂，了解和分析它们的碳边际减排成本，以及碳泄露会带来的潜在影响。之后跟着导师在欧洲能源交易所做了一些项目。

2018年毕业后，我回国开了一家能源型创业公司，当时的想法就是运用我所学习的知识和在欧洲碳市场所接触到的理念，在国内开展工作。但是回到国内以后发现，试点交易所各自为政，CCER全面暂停，中国的整个碳市场

非常割裂。首先，第三方核查以及碳排放管理业务基本都被地方企业垄断，溢价空间不高；其次，很多的工业企业对于碳管理没有任何意识，根本不清楚碳排放是什么。有的甚至说我们不烧煤炭，哪里来的碳排放。于是我开始寻求转型，做一些业务量较小的国际减排量VCS项目的开发。此外，还做一些综合能源和节能服务。但因为创业公司资金耗尽，所以我在当年加入一个大型跨国能源集团，主要从事橡胶制品销售的工作。因为客户提出了比较高的要求，集团需要在可持续发展方面有所作为，所以后期我逐渐转型成可持续发展专员，帮助轮胎厂测算碳足迹，并且研究如何从原材料的角度整体降低碳排放。

我国提出"双碳"目标以后，我毅然辞职回到家乡，重新开启了我的创业生涯，专注于"双碳"综合解决方案。

目前我的公司定位还是以政企咨询服务和减排量开发为主，同时要有自己的碳管理平台。对于公司后期发展我也正在做规划，可能会往平台方向发展，对特定行业做深化；也可能往减排量、碳资产管理方向发展，但是缺乏这方面的专业人才。

行业感悟：

我觉得碳管理行业是一个跨专业、跨领域的行业，需要从业者具有很强的综合能力和丰富的综合知识储备。例如，在CDM时期，从业者需要具有很高的英文水平、很强的交际能力和丰富的专业项目知识储备。对于控排企业来说，从业者需要对企业内的生产工艺等各个方面有一定了解，还要清楚如何进行碳核算。所以我觉得国内在教育方面，要从高校开始，特别是大学，设置专业的课程，为今后的碳市场发展储备人才。控排企业中的碳排放管理员，在咨询公司做减排量开发的人员，以及在金融机构做二级市场碳交易的人员，都是稀缺人才。

另外就是培训市场，现在各种协会、交易所等都在办培训，但是绝大多数人通过培训只能学到皮毛，最后都只是得到了一张证书而已，所以国家想要发展碳管理这个行业，首先必须规范培训课程，大纲、内容必须统一，发证机构也应一致、权威。可以参考欧洲的管理方式进行碳管理行业的细分，逐步规范这个行业。

老汪点评：

即使碳管理行业处于低谷期，这个为"拯救全人类"而做出贡献的行业也能够吸引很多人才，特别是在欧美国家接触过气候变化与可持续发展理念的人，这位被采访对象就是其中之一。遗憾的是，在2016—2020年行业低谷期加入这个行业的人，无论是就业还是创业，都不会一帆风顺。好在这位朋友坚持了下来，并在"双碳"目标提出后重新开启了自己的创业生涯。如今碳中和已经成为全球最重要的议题之一，越来越多的高薪岗位必然会吸引更多的人才。特别是在不久的将来，《巴黎协定》第六条相关机制落地后，拥有多国语言技能的跨国碳管理人才将会成为抢手的"香饽饽"。

9.4 关于我因女朋友写论文接触到碳管理的故事

姓名：小刘

年龄：26岁

学历：本科

碳管理行业从业年限：2年

目前职业：某软件公司"双碳"产品经理

当前年收入：10万～20万元

至今我已经从一个民办本科院校毕业两年了，我学的是通信工程专业，按理来说本应和"双碳"无缘，但是在一个偶然的机会下，我结识了我的女朋友，从此和"双碳"有了千丝万缕的联系。

我的女朋友学的是会计学专业，当年的毕业论文是《碳交易的会计处理方式》。在2019年，在她的影响下我第一次接触到"双碳"，第一次了解到碳交易的内涵及由来。当时只是觉得神奇、惊讶，人们正在用一种让人意想不到的方式去处理气候问题，这份好奇伴随了我整整3年。

我本以为自己毕业后会去"三大电信运营商"之类的公司工作，但我却踏入了另外一个行业——电力行业。第一份工作带着我在综合能源、虚拟电厂、节能优化等领域内探索了许久。大概在祖国的边疆建设了一年，我跳槽了，没什么很特殊的原因，主要是为情所困吧。

我在选择第二份工作时确实犹豫了很久，最终选择了一家电信运营商的子公司，从事工业互联网行业。原因无他，公司答应我让我做能源和"双碳"的业务，于是我毅然决然地入职了。

做了一段时间后发现，"双碳"业务并不是那么好切入的。在从事这份工作的半年时间内，我有了足够的时间安静下来认真学习相关知识。也正是在这个阶段，"双碳"市场越发红火，大大小小的公司都在强调自身的节能减排能力，我正是在此时下定决心，一定要把这方面业务搞清楚。毕竟，这真的可以作为我未来职业发展的方向。

后来因为公司业务规划偏离"双碳"方向，在朋友的盛情邀请下，我来到了现在的公司工作。这是一家主要涉及发电行业业务的软件公司，我在这里做"双碳"产品的设计工作。在做产品规划的过程中，我借鉴过汪老师的思路，在此特别感谢！

行业内的一些人觉得碳管理行业就像一个围城，城里的人想出去，城外的人想进来。但是我仍觉得，不管对于从业者还是对于创业者，"双碳"都是很好的一条赛道。在过去的这一年里，我发现"双碳"业务越来越多，每个业务的市场也越来越大。先行的人已经走得很快了，未来路仍然很宽。未来，希望我能把脑海中每个"双碳"业务的产品都设计出来，让它们能够真正落地。

老汪点评：

因为目前高校还没有开设碳管理相关专业，所以进入碳管理行业的朋友的入行经历千奇百怪。不过就入行时机来看，这位朋友算是比较幸运的人。在我国提出"双碳"目标后，许多企业，特别是国企都在内部选拔碳管理人才以期快速启动相关业务。在谁都不明白"双碳"是怎么回事的情况下，如果你对碳管理的知识比其他人略高一筹，你就可能胜任相应工作。这种情况还会在未来很长一段时间里持续发生。"双碳"的浪潮一定会波及所有行业，所以无论你从事什么行业，所在企业当前是否与"双碳"业务有关，从现在起进行知识储备，在将来的某一天，或许这些知识储备足以改变你的命运。

9.5 从卖房到"卖碳"，一位销售人员的成功转型

姓名：吴姐

年龄：40岁

学历：保密

碳管理行业从业年限：3年

目前职业：某碳管理公司总经理

当前年收入：保密

我原来是做房地产营销管理的，那时已经做到了某房产公司的营销总经理。后来有一段时间长租公寓比较火，我便跳槽去了一家做长租公寓的公司做营销总经理。谁知长租公寓这个赛道特别短，没过几年就冷清了。那是2019年的上半年，我正面临重回房产或换新行业的选择。

此时，正好国内一家规模较大的碳管理公司找到我，希望由我来负责其"双碳"领域新业务的拓展。在和对方多次面谈沟通的过程中，我对这个行业的业务构想逐渐清晰。最终我欣然加盟，以一个新人的姿态参与筹建并直

接管理了这个新业务部门。在此后的一年多时间里，由于国内"双碳"政策未真正落地，因此虽然我们做了大量业务铺垫，但成效一般。我经历了一段前途不甚明朗的时期。

到了2020年9月，我国正式提出了"双碳"目标，由此引发了大量市场需求，业务量激增，我个人感觉这次选对了赛道。但很遗憾我并没有在这家公司任职太久，在2020年下半年离职后我又短暂加入了另一家公司，最终因其他外力因素影响再次离职。这一次，已决定扎根"双碳"行业的我选择了独立创业。

自入行以来，我一直身处业务前端，接触了不少客户，也充分发挥了多年来从事营销管理和客户拓展的经验和方法，同时亦步亦趋保持对市场和政策的跟踪，本着求实求是的态度，最终取得了不错的业绩。2021年是全国碳市场的第一个履约年，为确保控排企业完成到期足额履约的目标，有1～2个月的时间，我和团队成员几乎是连轴转的工作状态，随时响应，为企业解答各类系统开户、履约、交易操作等相关的问题，同时也为企业提供了很多履约的策略和建议。在这个过程中，我们也顺势推进了客户资源的整合与转化，做成了一些碳交易撮合业务。那段时间的工作强度很大，但也收获了很多。回过头来看，我确实非常庆幸自己选对了行业，随着时间的推移，也更加坚定自己深耕"双碳"行业的决心。

个人感悟：

虽然我是误打误撞进入这个行业的，但我觉得这个行业和我很契合。碳管理行业目前还处在不断完善的阶段，需要和从业者们共同成长。同时我认为，做业务的方式有很多种，我们很难从对与错的角度去衡量，我也不建议用当下的成功与否来进行判断。如果我们在职业生涯中认定了一个方向或者一个行业，就要带着初心，怀着真诚，尽到最大的努力去做。这几年，我也结识了不少朋友，也非常感谢他们的信任。从事"双碳"业务不仅拓宽了我的事业的边界，而且延展我人生的宽度，所以我会一直在这个行业做下去，我也相信我以后会做得更好。

老汪点评：

碳管理行业虽然是一个专业性比较强的行业，但从一些常规行业转到碳管理行业的门槛是比较低的，如这位朋友，她在房地产行业做销售，如果想转行做碳管理行业的销售，那么她不需要知道碳排放量怎么计算，配额怎么分配，只需要知道卖什么产品，把这些产品卖给谁就行，所以她能够成功转行。同理，从事人力、财务等工作的人想进入碳管理行业也并不需要什么专业知识。如果你正从事这类工作，不妨留意一下相关转行机会。

9.6　文科生的"碳圈"心路历程

姓名：花弄影

年龄：26岁

学历：本科

碳管理行业从业年限：3年

目前职业：某咨询公司碳中和咨询工程师

当前年收入：10万～15万元

我大学学的碳金融专业，学习的课程包括传统金融与碳金融，如碳资产管理、碳市场等，但多是理论概念性知识。大三第二学期，我辗转进入多家公司实习，后通过学校合作平台信息进入深圳一家公司实习，后留任。

我在深圳这家公司的主要工作内容是碳核查，但我当时的收入无法承担在深圳生活的基础开支，且不习惯深圳快节奏的生活，于是我离开了深圳。

之后我来到广州一家公司继续从事碳核查工作。本想深耕碳管理行业，可文科背景无法很好理解理工科背景下的八大行业，感觉个人无法在技术上有所突破，于是陷入迷茫。待业半年之时，"双碳"概念大火，我经过多番

思考，感觉并无其他更好的出路，所以决定转型做"双碳"咨询业务，再给自己一次机会。

如果有机会重来一次，我会选择顺势而为。以文科背景入行碳核查，有时候越坚持越失落。在遇到技术瓶颈或者团队管理问题时，如果不能坚持通力协作去解决问题，那么自己也会陷入自我怀疑的苦痛。

关于未来的职业规划，我觉得目前的团队氛围很好，所以打算入一行深耕一行，磨炼专业知识，在项目中成长！未来可能会考虑提升学历，或者通过考级，丰盈自我。

行业感悟：

（1）"双碳"概念火热，懂行的人很少，主要原因是很多新人盲目入行。

（2）专业性、前瞻性强，但多数人无论是在学术上还是在实践中，涉猎均较浅，易泛泛而谈。

（3）比不上IT行业辛苦，也不算轻松，尤其是碳核查赶制报告。公司都想用最小的人力成本得到最大的回报，认为随便一个人通过几家碳核查历练后就能上手。但我认为这样不能从根本上理解控排企业及其工艺流程，是产生核查误差或者导致核查不严谨的重要因素之一。

（4）薪酬待遇低，校友几乎无人入行，或者看到"双碳"概念火热想入行，但听到薪酬待遇后纷纷摇头。

（5）在碳管理行业无论是做学术研究还是做项目，都比较重视学历，但后面我自己想了想，其实学历的背后也代表着一种学习能力，毕竟行业重新变得火热仅两年，真正进行过高校专业学习的人少之又少，除了从CDM时期坚持下来的和前些年跟跟跄跄在行业前行的，现在最紧缺的就是有学习能力的从业人员，前者可以说有相关工作经历，后者则具有入行后快速跟上节奏的能力。

老汪点评：

这位朋友用亲身经历介绍了文科生入行的问题。虽然这位朋友是学碳金融出身的，但在开展碳核查工作、面对各种行业复杂工艺流程和现场情况时，仍然有些吃力。文科生如果想进入碳管理行业，做定性分析的咨询报告相对来说要容易一些。但这也不是绝对的，碳管理是一个新行业，大家都在一个起跑线上，所以最重要的还是自己的学习能力。

9.7 教育领域创业失败的我，在"双碳"领域浴火重生

姓名：于悦

年龄：34岁

学历：硕士

碳管理行业从业年限：2年

目前职业：某"双碳"咨询公司创始人

当前年收入：30万～50万元

我从2008年大二开始，就以家庭教师的身份初涉教育培训领域，后自主创业并形成一定规模，但2020年全球新冠肺炎疫情和"双减"政策等因素，让我负债累累。内耗外困的局面让我在监管领导的面前大哭了几次，之后隐约意识到是行业出了问题，于是我做了一个大胆的决定，换一条职业赛道重新出发。

在选择行业时我无意中读到了比尔·盖茨的《气候经济与人类未来》，了解到碳中和这个概念，并将碳管理行业作为我全新的职业赛道，于是便开始自学相关知识。

当时的学习时间每天有14小时以上，与"双碳"相关的书籍读了20多本，但对行业术语仍然一知半解。后来我比对着汪军老师所著的《碳中和时代：未来40年财富大转移》，对其个人公众号上的每篇文章重点强调的内

容反复进行分析，再结合之前搜集的资料加以思考，我的大脑里似乎长出了一棵较为完整的知识树，从全局视角形成了一套自己的碳中和知识体系。在此期间我记忆最深的一件事就是，连续熬3个通宵，将《碳中和时代：未来40年财富大转移》这本书作为工具主线，将里面所涉及的国际历史文件、国际机构性质等知识做了系统的梳理。这次的梳理工作也让我更加深刻地认识到，碳管理行业就是自己一直苦苦寻找的、具有无限发展空间与潜力的黄金赛道。

2020年我进入一家工业互联网公司，主要业务是跨领域学习科技行业的运营逻辑和解决方案如何从0到1落地。2021年7月16日全国碳市场开市，我申请从其他项目组跳到"双碳"项目组，正式开启碳管理之路。从理论到实操的路是一段令人惶恐的路，每天都要不断地学习和实践，以应对客户的种种疑问。

当时我也开始接触碳交易、碳资产开发等业务，针对碳资产开发，特意向行业内的资深专家拜师，系统地学习了理论基础与实操难点，之后又去母校环境学院向一些专家学习"双碳"相关的知识。2021年10月，我开始独立承接公司咨询项目，经过半年一线咨询与解决方案撰写的历练，我迅速成长为项目组的负责人。

2022年4月，我因为在公司"双碳"方面的杰出表现被正式任命为公司低碳战略总裁，负责整个低碳板块项目规划与项目负责，一年多的日夜学习获得了回报，我的自信心也不断增强。不久后我辞职开始创业，在原公司的职位也由低碳战略总裁转为低碳战略顾问，我的公司与原公司也形成了业务合作的上下游关系。我在新媒体端的"双碳"类自媒体上线后，不到一个月时间就积累了3万个粉丝，在兴奋的同时我也明白只有踏踏实实地做好工作，在行业内做出更多有影响力的项目才能在"双碳"行业走得更远。

关于未来的规划，我会在创业的这条路上坚定地走下去，定期输出"双碳"的优质内容，争取早日成为"双碳"领域有影响力的自媒体"大V"，成为碳资产管理、碳交易领域的专家。

行业感悟：

首先，借力很重要，这个行业是技术密集型行业，没有认知很难做。其次，碳管理行业涉及的面很广，涉及16个专业43个行业1108个产业，需要不断地学习，不断地复盘精进。最后，商业模式很重要，新行业需要用新的商业模式去打开市场。

老汪点评：

这位朋友是我采访的所有人中最努力且成长最快的人。在不到两年的时间里，就从初次接触"双碳"知识的"新人"成长为可以独立承接大型咨询项目的负责人，其成长之快足以让人钦佩。当然我们可以从她的心路历程中找到她成长如此迅速的原因。新兴行业也好，传统行业也罢，想要真正在行业中获得一席之地，都需要付出艰苦卓绝的努力。

9.8 "碳圈"从业17年，个中滋味只有经历过的人才知道

姓名：黎玺

年龄：39岁

学历：本科

碳管理行业从业年限：17年

目前职业：某碳资产管理公司总经理

当前年收入：80万元+

2005年，我还处在大四实习阶段，家里北京大学博士出身的叔叔正在从事碳管理相关工作，觉得这个领域极具发展前途，于是建议我去学习国际碳市场的相关知识。当时几乎没有什么文献资料可供学习，清华大学刘德顺老师所著的《清洁发展机制在中国》就成了我的自学教材，被我反复阅读。

2005年2月16日，《京都议定书》正式生效，叔叔的公司于当天举行了一次聚餐，以示庆祝。同年5月，公司派我和同事去参加在德国科隆举办的2005国际碳博览会，自此开启了我的"碳圈"生涯。我们此行的目的是推荐国内6个节能减排项目，出发前我们依据对碳减排的了解，自行完成了PIN文件的制作（当时制作一个PIN文件要花费1万美元）。

会议期间，我们积极与国际相关人士交流，并努力寻找减排量指标的国际买家。值得一提的是，会议期间我结识了一位亦师亦友的伙伴老Z。老Z是清华大学的博士，恰巧师从刘德顺老师，在读博士期间一直深入探索应对气候变化的专业领域，并配合刘德顺老师参与过多个联合国方法学的开发。老Z的专业知识完全解决了我在某些方面知识空白的问题，并且提升了我对减排项目开发的信心。在老Z的建议下，我们放弃了其他5个项目，最终与一位买家锁定了对川威高炉煤气发电项目的开发意向。之后，该项目被国家科技部评为中国备选CDM项目。

回国后，我就开启了该项目的推进工作。首先与买家签订了合作协议，然后立即聘请老Z带领相关技术团队进行项目设计文件（PDD）的编写。同时积极联络买家洽谈减排购买协议。2006年6月，公司先后与多个国际买家接洽，在排除了一系列惩罚风险的前提下，最终与荷兰国际能源系统集团签订了减排量购买协议，以每吨8.3欧元的价格出售了减排量指标。

从2005年至2008年，我每月工资只有1500元，只能租一间冬冷夏热的屋顶阁楼来住，这样的经历反而铸造了我顽强的品格。2008年，我需要为公司注册VER与CER项目，那段时间几乎每晚失眠，因为中国好几家公司的同类项目均被EB（全称为Executive Board of Clean Development Mechanism，即CDM执行理事会，CDM项目注册时的最终审核组织）拒绝注册。

幸运的是，公司的VER与CER项目全部顺利注册并最终获得收益，我也利用公司给的提成买了房并实现了一定的资金积累。之后我辞职加入了一家致力于开展碳资产开发业务的初创公司，并成为该公司股东。

新公司成立不久，我们遇到了碳管理行业的第一波低谷。2012年，碳单价一路跌至几十美分，甚至连开发成本都无法收回。记得当时在碳单价急速下跌的时候，买家曾与我们协商将交易单价从8.2美元下降到5美元，我们觉得他们违约了没有同意。当半年后CER签发时，碳单价已经跌到0.2美元，我们懊恼于半年前错失了最后一次 "上岸" 的机会。之后公司决定转型，开发黄金标准（GS）减排项目。利用多年在 "碳圈" 的关系，我们重新与合作伙伴签署了一批新能源项目进行开发。

正所谓屋漏偏逢连夜雨，公司的资金链也出现了问题，导致第一批项目需要的注册费用无法提供，通过包括我在内的领导层集资后才勉强应对。但这也给我个人带来了严重后果，在没有收入的前提下，每月还要偿还高额的贷款。身边朋友们的孩子都已蹒跚学步，而我却无法保证家庭的基本开支。转行还是继续硬撑，我甚至连抉择的勇气都没有。

2017年，公司经营已经非常艰难，国际碳价又下滑到一个新的低谷。每吨碳信用净利润只有5美分。国内碳市场建立也一再延期。经过反复思考，我认为就算全国碳市场没建立，提前开展企业的体系与管理工作也是正确的选择。于是我正式接手公司的业务管理工作，先从公司股东单位经营的钢铁、水泥板块入手，以配合碳核查为切入口，建立企业碳排放管理体系，收取技术服务费，并依据碳排放报告中的数据，深挖企业节能减排项目潜力。从2017年至2019年，公司实现了收益持续增长。

2018年，我组建了新公司，利用我的企业管理经验将碳资产管理的范畴扩大，通过技术服务植入减排项目，实现了20多家工业企业的管理合作，形成了一整套落地有效的商业模式。

2020年9月，我国提出了 "双碳" 目标，我坚信有如此良好的政策环境，碳管理一定可以创造更大的价值。近两年我又参与了一系列的项目，包括一个政府低碳规划、某大型国企 "双碳" 规划、某控排企业环境权益管理等，进一步完善我所打造的商业与技术服务体系。

行业感悟：

首先要理解 "双碳" 指的是什么，国家为什么要全力推进 "双碳" 工

作。我们面临的是一次时代的变革，我从小生活在煤炭资源丰富的地区，对传统能源有很深的了解，亲眼见证了一个国有煤矿企业从兴盛到衰败的全过程。"双碳"不是碳交易的春天，而是节能减排、能源结构转变以及新能源的春天。只有真正明白了碳从哪里来、到哪里去，才能抓住这百年难遇的机会。

老汪点评：

这位朋友是我多年好友，在当面采访他的过程中，不时见他眼中含着泪光。我们俩相互见证了各自最艰难的时期，能一直在"碳圈"坚守到现在的人，大抵都有类似的经历。在我国"双碳"目标提出后，出现了许多新的业务方向与机会，这对于经历了多个低谷期的资深"碳圈"从业者而言是一个大显身手的好机会。有些人选择进入大企业做管理工作，也有些人选择创业。在我国"双碳"大背景下，无论哪一条路，都一定比之前更加平坦与宽阔。

9.9　我如何通过"互联网+公益"来让更多的人参与减碳

姓名：仲庶

年龄：36岁

学历：留学硕士

碳管理行业从业年限：13年

目前职业：某世界500强互联网公司持续绿色公益部总监

目前年收入：100万元+

在2009年到2022年这14年的时间里，我有一半的时间实际上并不在碳管理的岗位上工作，可能不算是一个典型的"碳圈"人，但碳这个字又贯穿了我的工作经历。

我是环境科学专业出身，后来完成了复旦大学-BI挪威商学院MBA项目的学习。我的第一段工作经历是在上海环境交易所交易部完成的，这段工作经历对我个人职业生涯来讲更像是一个学习培训的过程，使我建构了对碳的初步认知框架。其间我参加了各种环保领域的活动，那时候刚刚举办完哥本哈根、坎昆、德班三次气候大会，气候议题在全社会引起热议。这也促成了我的第二段工作经历，在北京市某本土的环保非政府组织作为资助项目官员，支持国内民间组织在气候议题方面的发展，同时承担推进环境法议题的工作。这段工作经历为我打开了一扇窗，使我了解和思考了更多关于环境和碳的议题，以及如何从社会参与这一视角来看待问题。在这两段工作过程中，我完成了我的第一个"五年计划"。

我的第三段工作经历是进行某碳资产公司的组建。我在该公司工作了5年，在这5年的时间里，我最大的收获是熟悉了碳市场和碳交易规则，以及与低碳有关的政策法规。同时在这个阶段我也完成了家庭的组建，算是平稳完成了我的第二个"五年计划"。

之后我被国内某互联网公司"互联网+公益"项目吸引，于是进入了互联网行业。在此之前，我连一个网购的资深用户都算不上。在入职新公司的前两年，我参与了生态修复和生态保护项目的拓展和管理，简而言之就是实地去种树。我国"双碳"目标提出后，我开始负责公司低碳场景的合作，包括探索公司业务在"双碳"领域的结合点、与地方政府合作共建碳普惠平台等，兜兜转转我又回到了"双碳"领域，只是这次在我对碳的认知里，又增加了数字化、大数据等理念。

一路走来，虽然我目前年收入已过百万元，但似乎跟碳并无直接关系，我并没有成为靠碳交易致富的神话缔造者。我又觉得自己目前得到的一切跟碳有着不可分割的关系，碳这个字仿佛一直在隐隐约约为我指引着前进的方向。

行业感悟：

如果让我将自己置身于碳管理行业做一个定位，那么我认为自己是一个

幸运的持续参与者。我认为只有对碳的理解和参与程度超过这个字本身，才有机会不受制于此。例如，在职业发展方向的考虑上，经过一定的知识和经验积累，我们可以进入传统投资、环境咨询、节能技术等领域，也可以进入相对宏观的可持续发展领域，而我个人更偏向后者。

老汪点评：

正如我经常提到的，碳管理将渗透到各个行业，并且会悄无声息地影响我们的衣食住行。在这个过程中，需要大量跨专业、跨行业的碳管理人才，这位朋友将碳减排理念与"互联网+公益"结合，得到了意想不到的效果。未来会有更多类似的项目出现，也需要更多像这位朋友一样的跨专业、跨领域"双碳"人才去落地这些项目。

9.10 几张头等舱机票，开启了我的"开挂"人生

姓名：老金

年龄：47岁

学历：留学博士

碳管理行业从业年限：14年

目前职位：韩国某碳资产开发公司创始人

当前年收入：3000万元+

我叫老金，美籍韩国人，博士毕业于美国约翰斯·霍普金斯大学，毕业后便进入美国海军的技术部门，负责地图测绘的相关工作，工作舒心，薪水也不低。不久，我顺利加入了美国国籍并娶妻生子，虽然不是大富大贵，但日子也算过得有滋有味。直到有一天，我改变了主意。

那天，我计划带着全家人回韩国探亲。因为旅途时间长达15个小时，我

就是否购买高额的头等舱机票犹豫了很久。那时候我突然意识到，如果想让家庭有更加优越的生活环境，就不得不走出舒适圈了。不久后，我毅然辞去高薪工作出来创业，那一年是2008年。

我大学学的专业是环境科学，辞职前的那段时间，我正代表美国政府派驻韩国，为韩国政府的一个环境工程项目做技术顾问。在韩国工作期间，我偶然了解到碳市场是一个投资机遇，于是开始在韩国筹备创办公司的各项事宜，寻找碳资产开发项目。我谈下的第一个合作项目就是韩国某大型集团的VCS项目。

关于项目的合作签约，还有非常戏剧性的一幕。当天上午，我在做韩国政府的环境工程项目汇报时，韩国环境部部长和包括与我达成VCS项目合作的那家大型集团在内的一众财阀掌门人都敬我为座上宾，可到了下午我就一下子失去光环，长途奔袭地去找与我合作的那家大型集团的下属公司签订了开发合同。

签订合同后，我正式辞去了在美国的工作，专心发掘碳市场中的商机。但是这个刚签订的项目进展就不顺利，因为项目非常复杂，我找了多家咨询公司，他们在了解到项目困难程度后都望而却步。在多番辗转后，我找到了汪军，从此开启了我们长达十年的合作。那时候我的执念就是无论如何都要把这个项目做成功，所以我拼尽所能地去满足汪军在项目开发中需要的一切资源。后来据汪军回忆，因为项目难度太大，在开发过程中他也有好几次想要放弃，但我那种永不服输的精神着实感染了他。最终不但项目完成，该项目的二期项目也在两年后顺利注册。

虽然项目成功了，但真正签发时碳价已经跌了下来。不过好在公司当时开发的是VCS项目而非CDM项目，价格勉强说得过去。虽然没挣得盆满钵满，但每年的收益也能和我之前在美国的年收入齐平了。在2013年到2017年这段时间，碳市场行情不好，我并没有选择冒进，而是借助将这个谁看了都摇头的VCS项目注册成功的案例，获得了合作集团的信任。在与合作集团高层的某次谈话中，我敏锐地察觉到韩国需要大量进口生物质颗粒，于是我又

果断出击，成功与该集团签下生物质颗粒的独家供应协议。这次的合作使我真正实现了财富自由。

2017年，汪军告诉我，他了解到韩国碳市场因为本土减排量供应不足，政府计划开放海外的项目申请，这是一次千载难逢的商机。于是，我立刻向韩国政界、产业界、法律界的很多资深人士咨询，最终决定放弃目前的生物质颗粒供应业务，将全部资源投入到韩国海外碳市场中。

于是汪军帮我设计业务架构、筛选项目。我要做的就是想尽办法将他的各种设想方案一一落地。首先我顺利找到了欧洲的投资方，其次借助曾经的碳资产开发成功案例在韩国找到了几个头部买家，并根据汪军筛选出来的潜在项目一遍又一遍地与项目执行公司联系洽谈，最终我们锁定了非洲和印度的几个减排项目。我做了这些项目的收益测算，如果第一批启动的项目全部正常签发，那么在项目生命周期（5年）内我的纯收益大约为1亿美元，这对我而言无疑是巨大的诱惑。

但令人惶恐不安的是，我们启动项目的时候韩国相关法律还未正式生效，所以风险是巨大的。虽然我们的项目进度一直是韩国海外减排项目中最快的，但项目在执行过程中磕磕绊绊，中途还遭遇了一次项目执行公司的破产事件，为处理这件事情我忙得焦头烂额、夜不能寐。因为一旦项目失败，我不仅会名誉扫地，还将背负几百万美元的债务。

终于在2021年，第一批韩国海外减排项目如愿获得了减碳量签发，我终于如释重负，并在第一时间和汪军分享了这份成功的喜悦。这就是我的故事，就像所有的童话故事一样，过程艰难，险阻重重，但结局美满。

行业感悟：

我是一个敢想敢拼的人，当年决定辞职创业后，我其实考察了很多项目，最终觉得碳市场这个领域最具价值、最有机会，事实也证明我的直觉是正确的。韩国谚语中有一句话叫作"辛苦到最后，乐趣就来"，虽然我在创业过程中几经风雨，但凭借着自己的执着与定力，终究获得成功。如今碳中和已成为全球性的议题，碳管理行业中的发展机会必将越来越多。所以，我将一如既往地在碳管理行业中走下去。

老汪点评：

这位朋友是我在韩国工作时结识的，其采访内容由我翻译整理。他在碳管理行业中的发展史，我全程见证并有幸参与。他异常敏锐的洞察力、孤注一掷的气魄、直面挑战的勇气非常值得我们每个人学习。令人心潮澎湃的是，在"双碳"背景下，在各行各业竞争越来越激烈的今天，我国的碳管理行业还有很多尚未发掘的、有巨大收益的蓝海市场，正等待着我们去开辟。

9.11　我的故事

> 姓名：汪军
>
> 年龄：39岁
>
> 学历：留学硕士
>
> 碳管理行业从业年限：15年
>
> 目前职位：某世界500强企业碳中和管理总监
>
> 当前年收入：100万元+

作为本书作者，也是碳管理行业中的一员，分享我在碳管理行业的心路历程当然是义不容辞的。所以，最后用我在碳管理行业的故事，来为这本书的内容画上句号。

我入行的时间是2007年，那时我在韩国，刚研究生毕业，学习的专业是区域规划，与气候变化、碳管理等并没有什么关系。我进入碳管理行业的经历与大多数进入这一行的朋友一样，源于一个非常偶然的事件。

那时我还未毕业，虽然所有学业已经完成，但离拿到毕业证还有一段时间。我心里隐约觉得有必要开始找工作了，所以开始做简历。当时对于自己未来是留在韩国还是回国发展，以及想要从事什么工作其实全无打算，只想着先动起来，随遇而安，于是我把简历做好后就挂在韩国当地的一个招聘网站上。没曾想第二天就接到一个面试电话，第二周就通过了面试，第二个月就进入那家公司上班了，那家公司就是韩国碳管理咨询头部公司Ecoeye，我就这样迷迷糊糊地进入了碳管理行业。那家公司之所以在我完全没有基础的情况下愿意招一个中国人，其目的只有一个——让我当翻译。

2007年正是CDM市场发展如日中天的时候，公司在韩国做CDM项目做得风生水起，但韩国国土面积小，没有什么大减排量的项目，所以公司老板就把目光瞄向了中国市场，而且已经把目标锁定在了两类减排量产出比较大的项目：煤层气项目和氧化亚氮项目。所以公司需要招一个翻译，最好是工科生，因为需要到现场做调研，并且需要快速对工艺流程进行了解并翻译成韩语，我正好符合这个条件，所以我顺利入职，成为公司里唯一一个外国员工。

我入职后进了他们新成立的海外项目开发小组，先跟着老板密集地在中国跑了一圈项目，但效果不大理想，几个项目进展都非常缓慢，于是跑项目的事情缓了下来，翻译的事情少了，我就得考虑做翻译以外的其他事情。

还好我的组长并没有完全把我当作翻译，而是把我当作一个技术人员培养，所以我的工作除了一个硝酸项目在中国，其他项目都在韩国。他让我跟一个前辈一起做项目，我现在还记得刚接手的几个项目：一个燃料替代项目的监测报告、一个企业的碳清单+CDP咨询和一个KCER项目的方法学开发。那段时间我非常辛苦，工作语言是韩语+英语，光语言就足够把我折腾得半死，还要从CDM为什么不是CDMA等基础知识开始恶补，所以经常加班到直接睡在公司。

功夫不负有心人，我基本在一年以后就成为公司技术骨干，中国项目开发也有了不小进展。但是不巧的是，那一年是2008年，在金融危机影响下，许多我在国内跟进的项目都夭折了，而在频繁到国内考察项目的过程中，我逐渐认识到回国自主创业或者进入头部企业的成长空间更大，所以在那时我渐渐萌生了回国发展的想法。

到了2009年，哥本哈根会议因为要决定《京都议定书》以后的碳市场问题，其社会舆论的关注度应该是历届气候变化大会中最高的。当时我还比较乐观，以为哥本哈根会议能有一个很好的结果，而且据说韩国在那届会议上会被列入附件一国家，成为义务减排国，这样我可以在中国开发出项目无缝对接卖到韩国。经过深思熟虑后，我辞职回到了国内，进入一家碳资产管理初创公司，开启了在国内的"碳圈"生涯。

然而现实并未如我所愿，哥本哈根会议谈崩，韩国也没进入附件一国家。2012年以后的碳市场发展变成了一个巨大的问号。唯一算得上好消息的就是，中国主动提出了要低碳发展，这意味着在国内建设碳市场成为一种可能。

对于公司的发展，考虑到2012年后CDM的不确定性很大，并且我有在韩国企业进行碳管理咨询的相关经验，而当时国内几乎没人开展过类似的业务，所以我建议老板开辟企业碳管理和碳咨询的新业务，而公司另一位同事认为碳咨询业务不能实现大的跨越，还是应该坚持开发CDM项目。后来老板考虑后决定两手抓，最终结果是开发的十几个CDM项目在2012年年底前没有赶上注册，后来所有项目全部夭折，好在我以纯开荒形式开展的企业碳管理咨询项目拿下了一些订单，也受到各方面的肯定，同时培养出了几个优秀的技术人员。

2012年，我和在广州认识的女友准备结婚，因为我们都是四川人，所以我决定结婚后回四川发展。我正式回四川的时间是2013年年初，那时因为《京都议定书》到期，CDM市场轰然崩塌，整个碳管理行业进入低谷期。许多企业都选择了解散，之前从事CDM开发的人也纷纷转行，那时的我回到四川更没有用武之地，所以回到四川后做了一段时间家族生意。

在2014年年初，我经过朋友介绍进入当地一家环境交易所上班，负责的方向就是碳市场方向，算得上又回到了本行，之后我又被借调到省发展和改革委员会工作了一段时间。在这两个机构工作的时间里，我从一个咨询者变成了一个管理者和政策制定者，这对使我站在更宏观的角度看待应对气候变化问题和碳管理起到了很大帮助。

由于我进入的是平台型机构，因此在业务拓展方面没有什么压力，还可以接触到不少"碳圈"的公司，那段时间可算是"碳圈"企业转型的关键期。一方面国内已经有碳市场开市，如我所料地出现了大量的碳核查业务，CCER也蓄势待发。另一方面CER真的就一泻千里，再无恢复之日。因为碳资产开发跟碳核查业务冲突，如果转型搞碳核查，那么以前开发的业务得砍掉；如果不转型，那是看得见的死路一条。很多之前做得比较大的公司，因为对CDM还抱有一丝幻想，所以没有转型，于是它们都消失在了碳史洪流中。

虽然在上述两个机构工作能够让我站在更宏观的视角看待应对气候变化问题和碳管理，但却不能给我提供不错的经济回报，随着家庭的组建、小孩的出生，需要花钱的地方越来越多，我意识到在这里待下去是不能为家人提供更好的生活的，所以我在2016年年底辞职开启了创业生涯。

在2016年到2018年的这段时间里，我的几次创业均以失败告终，这是我人生中最黑暗的一段时期，自己的前途可以说一片迷茫。还好那段时间我妻子不断鼓励我，让我从失意中走了出来。之后我开设了"老汪聊碳中和"公众号，开始写碳管理相关的文章，中途从未停歇，也因此受到了不少好评。慢慢地，"碳圈"的人都知道了我的名字，这让我重拾在碳管理领域建立一番事业的信心。

除此之外，我那时还兼任了韩国一家碳资产开发初创公司的技术顾问，指导这家公司在东南亚和非洲开发可用于韩国碳市场的碳资产项目。后来这家公司凭着这几个项目一度逆袭成为韩国最赚钱的碳资产公司之一。虽然我没分到什么钱，但对这几个项目的操作也让我的专业能力得到了进一步提升，并且拓宽了我在碳资产项目开发方面的国际视野。

2018年年底，在一个朋友的引荐之下，我进入一家第三方核查公司在成都的分公司。该公司除碳核查以外可开展的业务并不多，于是我开启了密集的碳核查业务生涯。国内的碳核查相对韩国简单许多，所以我做起来轻车熟路，只是连续的出差和高强度的报告编写工作确实有点令我吃不消，但那时的碳管理行业也确实没有什么其他可做的事情，直到我国 "双碳" 目标提出后这一情况才有所改变。

2020年9月，我国提出了 "双碳" 目标，许多有先见之明的企业开始招兵买马，我也在2021年年初加入了成都的一家大型民营企业。这次我扮演的角色也有了转变，从一个业务开拓者变成了一个纯粹的管理者。因为我在这家公司的主要工作就是管理公司的碳排放，以实现公司既定的碳中和目标。也就是说，我的任务从碳管理咨询变成了碳管理执行。

加入该公司后，我从零建立起了碳管理部门，开始摸底碳排放、制定减排规划、设计内部管理体系和外部评价标准，期间完成了我的第一本书《碳中和时代：未来40年财富大转移》。之后出于种种原因，我来到了现在所在的公司，仍然从事碳管理工作，只是这家公司更加重视这方面的业务，我的工作也能得到更好的推进。希望在我的努力下，将这家公司打造成国内企业碳管理的样板。

我在碳管理行业的工作经历几乎涵盖了所有领域的业务，从碳资产开发到碳核查，从碳管理咨询到碳管理执行，从国际减碳项目架构设计到国内政府政策制定，还曾经设计过碳普惠机制，开发过碳核算软件，甚至尝试过一次与碳管理相关的创业……这些经历让我比任何人看待碳管理这个行业都更加立体与生动。我国离2060年实现碳中和目标还有近40年，在这近40年内，碳中和进程绝对不会一帆风顺。但我相信，碳管理行业已经度过了混沌期。在未来的几十年里，即使有小的波动，在大趋势上也一定是持续向上的。更重要的是，这个行业既是成就自己的行业，也是成就全人类的行业。所以，我决定将毕生精力投入到碳管理行业中，并且尽我所能影响更多的人关注气候危机，吸引更多的人才进入碳管理行业，一起为这场世纪性的人类自我救赎贡献微薄的力量。

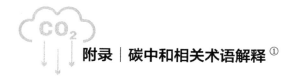

附录│碳中和相关术语解释 ①

编号	英文	中文	术语解释
1	Addtionality	额外性	减排项目符合碳资产开发的一种条件，它指如果减排项目在没有碳资产资金支持的情况下，项目将不会得到实施，比如一个项目的收益率不达标，那么它就具有额外性。
2	AFOLU	农林和其他土地利用	产生碳汇的主要方式之一，其中固碳能力最大的除了树，土壤也有很强的固碳能力。
3	Allowance	配额	由碳市场主管机构发放给控排企业的排放指标，企业需要上缴等同于其排放量等量的配额才能完成履约，配额也是碳交易市场的主要交易标的物。
4	Base Year	基准年	国家或企业等在提出减排目标时的参考年，如我国提出到 2030 年单位 GDP 碳排放相对于 2005 年下降 65% 的目标中，2005 年就是我国设定的基准年。
5	Baseline Scenario	基准线情景	指减排项目在不存在时，达到项目同样产出的情景，通常用于计算减排量。如一个光伏发电项目，在这个项目不存在时，达成该光伏电站同样发电量的情景为电网供电，则电网供电就为此项目的基准线情景。
6	BAU	基准政策情景	指不做额外措施，任其自然发展的情景，常用于减排目标的基准值设定，如韩国的减排目标就是到 2030 年相对于 BAU 降低 17%。
7	BECCS	生物质能碳捕集与封存	指生物质电厂 +CCS 的一种技术，因为生物质燃烧产生的二氧化碳被视为零排放，所以把这部分二氧化碳再封存起来就视为负排放，是为数不多的负排放技术之一。
8	BIPV	光伏建筑一体化	指在建筑物上直接安装光伏系统，或光伏系统部分替代建筑材料，使得光伏发电与建筑融为一体，比较典型的技术就是用发电玻璃直接代替原来的建筑玻璃，如幕墙玻璃。

① 为便于读者理解，本书的术语解释尽量采用大众能够理解的语言，与官方或学术层面的术语定义有一定区别。

续表

编号	英文	中文	术语解释
9	BM	容量边际	计算电网基准线排放因子的场景之一，通常指某个电网最新建设电站集合，该集合的发电量占总电网电量的 20%。
10	Cancellation	注销	指碳信用、绿证等环境权益通过其签发机构将其永久取消，以实现抵消对应碳排放的过程，如一个企业想抵消 100 吨的排放，那么它需要购买 100 吨的减排量，然后进行注销。
11	Carbon Credit	碳信用	是指减排或碳汇项目通过一系列的认证认可程序，将其温室气体减排或固碳进行量化并形成的一种可独立交易的商品，CCER 就是碳信用的一种。
12	Carbon Cycle	碳循环	描述述碳元素以各种形式流经大气、海洋、陆地和海洋生物圈以及岩石圈的过程。根据碳循环的理论，所有生物以任何形式排放的二氧化碳都不算人为造成的碳排放增加，故人类呼吸、木柴燃烧等产生的二氧化碳不计入总排放，若生物中的碳最终以固碳、封存等形式没有排放到大气中，则为负排放。
13	Carbon Intensity	碳强度	按另一个变量（产品产量、GDP）单位释放的二氧化碳排放量
14	Carbon Neutralization	碳中和	碳中和是指企业、团体或个人测算在一定时间内，直接或间接产生的温室气体排放总量，通过植树造林、节能减排等形式，抵消自身产生的温室气体排放，使其对温室效应的综合影响为零的一种行为。
15	Carbon Pricing	碳定价	将碳排放以价值的形式对其进行衡量，以量化碳排放带来的成本，促进碳减排。碳税和碳市场都是碳定价方式的一种。
16	Carbon Sink	碳汇	是指通过植树造林、植被恢复等措施，吸收大气中的二氧化碳而形成的碳储藏库。
17	Carbon Tax	碳税	碳定价方式的一种，对温室气体排放征收的一种税。
18	CBAM	碳边境调节机制	指欧盟计划实施的碳关税，税额可能为欧盟境内同类产品碳成本与进口产品碳成本的差价，目前尚无定论，预计最快在 2026 年开征，将对我国对欧盟的出口有一定影响
19	CCER	中国核证自愿减排量	可用于国内控排企业履约的一种碳信用，履约是可使用 CCER 的比例在 3%～10% 之间，也是碳市场主要交易标的物之一，通常来自新能源电力、沼气回收、碳汇等项目。

编号	英文	中文	术语解释
20	CCS	碳捕集利用与封存	指将工厂排放的二氧化碳进行收集、提纯、压缩并运至某个封存地点，使之与大气长期隔离的过程；如果二氧化碳收集提纯后又用作其他产品原料，则为 CCU，所以也常称为 CCUS。
21	CDM	清洁发展机制	《京都议定书》下的一种机制，该机制允许附件一国家（发达国家）去非附件一国家（发展中国家）实施减排项目，并获取减排项目的碳信用（CER）用于完成自己的减排目标。
22	CDP	碳披露项目	ESG 评级的一种，通过发放调查问卷调查企业在气候方面做的功课是否做得到位，做得最好得 A，做得最不好得 F，因为是被动评级，所以即使企业不回复也会对其进行评级，当然评级为 F。
23	CDR	碳移除	指为了通过增加碳汇或者空气中捕获二氧化碳等方式从大气中直接清除二氧化碳的技术，旨在降低大气中 CO_2 的浓度。
24	CEA	全国碳市场配额	全国碳市场中主管机构给控排企业发的排放的配额。
25	CER	核证减排量	CDM 机制下，通过减排项目产生的碳信用，它可以用于欧盟的控排企业履约。
26	CFP	产品碳足迹	指一个产品在整个生命周期产生的碳排放量。生命周期评价解释见第 56 条。
27	CH_4	甲烷	温室气体的一种，主要来自于化石燃料开采、动物肠道发酵、废弃物处理以及水稻种植等。
28	CO_2e	二氧化碳当量	指所有温室气体的温室效应按照全球暖化潜势（GWP）折算成二氧化碳等值的量，GWP 解释见第 48 条。
29	Compliance	履约	指控排企业上缴等同于其碳排放的配额或碳信用，以完成主管机构对其碳排放管控的过程。
30	COP	气候变化大会	在联合国组织下每年召开的关于应对气候变化的大会，比较出名的有 1997 年的京都大会（COP3）、2009 年的哥本哈根大会（COP15）以及 2015 年的巴黎气候大会（COP21），《巴黎协定》就是在巴黎气候大会上确定的。
31	CORSIA	国际航空碳抵消与减排计划	一种把所有运营国际航线的航空公司纳入的碳交易体系，旨在将国际航空的排放量保持在 2019—2020 年的基准水平。该市场于 2021 年启动了试点阶段的交易（2021—2023）。
32	CPLC	碳定价联盟	世界银行成立的组织，专门对全球的碳定价情况进行研究和预测。

编号	英文	中文	术语解释
33	Crediting Period	计入期	减排项目的有效期限，只有在计入期内才能产生碳信用，通常为 10 年（无法更新）或 7 年（可更新两次），碳汇项目计入期为 30 年（无法更新）或 20 年（更新两次）。
34	DACCS	直接空气碳捕集与封存	CCS 技术的一种，指直接将空气中的二氧化碳收集起来封存在地下，是实现全球碳中和最终的托底技术，其成本也被称为碳价天花板。
35	DOE	指定的经营实体	通常指审定核查机构，是代表主管机构确认碳减排项目是否按照相应方法学进行编写和计算；减排项目需要经过 DOE 审定才能注册（备案），经过 DOE 核查才能签发减排量。审定和核查解释见第 92、95 条。
36	Double Counting	重复计算	通常指某减排项目产生的环境权益进行了双重或多重计算（使用），如一个光伏项目，它在某年发电产生的环境权益既申请了绿证又申请了减排量，就属于双重计算。
37	EF	排放因子	用于计算碳排放的系数，如电网平均排放因子就是用电的排放系数。
38	EIA	环境影响评价	新建项目在开建之前论证项目对环境的影响，最近政府开始要求 EIA 中要纳入碳排放评价。
39	ERPA	减排量购买协议	通常指减排项目在其减排量签发之前买家与业主签订的期货合同。
40	ESG	环境社会和公司治理	帮助投资人判定所投企业在环境、社会和公司治理方面的表现，因为 ESG 评级注重量化数据，而碳排放和气候治理属于必选项，所以碳中和领域里也会见到不少 ESG 的身影。
41	EU-ETS	欧盟碳交易机制	全球最早也是目前最成功的碳交易市场，包括中国在内的碳交易市场都是参考 EU-ETS 建立的。
42	FSR	可行性研究报告	新建项目在开建之前论证项目实施的可行性报告，中国所有建设项目都要做的环节，通常减排项目的额外性论证中需要引用项目可行性报告中的内容。
43	GEC	中国绿证	国内的绿色电力证书，因不能交易与注销，比起市场属性来说，更偏公益属性一些。
44	GHG	温室气体	可以造成地球温度升高的气体，需要控制并减少的温室气体包括二氧化碳、甲烷、氧化亚氮、氢氟碳化物、全氟碳化物、六氟化硫和三氟化氮。
45	GHG Inventory	温室气体清单	是指国家、地区或企业分排放源和温室气体类型的一个碳排放清单，区域温室气体清单和企业碳排放报告的主要内容都是为了编制这份清单。

续表

编号	英文	中文	术语解释
46	GS	黄金标准	类似于 CDM 的一种机制，但它产出的碳信用不能用于任何一个交易体制下的控排企业履约，它主要服务于非控排企业的碳减排和碳中和。
47	GTP	全球温度变化潜势	一种指数，用于衡量与基准物质二氧化碳（CO_2）相比，单位质量某种物质排放造成的在选定时间点上全球平均地表温度的变化，该指数与 GWP 类似。
48	GWP	全球变暖潜势	一种指数，主要目的是把各种温室气体的地球暖化效应用比较容易理解的方式量化，方法是以二氧化碳的暖化效应来衡量其他温室气体，比如甲烷 GWP 为 25，那么它就代表甲烷的暖化效应是二氧化碳的 25 倍。
49	HFCs	氢氟碳化物	烈性温室气体的一种，是很多化合物的总称，GWP 大多在 1000～20000 之间，总体来说，绝大多数制冷剂都属于这类氢氟碳化物，所以我们在家吹着空调的同时，也在排放这种温室气体。
50	IPCC	政府间气候变化专门委员会	应对气候变化的最高研究机构。为什么说气候在变暖？气候变暖将带来什么危害？各个温室气体的 GWP 是怎么来的？为什么要把温度上升控制在 1.5 度？温室气体怎么核算？这些都是 IPCC 的研究成果。
51	I-REC	国际绿证	绿证的一种，就是将可再生能源电力的零碳属性通过注册签发后变成另一种可自由交易的环境权益产品，使用火电的企业买了同等电量的绿证后可以等同于使用了等量的绿色电力。
52	JI	联合履行	《京都议定书》三机制中的一种，指两个附件一国家（发达国家）之间合作开发减排项目的一种机制。
53	KAU	韩国碳市场配额	韩国碳市场的配额，类似于中国的 CEA。
54	KCU	韩国碳信用单位	具有韩国特色的碳信用，由韩国的减排量产生的碳信用 KOC 转化而来，只有 KCU 才能拥有履约，KOC 不能。KOC 的解释见 53
55	KOC	韩国碳抵消信用	韩国减排项目产生的碳信用，类似于中国的 CCER。
56	LCA	生命周期评价	一种评价方法，就是评价某个产品在从原材料开采到最终废弃或回收使用整个过程对环境的影响，产品碳足迹的计算就是基于 LCA 的方法，即计算产品从原材料开采到最终废弃或回收过程的碳排放。
57	LoA	东道国批准函	CDM 项目开发中的一个环节，由项目所在国的主管机构出具。

续

编号	英文	中文	术语解释
58	Location Based Method	基于区域的方法	一种电力碳排放的计算方法，该方法的电网排放因子采用当地的区域电网排放因子，此种方法不考虑购买绿色电力或绿证带来的碳排放减少。
59	LULUCF	土地利用，土地利用变化及造林	与 AFOLU 类似，生产碳汇的主要路径，只是没有农业。
60	Market Based Method	基于电力供应商的计算方法	一种电力碳排放的计算方法，该方法的电网排放因子采用供应商所供电力的特定电网排放因子，所以如果供应商供应的电力为绿色电力，则用电产生的碳排放可以按零计算。
61	Methodology	方法学	指减排项目开发碳信用的指南，不同类型的减排项目有不同类型的方法学；在申请碳信用时，需要项目业主根据该指南编写项目设计文件（PDD）。
62	MR	监测报告	为了计算和核发减排项目的碳信用而编写的报告，经过 DOE 核查和主管部门确定后，对应的碳信用就可获得签发。
63	MRV	监测、报告、核查	MRV 是为确保碳排放或者减排数据质量的一套机制，它包括了数据的监测、报告和三方核查，可以说是碳市场的根基。
64	NbS	基于自然的解决方案	产生碳汇的一种方式，包括保护、持续性管理、修复自然或改善生态系统的行动；与造林相比，比较重要的差别是，防止毁林也属于 NbS。
65	NDC	国家自主贡献	《巴黎协定》下国家层面提交的减排目标及实施方案，碳达峰碳中和目标就属于我国提出的 NDC。
66	NET	负排放技术	可以实现从大气中净吸收温室气体的技术，如造林 / 再造林、BECCS、DACCS 等。
67	Net Negative Emissions	净负排放	指温室气体储存或固定的量大于向大气中排放的量。
68	Net Zero Emission	净零排放	同碳中和，参见第 14 条。
69	NF_3	三氟化氮	温室气体的一种，主要用于芯片制造的刻蚀工艺。
70	ODP	臭氧衰减指数	与 GWP 类似的指数，反映的是破坏臭氧的能力，温室气体中的 HFCs 一般都同时具有 GWP 和 ODP 两个数值，当然，这两个数值都是越低越好。
71	Offset Credit	抵消信用	同碳信用，参见第 11 条。
72	OM	电量边际	计算电网基准线排放因子的场景之一，通常指某个电网所有火电集合。

续表

编号	英文	中文	术语解释
73	PDD	项目设计文件	减排项目申请减排量的核心文件，它需要严格按照项目对应的方法学进行编写。
74	PFCs	全氟化碳	温室气体中的一种，主要用于金属冶炼的保护气。
75	PoA	规划类项目	是指对一些规模非常小且实施周期长的减排项目进行整体打包申请的项目，比如分布式光伏，屋顶光伏整县推进项目就比较适合做 PoA。
76	PRI	负责任投资原则	联合国发起的一个倡议，旨在帮助投资者理解环境、社会和公司治理等要素对投资价值的影响，并支持各签署机构将这些要素融入投资战略及决策等。
77	RE100	可再生能源 100	一个国际倡议组织，它要求加入者提出 100% 使用可再生能源电力的目标和实施方案。
78	REC	绿证	所有绿色电力环境属性的总称，常见的绿证有 I-REC 和 TIGR。
79	REDD	减少森林砍伐和森林退化	通过措施停止本应砍伐或退化的森林，并以此获得碳信用的机制，我国并未加入该机制，所以并不能开发此类项目。
80	RGGI	区域温室气体倡议	美国东部几个州一起成立的一个碳交易市场。
81	RPS	可再生能源配额制	一种为提高可再生能源比例而设立的机制，一般该机制下会强制电力体系中的一个或多个环节（发电侧、售电侧、用电侧）提高可再生能源的比例，如果未达标，则可以通过购买绿证来实现。
82	SBTi	科学碳目标倡议	一种倡议组织，它要求加入者根据《巴黎协定》规定的温度控制目标来提出自己的碳减排目标。
83	Scope 1 Emissions	范围一排放	企业碳排放类型的一种，通常指企业控制的排放设施因化石燃料使用或其他温室气体泄露而直接产生的温室气体排放。
84	Scope 2 Emissions	范围二排放	企业碳排放类型的一种，通常指外购电力或者热力而间接导致的排放。
85	Scope 3 Emissions	范围三排放	企业碳排放类型的一种，通常指因企业生产经营而导致的其他间接排放，如上游产品生产和运输的排放，员工通勤和差旅排放等。
86	SDM	可持续发展机制	巴黎协定下的补充机制，类似于京都议定书下的 CDM 机制，但目前相关体制机制还没有具体的实施细则。
87	SDR	可持续发展报告	类似于社会责任报告中的报告，主要是围绕公司在联合国规定的 17 个可持续发展目标中所做的工作及成就的描述。

编号	英文	中文	术语解释
88	SF_6	六氟化硫	六大温室气体中的一种，主要用于高压开关的绝缘气体，属于较难减排的温室气体之一。
89	TCFD	气候相关财务信息报告工作组	一种披露公司对于气候变化带来的风险和机遇的指南，便于投资者做投资决策。
90	TIGR	全球可再生能源交易工具	国际绿证的一种，其性质与I-REC相似
91	UNFCCC	联合国气候变化框架公约	联合国下为应对气候变化而专门成立的组织，可理解为人类应对气候变化的最高层组织。
92	Validation	审定	碳减排和碳汇项目申请碳信用的一个环节，由DOE对开发方提供的PDD及其他佐证资料进行审核，以确保项目符合方法学的要求。
93	VCS	自愿减排标准	碳信用机制的一种，类似于CDM机制，只是在这个机制下签发的减排量VCU不用于强制减排市场，只用于非控排企业做碳减排或碳中和使用。
94	VCU	自愿减排量	VCS机制下产生的减排量单位，类似于CCER。
95	Verification	核查	减排和碳汇项目申请碳信用的一个环节，由DOE对开发方提供的监测报告及其他佐证资料进行核查，以确保项目的监测数据及减排量计算符合方法学的要求。
96	V2G	车辆到电网	描述了电动汽车与电网的关系。当电动汽车不使用时，车载电池的电能销售给电网的系统。如果车载电池需要充电，电流则由电网流向车辆；是未来电网的重要组成部分。
97	WCI	西部气候倡议	美国西部和加拿大几个州建立的一个碳交易市场。
98	WDI	世界发展指数	世界银行建设的一个数据库，里面包含了全球各国最全的碳排放数据。
99	ZEV	零排放车辆	指车辆行驶过程中不直接产生温室气体排放的车辆，包括电动车和氢燃料电池等车辆，但这个零排放并没有要求所用的能源在生产过程中是否有排放。